U0087668

鸚鵡螺

數學叢書

Leibniz

微積分
的歷史步道

蔡聰明　著

$$f(x) = \sum_{n=0}^{\infty} \frac{f^{(n)}(a)}{n!} (x-a)^n$$

$$\int F'(x)\,dx = F(x) + C$$

$$\lim_{x \to a} \frac{f(x) - f(a)}{x - a}$$

$$\int_a^b F'(x)\,dx = F(b) - F(a)$$

三民書局

《鸚鵡螺數學叢書》總序

本叢書是在三民書局董事長劉振強先生的授意下，由我主編，負責策劃，邀稿與審訂。誠摯邀請關心臺灣數學教育的寫作高手，加入行列，共襄盛舉。希望把它發展成為具有公信力、有魅力並且有口碑的數學叢書，叫做「鸚鵡螺數學叢書」。願為臺灣的數學教育略盡棉薄之力。

I 論題與題材

舉凡中小學的數學專題論述、教材與教法、數學科普、數學史、漢譯國外暢銷的數學普及書、數學小說，還有大學的數學論題：數學通識課的教材、微積分、線性代數、初等機率論、初等統計學、數學在物理學與生物學上的應用、……等等，皆在歡迎之列。在劉先生全力支持下，相信工作必然愉快並且富有意義。

我們深切體認到，數學知識累積了數千年，內容多樣且豐富，浩瀚如汪洋大海，數學通人已難尋覓，一般人更難以親近數學。因此每一代的人都必須從中選擇優秀的題材，重新書寫：注入新觀點、新意義，新連結。**從舊典籍中發現新思潮，讓知識和智慧與時俱進，給數學賦予新生命。**本叢書希望聚焦於當今臺灣的數學教育所產生的問題與困局，以幫助年輕學子的學習與教師的教學。

從中小學到大學的數學課程，被選擇來當教育的題材，幾乎都是很古老的數學。但是數學萬古常新，沒有新或舊的問題，只有寫得好或壞的問題。兩千多年前，古希臘所證得的畢氏定理，在今日多元的光照下只會更加輝煌、更寬廣與精深。自從古希臘的成功商人、第一位哲學家兼數學家泰利斯 (Thales) 首度提出兩個石破天驚的宣言：**數**

學要有證明，以及要用自然的原因來解釋自然現象（拋棄神話觀與超自然的原因）。從此，開啟了西方理性文明的發展，因而產生**數學、科學、哲學**與**民主**，幫忙人類從農業時代走到工業時代，以至今日的電腦資訊文明。這是人類從野蠻蒙昧走向文明開化的歷史。

古希臘的數學結晶於歐幾里得 13 冊的《原本》(The Elements)，包括平面幾何、數論與立體幾何；加上阿波羅紐斯 (Apollonius) 8 冊的圓錐曲線論；再加上阿基米德求面積、體積的偉大想法與巧妙計算，使得他幾乎悄悄地來到微積分的大門口。這些內容仍然都是今日中學的數學題材。我們希望能夠學到大師的數學，也學到他們的高明觀點與思考方法。

目前中學的數學內容，除了上述題材之外，還有代數、解析幾何、向量幾何、排列與組合，最初步的機率與統計。對於這些題材，我們希望本叢書都會有人寫專書來論述。

II 讀者的對象

本叢書要提供豐富的、有趣的且有見解的數學好書，給小學生、中學生到大學生以及中學數學教師研讀。我們會把每一本書適用的讀者群，定位清楚。一般社會大眾也可以衡量自己的程度，選擇合適的書來閱讀。我們深信，**閱讀好書是提升與改變自己的絕佳方法**。

教科書有其客觀條件的侷限，不易寫得好，所以要有其它的數學讀物來補足。本叢書希望在寫作的自由度差不多沒有限制之下，寫出各種層次的好書，讓想要進入數學的學子有好的道路可走。看看歐美日各國，無不有豐富的普通數學讀物可供選擇。這也是本叢書構想的發端之一。

學習的精華要義就是，**儘早學會自己獨立學習與思考的能力**。當

這個能力建立後，學習才算是上軌道，步入坦途。可以隨時學習，終身學習，達到「真積力久則入」的境界。

我們要指出：學習數學沒有捷徑，必須要花時間與精力，用大腦思考才會有所斬獲。不勞而獲的事情，在數學中不曾發生。找一本好書，靜下心來研讀與思考，才是學習數學最平實的方法。

III 鸚鵡螺的意象

本叢書採用鸚鵡螺 (Nautilus) 貝殼的剖面所呈現出來的奇妙**螺線** (spiral) 為標誌 (logo)，這是基於數學史上我喜愛的一個數學典故，也是我對本叢書的期許。

 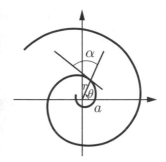

鸚鵡螺貝殼的剖面　　　　　　　等角螺線

鸚鵡螺貝殼的螺線相當迷人，它是等角的，即向徑與螺線的交角 α 恆為不變的常數 $(a \neq 0°, 90°)$，從而可以求出它的極坐標方程式為 $r = ae^{\theta \cot \alpha}$，所以它叫做**指數螺線**或**等角螺線**；也叫做**對數螺線**，因為取對數之後就變成阿基米德螺線。這條曲線具有許多美妙的數學性質，例如自我形似 (self-similar)，生物成長的模式，飛蛾撲火的路徑，黃金分割以及費氏數列 (Fibonacci sequence) 等等都具有密切的關係，結合著數與形、代數與幾何、藝術與美學、建築與音樂，讓瑞士數學家白努

利 (Bernoulli) 著迷，要求把它刻在他的基碑上，並且刻上一句拉丁文：

$$\text{Eadem Mutata Resurgo}$$

此句的英譯為：

$$\text{Though changed, I arise again the same.}$$

意指「雖然變化多端，但是我仍舊照樣升起」。這蘊含有「變化中的不變」之意，象徵規律、真與美。

　　鸚鵡螺來自海洋，海浪永不止息地拍打著海岸，啟示著恆心與毅力之重要。最後，期盼本叢書如鸚鵡螺之「歷劫不變」，在變化中照樣升起，帶給你啟發的時光。

> 眼閉
> 從一顆鸚鵡螺
> 傾聽真理大海的吟唱
>
> 靈開
> 從每一個瞬間
> 窺見當下無窮的奧妙
>
> 了悟
> 從好書求理解
> 打開眼界且點燃思想

蔡聰明

2012 歲末

推薦序

——行走在文化脈絡裡——

　　人類從蠻荒矇昧走入文明，道路是漫長的、艱辛的，也是曲折的。數學正是這個旅程中最精彩的心智產品，因此無論是禮、樂、射、御、書、數的中國六藝，還是算術、幾何、音樂、天文的希臘四藝，在古代教育菁英份子的科目裡，都少不了要有數學。時至今日，文明國家的國民基本教育，更是必然包含數學。

　　如果從埃及紙草上記載的實用算術問題算起，數學的歷史至少也有三千五百年之久。雖然經歷了這麼漫長的歲月，它卻保持住一種迥異於其他學科的特色，就是每項數學命題一經證實，就永遠不會被推翻。當然敘述真理的方式有可能修正，理解觀念的角度與深度也有可能變遷。譬如，「什麼是數」這個問題，今人與古人的認識就大有差距。然而，「質數有無窮多」的命題，一經古希臘人證明，迄今以至未來都不會動搖。

　　現在大學一年級教的微積分內容，基本上在 18 世紀就已經完備。然而多數教科書是按照「邏輯的脈絡」來書寫，奠基在 19 世紀 Weierstrass 從實數系統出發，而以 $\varepsilon-\delta$ 符號作表述的鋪陳法。根據嚴謹邏輯進程寫出來的教科書，雖然內容精鍊，觀念明晰，但是往往不容易讓初學者掌握想法因何而生，內容為

何如此展開，要解決的問題的重要性又在哪裡。也就是說，學習者的認知歷程，常常與知識的邏輯架構發生扞格。

要協助學習者克服上述的障礙，同樣的課程內容，需要放在「文化的脈絡」裡重新檢視。這個脈絡又可分為外在與內在兩個面向：外在是指發展微積分的歷史與社會背景，從此可觀察微積分核心問題為何以及如何被提出；內在是指數學理論體系本身的辯證發展，從此可看出舊瓶如何不斷裝進新酒，概念的內涵如何持續豐富化。

歷年來，世界各國不知出版了多少微積分教科書，但是永遠好像有一本更理想的仍待書寫。這種現象的產生，也許或多或少反映了「邏輯脈絡」與「文化脈絡」宛如油與水的關係，極難均勻而穩定地交融。以臺灣微積分教學的實際環境衡量，大學生也迫切需要補充依循「文化脈絡」提煉出的營養品。

蔡聰明教授的《微積分的歷史步道》，正好及時紓解了這方面的渴求。

聰明兄是認真、踏實又謙虛的數學教授，也是我尊敬的好學之士。多年來他為普及數學知識著述不輟，選題獨到講解清楚，並且反映出廣博的文化素養。中央研究院數學所每年暑期選擇適當專題開設研習班，協助大學生跨越平日制式的教學內容，動手動腦演練電腦技藝、研究問題、或探索學術的演化軌跡。2007 年起由我負責設計課程並延請教席，我馬上想到如果由教學經驗豐富的聰明兄，來引領學生仰視微積分發展的燦爛星空，學生將會多麼有幸地學得辨識銀河北斗。

聰明兄在溽暑之中，連續兩年鼎力支持研習計畫，現在又把講述內容著述成書，使更多的學子得以分享他的心血結晶，令我衷心感激。讀者邁步於此「歷史步道」時，應該會感受到「有窮」與「無窮」的對峙張力。當數學家最終從「有涯」躋身「無涯」時，也應該會抒發出了悟的讚嘆。

聰明兄的大著受篇幅所限，才演義了微積分歷史的上半段，而以「微積分的根本定理」為最高潮。這個根本定理的式子，雖然只用了不多的符號，但是卻蘊含了自古希臘迄牛頓與萊布尼茲近兩千年的思想精華。如此人類心智的結晶，自然放射出鑽石般光芒。讓我們拭目以待，聰明兄來日為微積分發展的近代歷程琢磨另一顆晶鑽。

李國偉

2009 年 4 月 24 日

（本文作者現任中央研究院數學研究所研究員曾任數學研究所所長）

自 序

——追隨大師的腳步——

　　這一本書是為了學習微積分的人而寫的微積分發展史，適合初學者的研讀。當然讀過微積分的人，讀本書應該也是不錯的選擇。目前存在的微積分發展史的文獻，幾乎都是為數學史家寫的，不見得適合學生的研讀。

　　我在臺大具有三十多年的微積分教學經驗，並且也開過「微積分與西方文明」這門通識課，接觸到各學院各學系的學生，深知微積分是許多大一學生或初學者甚感困難與畏懼的科目。從一般微積分教科書無法得到幫助，因為它們通常都是逆著歷史發展的順序來書寫，並且只呈現完成後整理得嚴謹的演繹式微積分，缺乏微積分的探索發現過程。

　　因此，如何幫忙初學者平順地學習微積分，變成教學上的一個重要課題，這也是撰寫本書首要的考量。解決這個困難之道就是，透過微積分的發展史來呈現微積分的探索發現過程。長久以來，我對微積分史就深為喜愛，每年上微積分課，都先講述約 10 小時的微積分發展簡史，讓學生知道牛頓與萊布尼茲如何發明微積分，然後才進入教科書的主題。雖然是簡史，但是深受學生的喜愛。

　　恰好我遇到中央研究院數學研究所的李國偉教授，兩次
（2007 與 2008 年的暑假）邀請我參與中研院暑期數學營
(Summer School)，帶領大學部的學生探索微積分的發展史。每
次為期六個星期。這個經驗對我而言，是寶貴的並且受惠良多。
我要特別感謝李教授的鼓勵，甚至心中悄悄地產生要把它寫成
一本書的念頭。因此，這本書可說是他催生的，特記此因緣。
中央研究院數學所的環境優雅，圖書與雜誌的資料又相當豐富，
那是學習與研究的樂園，這真是一個愉快並且美好的經驗！

　　從時間的尺度來看，微積分的發展源遠流久：從西元前六世
紀，古希臘人開始遇到「無窮與連續」，到了十七世紀牛頓
(Newton) 與萊布尼茲 (Leibniz) 初創微積分，再經過兩百年的拓
展與應用，到十九世紀（1880 年代）才奠定邏輯基礎。微積分
的成長大約花了 2500 年才真正大功告成。

　　從方法論與內容來看：微積分是透過無窮步驟的分析法，產
生詭譎而難纏的無窮小量，然後再用綜合法將無窮多的無窮小
量作累積；其中的微分法是微積分的核心，它的正算可以求切
線，並且逆算可以求面積。詳言之，考慮兩個函數：

$$y = F(x),\ u = f(x),\ x \in [a, b].$$

讓獨立變數 x 變化「無窮小量」dx，從而導致應變數 y 也變化
「無窮小量」dy：

$$dy \equiv dF(x) \equiv F(x + dx) - F(x)$$

以及無窮小的面積 $f(x)dx$。那麼兩個無窮小量的比值 $\dfrac{dy}{dx}$ 與無

窮多個無窮小的面積 $f(x)dx$ 之連續累積 $\int_a^b f(x)dx$，分別就是微分操作與積分操作。自然就有了兩個完美的積分公式：

$$\int_a^b dx = x\Big|_a^b = b - a \quad \text{與} \quad \int_a^b dF(x) = F(x)\Big|_a^b = F(b) - F(a)$$

如何有效地求算積分 $\int_a^b f(x)dx$？仔細作觀察與比較，靈光一閃：

如果 $f(x)dx$ 可以表成 $dF(x)$ 之形，亦即如果 $f(x)dx = dF(x)$ 或 $\dfrac{dF(x)}{dx} = f(x)$ 或 $DF(x) \equiv F'(x) = f(x)$，那麼就有

$$\int_a^b f(x)dx = \int_a^b dF(x) = F(x)\Big|_b^a = F(b) - F(a)$$

因此，透過微分的逆運算，就解決了千古的積分難題。把這些概念與公式的歷史發展述說清楚，就構成了本書的內容：

無窮小量 dx

一念噴出

乾坤震動

探尋兩千年

微積分誕生

大自然的無字天書

運動與變化的謎底

突然清晰揭開

在陽光底下

閃閃發亮

　　微積分在數學中所扮演的角色至少有三樣：它是基礎數學的總結，也是解讀「自然之書」(Book of Nature) 的最佳工具，更是進入現代數學之門。微積分的誕生讓我們深刻體會，大自然是數學發展的不竭泉源，不但提供素材與問題，而且又啟示概念與方法。

　　本書只寫到牛頓與萊布尼茲創立微積分為止，再寫下去就會變成羅素所說的「大書是大罪惡」(A big book is a big evil.)。本書期望能夠帶領讀者追隨大師的腳步：不只是學到數學的內容，也學到數學的思考與方法。

　　最後要感謝楊維哲教授平時的討論，幫忙我對於數學的洞察與了悟；李國偉教授為本書寫序並且提出指正，增添本書的內涵；還有李有豐與蔡仁惠兩位教授閱讀本書所提出的許多修正意見。這些都成了本書最珍貴的資產。

蔡聰明

2009 年 4 月 15 日

於臺大數學系

——人名、年表與常用記號——

Thales（泰利斯）	約西元前 640～548 年
Pythagoras（畢達哥拉斯）	約西元前 580～496 年
Zeno（季諾）	約西元前 460 年
Democritus	約西元前 460～362 年
Hippocrates of Chios	約西元前 440 年
Eudoxus	約西元前 400～347 年
Euclid（歐幾里得）	約西元前 325～265 年
Archimedes（阿基米德）	西元前 287～212 年
Galileo（伽利略）	1564～1642 年
Kepler（克卜勒）	1571～1630 年
Descartes（笛卡兒）	1596～1650 年
Cavalieri	1598～1647 年
Fermat（費瑪）	1601～1665 年
Torricelli（托里切利）	1608～1647 年
Wallis	1616～1703 年
Pascal（巴斯卡）	1623～1662 年
Huygens（惠更斯）	1629～1695 年
Barrow（巴羅）	1630～1677 年
Newton（牛頓）	1642～1727 年
Leibniz（萊布尼茲）	1646～1716 年
James Bernoulli	1654～1705 年

John Bernoulli	1667～1748 年
Euler（歐拉）	1707～1783 年
Gauss（高斯）	1777～1855 年
Cauchy（柯西）	1789～1857 年
Weierstrrass	1815～1897 年
Riemann	1826～1866 年
Dedekind	1831～1916 年
Cantor	1845～1918 年
Poincaré	1854～1912 年
Hilbert	1862～1943 年
Hadamard	1865～1963 年
Einstein（愛因斯坦）	1879～1955 年
Gödel	1906～1978 年
Abraham Robinson	1918～1974 年

常用記號

$\mathbb{N}$：自然數集 $\{1，2，3,...\}$

$\mathbb{Z}$：整數集 $\{...，-3，-2，-1，0，1，2，3，...\}$

$\mathbb{Q}$：有理數集 $\{\frac{n}{m}：m，n \in \mathbb{Z}$ 且 $m \neq 0\}$

$\mathbb{R}$：實數集，所有的有理數與無理數合起來的集合。

微積分的
歷史步道
contents

第 0 章

攀登微積分聖山

在任何地方，我們對事物無法得到真正的洞察，
除非我們實際看到它們從頭開始的生長過程。
(Here and elsewhere we shall not obtain the best insight into things until we actually see them growing from the beginning.)

——亞里斯多德（Aristotle，西元前 384～322 年）——

我們都在尋找一座聖山
把過去當圖表
我們的路程不是可以縮短嗎？

——紀伯倫（K. Gibran，1883～1931）——

微積分是牛頓 (Newton，1642–1727) 與萊布尼茲 (Leibniz，1646–1716) 在 1670 年代創立的，內容包括有**微分學** (differential calculus) 與**積分學** (integral calculus) 這兩部分。微分學起源於求曲線的**切線斜率問題**；而積分學起源於求**面積與體積問題**。這兩類問題表面上看起來似乎相距很遠，但實際上卻是緊密地關連，所以真理不容易被發現。事實上，微分與積分連結於**反微分**，即透過微分的逆運算可以解決求積分問題。

微積分的誕生並非「平地一聲驚雷」，而是具有長遠的歷史發展過程。從古希臘時代開始，兩千多年來經由許多人的接續努力，到 17 世紀才初步創立，然後又經過兩百年的延拓與應用，到了 19 世紀的 1880 年代才奠定邏輯基礎，而無後顧之憂。這是一段驚心動魄的觀念探險之旅，值得我們來尋幽探徑。

0.1　微積分聖山

微積分猶如一座秀麗的大山，高聳入雲，霧氣環繞。這是人類對於「**無窮**」的追尋，導致數學思想的造山運動所形成的聖山，比美於世界第一高峰聖母峰 (藏人叫做珠穆朗瑪，意指「萬川之聖母」，其高度為 8848 公尺)，又叫埃佛勒斯峰 (Everest)。參見圖 0–1 與圖 0–2。

兩千多年來，無數的信徒來這座山朝聖。牛頓與萊布尼茲最先攻頂成功，因此後世史家說，微積分是他們兩人發明的。

笑看星斗樽前落

俯視山河足底生

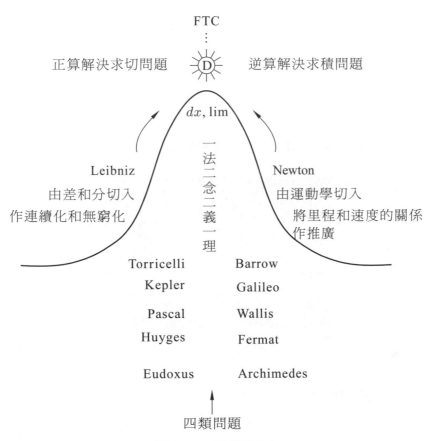

圖 0-1　微積分聖山

　　人們從山腳下四類問題（參見下一節）的關口出發，開始攀登微積分聖山，「千里之行，始於足下」，提出各種妙方來求面積與切線。最後牛頓與萊布尼茲站在許多巨人的肩膀上，沿著不同的兩條

路徑登上山頂，兩人都同樣發現了**微分法** D，並且悟出**微積分學根本定理**（the Fundamental Theorem of Calculus，簡記為 FTC），就像黎明的時分太陽從山頭蹦出來，讓一切大放光明。

英國登山探險家 George Mallory，在 1924 年登聖母峰到達 8534 公尺處。當他被問及為何要登聖母峰時，他給出一個典雅的答案：

因為山就在那兒。（Because it is there.）

我們要攀登微積分聖山，也是懷著同樣的豪情壯志。

圖 0–2　聖母峰

0.2　四類問題

問題是數學發展的泉源。在問題的激勵下，啟動思想，提出概念與方法，解決問題。然後將它們組織成融貫的知識系統，於是一門學問就形成了。

　　下列**四類問題**促成了微積分的誕生：

1. **求積問題：** 即求面積、體積、表面積……，以及曲線的長度。

2. **求切問題：** 即求曲線的切線與法線，這源自幾何學與光學。

3. **求極問題：** 即求函數的極大值與極小值，這常在生活應用上見到。

4. **研究運動現象的問題：** 即質點運動時，如何由位置函數求出速度函數，反過來，如何由速度函數求出位置函數。這是屬於運動學的問題。

　　因為求極問題與由位置函數求速度函數是求切問題，並且由速度函數求位置函數是求積問題，所以上述四類問題可以歸結為**兩類問題：** 亦即求切問題與求積問題。它們分別發展出微分學與積分學，合稱微積分學。

0.3　無窮步驟

　　求切線與求積分皆涉及「**無窮步驟**」(infinite processes)，也就是必須經過無窮步驟才可以得到答案。「**無窮**」(infinity) 具有無窮的深度，既迷人又困惑人。古希臘哲學家季諾(Zeno,約西元前 460 年)利用無窮步驟的分割，提出一些詭論 (paradoxes)，千古以來讓人一直爭論不休。

　　微積分恰是必須**直接面對無窮**，躲都躲不掉。我們舉三個例子。

例題 1　如何看待一個圓？

圓的內接正多邊形是容易掌握的對象，而圓則是一個難題。事實上，圓的內接正 n 邊形與圓隔著無窮步驟，因為必須讓 n 趨近於無窮大，正 n 邊形才可以趨近於圓。換言之，圓可看作是無窮多邊的正多邊形，每一邊都是無窮小 (infinitesimal)。參見圖 0–3。

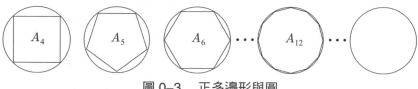

圖 0–3　正多邊形與圓

例題 2　求切線問題

在圖 0–4 中，假設 P 為函數 $y = f(x)$ 圖形上的一個點。通過 P 點的切線是個難題，而割線則容易掌握（兩點唯一決定一直線，如圖中的 $\overline{PQ}$）。然而，割線與切線之間也隔著無窮步驟，因為必須讓 Q 點沿著曲線無止境地靠近 P 點，割線才會趨近於切線。因此，相對於割線來說，切線躲在「無涯的彼岸」。

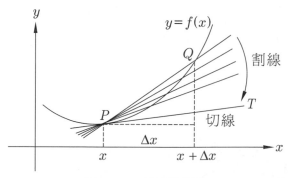

圖 0–4　割線與切線

例題 3　求面積問題 ....

考慮拋物線 $y = x^2$ 在區間 [0，1] 上所圍成領域的面積，如圖 0–5 的最右圖。我們對 [0，1] 作分割，用一些長方形來計算出其近似面積，必須讓分割無止境地加細，近似面積才會趨近於真正所要的面積。因此，近似面積與真正的面積之間也隔著無窮步驟。

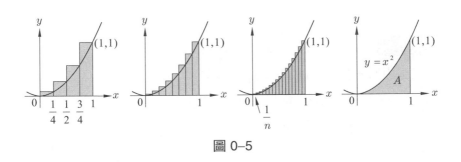

圖 0–5

0.4　微分法

　　微積分聖山的聖頂上，出現的微分法 $D = \dfrac{d}{dx}$ 像太陽照耀大地一般。由求切線問題發現微分法，並且認識到它的重要性是突破微積分的關鍵。這可以採用兩種殊途同歸的方式來定義：假設 $y = f(x)$ 為一個函數，想像獨立變數 x 作有限變化量 Δx 與作無窮小的變化量 dx。

(i) 極限論述法

$$Df(x) \equiv \frac{df(x)}{dx} = \lim_{\Delta x \to 0} \frac{f(x + \Delta x) - f(x)}{\Delta x}$$

(ii)無窮小論述法

$$Df(x) \equiv \frac{df(x)}{dx} = \frac{f(x+dx) - f(x)}{dx}$$

$Df(x)$ 又記成 $f'(x)$，叫做 f 的導函數。它的幾何意義就是在曲線 $y = f(x)$ 上面，通過 $P = (x, f(x))$ 點的切線之斜率。當然也可作其它各種解釋。「無窮小 dx」的意含是，要多小就有多小，但不等於 0。因此，它有時候不等於 0，有時候又等於 0，相當詭譎。

例題 4

試推導出微分公式：$D(x^3) = 3x^2$。

解 （方法 1）極限論述法

$$Df(x) \equiv \frac{df(x)}{dx} = \lim_{\Delta x \to 0} \frac{f(x + \Delta x) - f(x)}{\Delta x}$$

$$= \lim_{\Delta x \to 0} \frac{(x + \Delta x)^3 - x^3}{\Delta x} = \lim_{\Delta x \to 0} \frac{3x^2 \Delta x + 3x(\Delta x)^2 + (\Delta x)^3}{\Delta x}$$

$$= \lim_{\Delta x \to 0} [3x^2 + 3x\Delta x + (\Delta x)^2] = 3x^2 \text{。}$$

註 $\lim_{x \to a} F(x) = L$ 讀成：當 x 趨近於 a 時，$F(x)$ 趨近於 L。

（方法 2）無窮小論述法

$$Df(x) \equiv \frac{df(x)}{dx} = \frac{f(x + dx) - f(x)}{dx}$$

$$= \frac{(x + dx)^3 - x^3}{dx} = \frac{3x^2 dx + 3x(dx)^2 + (dx)^3}{dx} \quad (\text{以上 } dx \neq 0)$$

$$= 3x^2 + 3x dx + (dx)^2 = 3x^2 \text{。} \quad (dx = 0，因為 dx 很小很小)$$

註 無窮小論述法有個困境：起先是 $dx \neq 0$，後來又是 $dx = 0$。極限論述法似乎就沒有這個矛盾，不過，要說清楚極限也不容易。

0.5　積分的概念

在例題 3 中，拋物線 $y = x^2$ 在區間 [0，1] 上面所圍成領域的面積，我們記為 $\int_0^1 x^2 dx$，這是一個神奇的記號。

❖ 甲、定積分

一般而言，考慮一個取正值的函數 $y = f(x)$，它的圖形在閉區間 $[a，b]$ 上面所圍成領域的面積就記為 $\int_a^b f(x)dx$，叫做函數 f 在 $[a，b]$ 上面的**定積分** (definite integral)。我們這樣來解讀這個積分記號的意思：無窮小的底 dx 乘以高 $f(x)$，得到無窮小的面積 $f(x)dx$。然後讓 x 從 a 到 b 連續累積（即積分），就得到定積分 $\int_a^b f(x)dx$，這表示圖 0–6 陰影領域的面積。

當 $f(x)$ 取到正負值都有的情形，定積分仍然有意義，但是沒有面積的解釋。定積分 $\int_a^b f(x)dx$ 是無窮多個無窮小 $\{ f(x)dx \mid x \in [a，b]\}$ 連續累積而成，可以想見得到，要計算它是個深刻的難題。

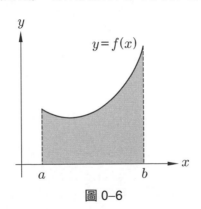

圖 0–6

❧ 乙、不定積分或反微分

微分法 D 是個兩面刃，有正算與逆算，鋒利無比。

(i)**微分的正算：**

給 $F(x)$，求出 $f(x)$，使得 $DF(x) \equiv F'(x) \equiv \dfrac{dF(x)}{dx} = f(x)$，這叫做**微分的正算**。從而得到各種微分公式，可以解決求切線以及一切變化率的問題。

(ii)**微分的逆算：**

反過來，給一個函數 $f(x)$，欲求另一個函數 $F(x)$，使得

$$DF(x) = f(x), \quad \forall x \in [a, b]$$

這叫做**微分的逆算**，可以解決求積問題，表現於微積分學根本定理之中，參見下一節。我們稱 $F(x)$ 為 $f(x)$ 的一個**反導函數** (anti-derivative)。一個函數的反導函數不唯一，有無窮多個，但是任何兩個反導函數都只差個常數。$f(x)$ 的所有反導函數所成的一類函數記為

$$D^{-1}f(x) \text{ 或 } \int f(x)dx$$

分別叫做 f 的**反微分**與**不定積分**。

例題 5

因為 $D(\dfrac{1}{n+1}x^{n+1}) = x^n$，所以 $\dfrac{1}{n+1}x^{n+1}$ 為 x^n 的一個反導函數。於是 x^n 的反微分或不定積分為

$$D^{-1}x^n = \int x^n dx = \frac{1}{n+1}x^{n+1} + C$$

我們將微分與反微分操作圖解如下。已知 $DF(x) = f(x)$，那麼就有

(i)微分的正算：

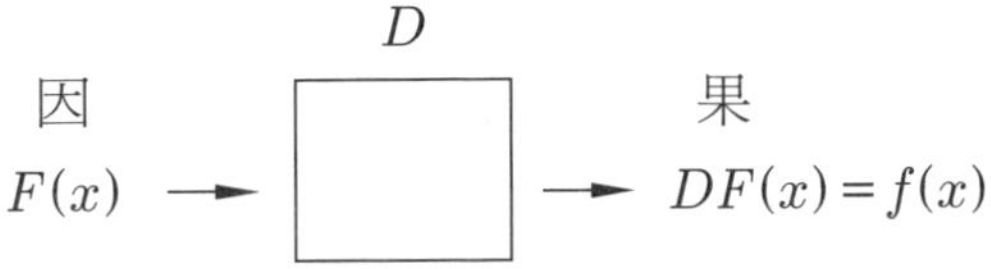

因　　　　　　　D　　　　　　果

$F(x)$ ⟶ ⟶ $DF(x) = f(x)$

圖 0–7　　由因得果

(ii)微分的逆算（反微分或不定積分）：

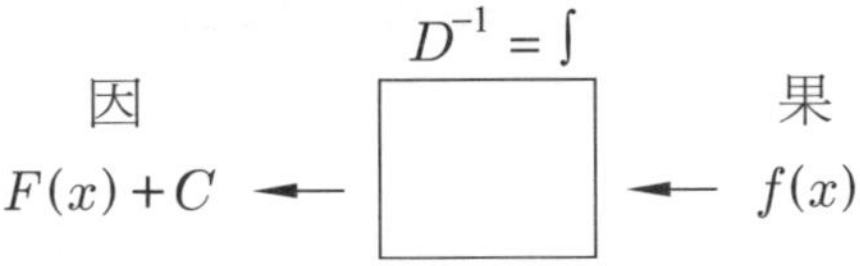

因　　　　$D^{-1} = \int$　　　果

$F(x) + C$ ⟵ ⟵ $f(x)$

圖 0–8　　由果探求因

因此，$DF(x) = f(x)$ 以及 $D^{-1}f(x) = \int f(x)dx = F(x) + C$ 是一體兩面的公式。通常是由「因」得「果」，反過來是由「果」求「因」。如果把前者看作正向操作，那麼後者就是逆向操作，往往更深刻。

0.6　微積分學根本定理

有了微分法就是「好的開始是成功的一半」，進一步再洞察出微積分學根本定理 (FTC)，微積分就誕生了。

假設函數 f 在閉區間 $[a, b]$ 上面是連續的，即函數圖形沒有斷掉。考慮新的函數 $G(x)$，定義為

$$G(x) = \int_a^x f(t)dt$$

當 $f(t) > 0$ 時，$G(x)$ 表示 f 在閉區間 $[a, x]$ 上面所圍成領域的面積，參見圖 0–9。

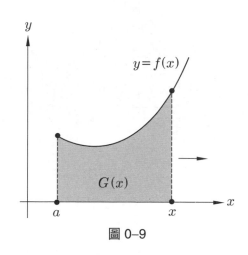

圖 0–9

微積分學根本定理有兩部分：

(i)微分與積分的互逆性：

若 $G(x) = \int_a^x f(t)dt$，則有 $DG(x) = f(x)$，$\forall x \in [a, b]$。

(ii) **Newton-Leibniz 公式**（簡稱為 N–L 公式）：

若 $DF(x) = f(x)$，$\forall x \in [a, b]$，則有 $\int_a^b f(x)dx = F(b) - F(a)$。

註 (i)與(ii)的結論分別可以寫成：

$$\frac{d}{dx}\int_a^x f(t)dt = f(x), \ \forall x \in [a, b] \ 與 \int_a^b F'(x) = F(b) - F(a)。$$

例題 6

有一個微分公式：

$$D(\frac{1}{3}x^3) = x^2$$

就對應有一個反微分（或不定積分）公式：

$$D^{-1}x^2 = \int x^2 dx = \frac{1}{3}x^3 + C$$

以及一個定積分公式：

$$\int_a^b x^2 dx = \frac{1}{3}x^3 \Big|_a^b = \frac{1}{3}b^3 - \frac{1}{3}a^3$$

例題 7

有一個微分公式：

$$D \sin x = \cos x$$

就對應有一個反微分（或不定積分）公式：

$$D^{-1}\cos x = \int \cos x dx = \sin x + C$$

以及一個定積分公式：

$$\int_a^b \cos x dx = \sin x \Big|_a^b = \sin b - \sin a$$

註 在上面兩個例子中，三個相關連的公式，叫做「**微積分的三合一公式**」。

0.7　古老傳奇的史詩

　　古希臘數學家（哲學家）發現有些事情，例如求圓的面積、求

切線，以及正方形對角線長度的度量（即要說清楚無理數 $\sqrt{2}$），都需要經過「**無窮步驟**」，這嚇壞了他們，導致「**希臘人對無窮的恐懼**」（the Greek horror of the infinite）。

莊子說：「吾生也有涯，而知也無涯，以有涯逐無涯，殆矣。」這是古人面對「無窮」的無奈與恐懼，因為以有涯的人生，怎能做無涯的事情？然而，微積分恰是「以有涯逐無涯」成功的典範。

如果「以有涯逐（挑戰）無涯」是一種浪漫，那麼微積分是一種浪漫的情懷，即「靈魂在理性中的浪漫」（the romance of soul in reason）。同理，詩歌、音樂與藝術一樣是在追求無窮，所以是靈魂在感性中的浪漫。

在遙遠的神奇國度，有一座「微積分聖山」，山在虛無縹緲間。山中住著無窮大 "∞" 與無窮小 "dx" 這兩個精靈，神通廣大，具有超能力，能夠幫忙人類解決「無窮步驟」的困局。人們流著汗，喘著氣，一步一腳印，攀登了兩千多年，最後終於由牛頓與萊布尼茲接力攻頂成功。他們請出**極限**與**兩位無窮小精靈** dx 與 dy，合力相除，做出 $\dfrac{dy}{dx}$，發現了微分法與微積分學根本定理，揭開千古的變化與致積之謎。

路是人走出來的，思想是人創造出來的。微積分是一則古老傳奇的史詩。遠望微積分聖山，我們立志要去攀登它。重走一趟微積分的歷史步道，尋幽探徑，並且欣賞沿途之美。

Tea Time

奧地利物理學家與哲學家 Mach (1836～1916)：

You cannot understand a theory (a theorem) unless you know how it was discovered.

（你無法了解一個理論除非你知道它是如何被發現的。）

法國數學家 Poincaré (1854～1912)：

The true method of foreseeing the future of mathematics is to study its history and its actual state.

（若要預見數學的未來，最好的方法是研究數學史以及它的目前實況。）

古希臘哲學家 Plato （西元前 427～347 年）：

This alone is to be feared—	所應擔心的唯有—
the closed mind,	封閉的心靈，
the sleeping imagination,	昏睡的想像力，
the death of spirit.	靈性的死亡。

一個有趣的歷史觀察：

1. **畢達哥拉斯** (Pythagoras)：點的長度大於 0。

2. **歐幾里得** (Euclid)：點只佔有位置，沒有大小，故點的長度等於 0。

但無法解決：如何由沒有長度的點累積成有長度的線段。這個困局一直要等到微積分出現後才獲得解決。

3. **牛頓**與**萊布尼茲**：把點的長度詮釋為無窮小 dx，並且透過優秀的積分記號與演算，解決了歐氏的難題：$\int_a^b dx = x\Big|_a^b = b - a$，此式叫做 **完 美 的 積 分 公 式** (the perfect integral formula)。

第 1 章

畢氏學派發現「無窮」

Mathematics is the science of infinity.
（數學是研究無窮的學問。）

—David Hilbert (1862 ~ 1943)—

　　微積分最顯著的特色是涉及「**無窮**」(infinity)，解決求積問題與求切線問題都要經歷「**無窮步驟**」(infinite processes)。因此微積分必須跟無窮面對面，躲都躲不掉。從而，如何克服無窮就變成微積分的核心主題。最後落實於**極限操作** (limit operation) 以及完備有序體 (complete ordered field) 的實數系 $\mathbb{R}$。

　　微積分的發展史就是一部人類馴服無窮的歷史。它所遭遇到的困難與驚心動魄，勝過荷馬 (Homer) 的史詩：伊里亞德 (Iliad) 與奧德賽 (Odyssey)。

　　從西元前 6 世紀開始，幾何線段的度量問題與求積問題，讓古希臘人結結實實遇到了無窮，產生許多矛盾而又無法有效地解決，導致「**希臘人對無窮的恐懼**」(the Greek horror of the infinite)，其後兩千年有許多數學家提出各種化解無窮的方案，但都只是個案解決特殊問題而已，一直到 17 世紀（1670 年左右），牛頓與萊布尼茲才找到普遍的方法，叫做「**微分法**」，馴服了無窮，創立微積分，揭開一切求積與變化之謎。

　　然而，微積分的基礎（極限的 ε–δ 定義、收斂與發散概念的澄清，實數系的建構與完備性的證明）又經歷兩百年的奮鬥，直到 19 世紀末（1880 年左右）才完成，真正的馴服「無窮」。整個合起來計算，微積分的發展時間，至少長達 2500 年。微積分的特具深度、困難與迷人的特質，是不言自明的。

　　我們採用「時軸」(time axis) 的圖解簡潔地表達「微積分是無窮的交響曲」：

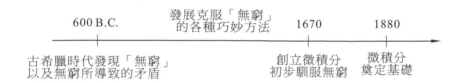

1.1 有窮可分或無窮可分?

古希臘哲學家柏拉圖（Plato，西元前 427～347 年）把哲學定義為「驚奇的藝術」(the art of wondering)，並且說「哲學家是所有時間與所有存有的靜觀者。」(The philosopher is the spectator of all time and all existence.) 哲學就是對周遭的事物感到驚奇，並且打破砂鍋問到底，其中的一個探索主題是「存有與變易之謎」(the enigmas of Being and Becoming)。

存有之謎 (the enigma of Being) 就是要追究：組成物質宇宙的基本要素是什麼? 物質的結構是什麼? 變易之謎 (the enigma of Becoming) 分成兩類：研究物質的變化與研究物體的運動。

這些問題引起古希臘哲學家熱烈的辯論，成為往後科學與數學思想的源頭，最後發展成為化學與物理學。自從泰利斯（Thales，約西元前 640～548 年）主張「**用理性**」來研究這個世界，「**用自然的原因來解釋自然現象**」，並且拋出「**萬有皆水**」以及「**數學要有證明**」之後，在古希臘時代成果就已經相當豐收，最重要的有**原子論** (Atomism) 與**歐氏幾何學** (Euclidean Geometry)。今日物理學所研究的基本粒子 (elementary particles)、夸克 (quarks)，以及超弦 (superstring) 也都是這個主流思想之下的產物。

圖 1-1　泰利斯 (Thales)

　　回歸源頭與基本問題。任何事物要探索其結構，通常是採用「分析與綜合法」，先分析再作綜合。分析法就是要對事物作分割或剖析，這自然就要追究：

　　物質、時間、空間、線段是有窮可分割 (finitely divisible) 或

　　無窮可分割 (infinitely divisible)？

這又引申出更多的論題：世界是離散的或連續的 (discrete or continuous)，一或多 (one or many)，不變或變……，雙方都有支持者，爭論不休，形成豐富的思潮。

　　原子論大師 Democritus（約西元前 460～362 年）被稱為「微笑的哲學家」(the Laughing Philosopher，大概是笑世人的愚蠢吧)，他是西方哲學史上第一位偉大的百科全書式的人物，身兼學者與思想家，是怪物與神仙的綜合體。

對於物質世界的組成與結構，Democritus 採取「有窮可分割」的論點，他的原子論的要旨是：

物質經過「有窮步驟」(finite processes) 的分割就會到達「不可分割」的原子 (atom)，「原子」的本義就是「不可分割」的意思。凡是物質都是由微粒的原子組成的，原子在虛空 (void) 中按照必然的規律永不止息地運動、作不同的排列與組合就產生萬物。在物質的分合變化中，原子是不變的。只有原子與虛空是最後的真實 (ultimate reality)，其餘都是一時一地的意見 (opinions)。

在方法論上，原子論就是「分析與綜合法」的施展，這只有「歸納與演繹法」堪與匹敵。原子論的思想和方法太重要了，這只要看怪才物理學家費曼 (Feynman) 的講法：

如果人類要面臨毀滅，只准保留一句話給未來的世代，這句話要用字最少，但含有最多的科學訊息，那麼應該保留哪一句話呢？毫無疑問，應該保留原子論：凡是物質都是原子做成的，原子是微小的粒子，擠在一起時會互相排斥，稍分離時又會互相吸引。

1.2　巴比倫與古埃及的成果

截掉頂端的金字塔，又叫做正錐臺，遠在巴比倫與古埃及時代

人們就知道它的體積，參見圖 1–2。雖然他們沒有「公式」的概念，但是從他們的計算過程，我們知道他們採用如下的公式：

定理 1　錐臺的體積公式，見《莫斯科紙草算經》第 14 題

設正錐臺的上底邊長為 a，下底邊長為 b，高為 h，則其體積為

$$V = \frac{1}{3}(a^2 + ab + b^2)h \tag{1}$$

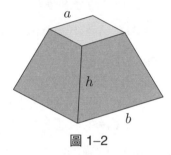

圖 1–2

註 設 a 與 b 為兩正數，則稱 $\frac{1}{3}(a + \sqrt{ab} + b)$ 為 a 與 b 的 **Heron 平均**。因此正錐台的體積為上底與下底面積的 Heron 平均乘以高。

【推論】（金字塔的體積公式，見圖 1–3）

取 $a = 0$ 的特例，就得到底邊長為 b，高度為 h 的金字塔之體積公式：

$$V = \frac{1}{3}b^2h \tag{2}$$

圖 1–3

根據阿基米德的說法，Democritus 也發現了圓錐或角錐的體積公式：

$$V = \frac{1}{3} Bh \tag{3}$$

其中 B 為底面積，h 為高。換言之，在同底等高之下，圓錐的體積等於圓柱的體積的三分之一，參見圖 1–4。

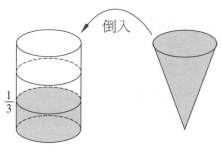

圖 1–4

Democritus 把圓錐看作是由無窮多個厚度「不可分割的」(indivisible) 平行夾層所組成的，見圖 1–5。對於柱體的情形，每一層都相等，他沒有困惑。但是對於錐體的情形，他就有困惑了：

【Democritus 的 "To be or not to be"】

它們是相等或不相等？(Are they equal or unequal?)

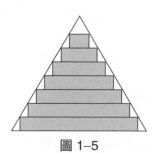

圖 1–5

如果夾層的長度皆相等，則錐體就變成柱體。如果夾層的長度皆不相等，則錐體就不勻滑，好像是鋸齒。

　　值得作個觀摩與對照：三維空間中的圓錐類推到兩維平面就是三角形，三角形的面積為 $A = \dfrac{1}{2}bh$，其中 b 為三角形的底，h 為高；而錐體的體積：$V = \dfrac{1}{3}B \times h$。

1.3　畢氏學派的幾何原子論

　　在幾何學的領域，點、線、面、體是幾何的四個要素。動點成線，動線成面，動面成體。線段經過分割，最後得到「點」(points)，點是幾何的「原子」(atom)。於是就產生如下的基本問題：

問題

線段是有窮可分割或無窮可分割？點有多大？

圖 1–6　點有多大？

圖 1–7　畢達哥拉斯

　　畢達哥拉斯（Pythagoras，約西元前 580～496 年）經過一番的分析與思辯：

如果線段是有窮可分割，則點的長度 $\ell > 0$。如果線段是無窮可分割，則點的長度 $\ell = 0$ 或 ℓ 為「無窮小」(infinitesimal)。

更進一步，如果點的長度 $\ell = 0$，則會導致「由沒有長度的點組成有長度的線段」，這是「無中生有」(something out of nothing)，難以接受。

如果點的長度 ℓ 為「無窮小」，那麼什麼是無窮小？如果無窮小等於 0，又會落入無中生有的困境。如果「無窮小」大於 0，則線段的長度就等於無窮多個正數相加，會變成無窮大，這是矛盾。無窮小詭譎，更難以說清楚。

總之，線段不外是「有窮可分割」或「無窮可分割」，從而點的長度 ℓ 有下列三種情形：

❖ 甲、線段為有窮可分割

(i) $\ell > 0$。

❖ 乙、線段為無窮可分割

(ii) $\ell = 0$，(iii) ℓ 為無窮小。

對於後兩種情形都存在著古希臘人難以克服的困局。基於此，畢氏學派採取甲的第一種說法，想像「點」如微小的珍珠，串連成為線段，並且大膽提出「幾何原子論」(Geometric Atomism) 的假設：

> 線段只能作「有窮步驟的分割」，就得到不可分割的「點」。
> 點雖然很小，但它是有長度的，即 $\ell > 0$。從而，任何兩線段皆可共度 (commensurable)，至少點的長度 ℓ 就是一個共度單位。線段的度量只會得到有理數（即為比數）。

> **定義 1**　❀
>
> 假設 a 與 b 為兩線段。如果存在一個線段 $u > 0$，使得 $a = m \cdot u$ 且 $b = n \cdot u$，其中 m 與 n 皆為自然數，則稱 a 與 b 為**可共度**。u 叫做**共度單位**。換言之，用 u 去度量 a 與 b，有限多次（整數次）就可以度量乾淨。

註 a 與 b 的最大共度單位可以利用「**輾轉互度法**」求得。對應到整數論，最大共度單位就是最大公因數，輾轉互度法就是熟知的「**輾轉相除法**」。

在「任何兩線段皆可共度」的假設下，畢氏學派證明了長方形的面積公式：

$$A = 長 \times 寬$$

據此，畢氏學派進一步證明了「畢氏定理」與「相似三角形定理」。

▊**定理 2　畢氏定理**▊─────────────────

對於任意的直角三角形恆有：斜邊的平方等於兩股的平方和。

▊**定理 3　相似三角形定理**▊───────────────

如果兩個三角形的三個內角對應相等，那麼三個邊就對應成比例。從而，這兩個三角形相似。

畢氏學派再利用平行公設 (parallel axiom) 證明三角形三內角和為一平角定理，並且推導出：用同一種正多邊形鋪地恰好有三種樣式，並且正多面體恰好有五種。

習題 1

(i)利用長方形的面積公式，證明畢氏定理與相似三角形定理。

(ii)利用三角形三內角和為一平角定理，證明正多面體恰好有五種。

　　畢氏學派在離散的世界觀之下，自然就有：「線段是有窮可分割」，「點的長度 $\ell > 0$」，「任何兩線段皆可共度」，「有理數就夠幾何度量之用」。在這個基礎之上，畢氏學派探討幾何圖形的規律，建構幾何的知識系統，算是相當成功。「成功為成功之母」，畢氏學派信心十足地宣稱：

萬有皆整數。(All is whole number.)

這意指宇宙間萬事萬物都可以用整數以及兩整數的比值來描述與表現。

1.4　希臘人對無窮的恐懼

　　然而，好景不常，畢氏學派的天空飄來了烏雲，他們發現不可共度 (incommensurable) 的線段：

定理 4

正方形的一邊與對角線不可共度，相當於 $\sqrt{2}$ 不為有理數。

定理 5

正五邊形的一邊與對角線不可共度，相當於 $\dfrac{1+\sqrt{5}}{2}$ 不為有理數。

在圖 1–8 中，左圖有 $\dfrac{\overline{AC}}{\overline{AB}} = \sqrt{2}$；右圖有 $\dfrac{\overline{AC}}{\overline{AB}} = \dfrac{1+\sqrt{5}}{2}$（**黃金分割數**）。今日我們說這兩個數為「無理數」(irrational numbers) 或「非比數」。

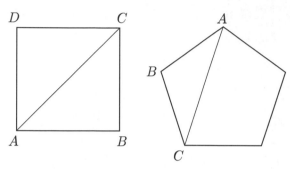

圖 1–8　線段 AB 與 AC 不可共度

若兩線段可共度，則它們的比值為有理數。因此，若兩線段的比值不為有理數，則它們為不可共度。

習題 2

證明定理 3 與定理 4。

上述的兩個發現表示，「有窮可分割」是有矛盾的，因此必須要面對「無窮可分割」，無窮是躲都躲不掉的。這不但震垮了畢氏學派的幾何學，而且也導致「**希臘人對無窮的恐懼**」(the Greek horror of the infinite)。

註 其實畢氏學派並沒有完全失敗，對於長方形的面積公式只需再補證「不可共度」的情形就好了。但是畢氏學派無法處理**無理數**，甚至不承認無理數為數。

在風雨飄搖的情況下,伊利亞學派 (Eleatics) 的哲學家季諾進一步提出四個詭論 (paradoxes)：

1. 二分法的詭論 (The Dichotomy Paradox)
2. 阿奇里斯追不上烏龜的詭論 (The Paradox of Achilles and Tortoise)
3. 飛矢不動的詭論 (The Paradox of Arrow)
4. 運動場的詭論 (The Paradox of the Stadium)

從表面上看起來，季諾是在論證運動現象的具有矛盾性 (the paradoxes of motion)，但實際上是在質疑：對於線段、時間或空間，不論是作無窮可分割（前兩個詭論）或有窮可分割（後兩個詭論），都會產生矛盾。換言之，不論事物是連續或離散都有問題。

習題 3

請你去查閱這四個詭論的內容。

季諾 (Zeno)

柏拉圖 (Plato)

圖 1–9

柏拉圖認識到，發現「不可共度線段」對數學的重要性，他說：

He is unworthy of the name of man who is ignorant of the fact that the diagonal of a square is incommensurable with its side.

（不知道正方形的對角線與其邊是不可共度者愧生為人。）

世事往往是禍福相依的，危機就是轉機，畢氏學派驚奇兼恐懼地發現了「**無窮**」與「**連續統**」(continuum) 的神妙天地，讓往後的數學家探尋了兩千多年，創立了實數論與微積分，成果相當豐碩。

畢氏學派的「幾何原子論」假設線段是離散的，只能作「有窮步驟」的分割，最後得到的「點」具有長度。線段是由點組成的，從而任何兩線段皆可共度。

現在發現了「不可共度」的線段，否定了畢氏學派的基本假設。因此，線段是連續的，可作「無窮步驟」的分割，並且最終所得到的「點」沒有長度。

1.5　歐氏幾何的成功與困境

畢氏幾何學的失敗，讓古希臘人重新錘鍊幾何學，經過 300 年的苦鬥，最後在西元前 300 年左右，由亞歷山卓大學的歐幾里得（Euclid，約西元前 325～265 年），將幾何知識成功地組織成公理演繹系統 (Axiomatic-Deductive system)，寫成曠古名著《幾何原本》(The Elements)，總共有 13 冊，證明了 467 個定理。

這是人類歷史上的首創，因而被稱譽為「**幾何學的聖經**」。在歷史上，它發行的版本超過 1000 版，其數量只僅次於《**聖經**》(The Bible)。

圖 1–10　　歐幾里得 (Euclid)

歐氏《幾何原本》的第一冊，開宗明義就給出 23 個定義，加上 5 條幾何公設與 5 條一般公理，其中下面的三個定義跟微積分具有密切關係，按《幾何原本》的編號：

定義 1	

點只佔有位置而沒有部分。(A point is that which has no part.)

定義 2	

線段有長度，但沒有寬度。(A line is length without breadth.)

定義 5	

面只有長度與寬度。(A surface is that which has length and breadth only.)

歐氏在接受幾何對象是「無窮可分割」之下，很自然就有上面三個定義。詳言之，線段是由點組成的，動點成線；但是點沒有長度，即長度為 0。其次，面是由線段組成的，動線成面；但是線段沒有面積，即面積為 0。立體是由面組成的，動面成體；但是面只有面積而沒有體積，即體積為 0。

這些都是經過「無窮步驟」的操作，所產生出來的從「無」到「有」之間的「無窮鴻溝」，歐氏也無能為力去解決。

受到畢氏幾何學失敗與「希臘人對無窮的恐懼」之影響，歐氏幾何處處避開「無窮」，或是將「實在的無窮」(actual infinite) 轉化為「潛在的無窮」(potential infinite)，這些都可以說是「用心良苦」。

然而，古希臘數學家卻必須面對下面三類的求積問題。兩千年來它們成為挑戰數學家的大難題。

❖ 甲、長度：點與線的鴻溝

線段經過「無窮步驟」的分割，到達「點」。「點」是線段的「不可分割的」(indivisible) 組成要素，但是「點」沒有長度，而線段有長度。

問題 1

如何由沒有長度的「點」，累積成有長度的線段?

亞里斯多德說:

若線段是連續的並且點是不可分割的，則線段不是由點組成的。

整體不等於部分之和。

(The whole is more than the sum of its parts.)

萊布尼茲說:

「點」不可視為線段的組成部分。

(A point may not be considered as a part of a line.)

他們的意思是說:線段的長度不是由點的長度累積起來的。因為沒有長度的「點」，只會累積成沒有長度的線段。有長度的「點」，會累積成無窮長度的有限線段。

🔸 乙、面積：線與面的鴻溝

同理，「線」是面的「不可分割」的組成要素。線沒有面積，而面有面積。

問題 2

如何用沒有面積的線，累積成有面積的平面領域？

🔸 丙、體積：面與體的鴻溝

「面」是體的「不可分割」的組成要素。面沒有體積，而體有體積。

問題 3

如何用沒有體積的面，累積成有體積的立體？

這三大積分難題比美於幾何的三大難題（方圓問題，倍立方問題以及三等分角問題），變成往後數學家努力的目標。

1.6　各種克服無窮的方案

若要貫徹「原子論」的精神，就要由事物的組成要素來談論事物本身。例如用點的「長度」來累積成線段的長度，用線段的「面積」來累積成平面領域的面積。用平面領域的「體積」來累積成立體領域的體積。

這些都是要做「無中生有」的事情，只有上帝辦得到。但是老子曾說：「萬物生於有，有生於無。」因此，事情並不絕望。

從歐幾里得西元前 300 年到 17 世紀,人類的數學天才們奮鬥了 2000 年，想出各種可行的方案來詮釋：

點的「長度」，線段的「面積」，平面領域的「體積」

從而發展出一套可算的辦法，有效地解決求積問題。其間發展出來的最主要的演算法有下列六種：

Eudoxus 與 Archimedes 的窮盡法 (Method of Exhaustion)

Cavalieri 的不可分割法 (Method of Indivisible)

Kepler 的無窮小法 (Method of Infinitesimal)

Fermat 的動態窮盡法 (Method of Dynamic Exhaustion)

Wallis 的無窮的算術 (Arithmetic of Infinite)

Newton 與 Leibniz 的微分法 (Method of Differential Calculus)

值得注意的是，由求切線問題、求極值問題，以及運動現象的研究，產生微分法。牛頓與萊布尼茲進一步看出微分與積分的互逆性，並且利用微分的逆算就可以輕易且系統地解決千古的求積分難題。

另一方面，微分的正算可以解決求切線問題、求極值問題、求速度問題以及一切變化問題。因此，微分法是兩面刃，是最有效且最普遍的方法，一舉解決微積分的四類問題，從而微積分就誕生了。

後世的史學家公認，牛頓與萊布尼茲兩人獨立地發明微積分。牛頓由運動現象切入，而萊布尼茲由離散的差和分切入，兩人是殊途同歸，英雄所見略同。

Tea Time

Dantzig Tobias (1844～1956)：

> Banish the infinite process, and mathematics pure and applied is reduced to the state in which it was known to the pre-Pythagoreans.
>
> （把無窮步驟驅逐出數學，不論是純粹數學或應用數學，都是回到畢氏學派之前的狀態。）

Da Vinci, Leonardo（達文西，1452～1519）：

> 生命在陽光裡就成了無限。

Rota, Gian-Carlo：

> God created infinity, and man, unable to understand infinity, had to invent finite sets.
>
> （上帝創造無窮，人無法了解無窮，所以必須發明有窮集。）
>
> Mathematics is a war between the finite and infinite.
>
> （數學是有窮與無窮之間的戰爭。）

Shakespeare, William (1564～1616)：

> In nature's infinite book of secrecy a little I can read.
>
> （在大自然這本無窮的天書裡所藏的秘密，我只讀得懂一點點。）

Takeuti Gaisi（日本邏輯家，竹內外史）：

> 集合論就是數學家要精確地描述無窮心靈所蘊藏的思想。

Poincarè（法國數學家，1854～1912）：

創作性思想是漫漫長夜中的靈光一閃，但這便是一切。

Logic remains barren unless it is fertilized by intuition.

（邏輯是不孕的，除非它跟直覺受精。）

第 *2* 章

從「有涯」飛躍到「無涯」之路

Analysis is the symphony of infinity.
（數學分析學是無窮的交響曲。）

―David Hilbert (1862～1943)―

莊子說：「吾生也有涯，而知也無涯，以有涯逐無涯，殆矣。」這是古人面對「無窮」的困境，而微積分恰是「以有涯逐無涯，成矣！」

　　從畢氏學派的垮臺，引出求積的難題，到 17 世紀創立微積分，難題才真正解決，其間跨越有兩千餘年的鴻溝，這是「無窮」所產生出來的鴻溝。

　　本章我們要來思考一個簡單的例子:「線段的長度」。由此切入，採用萊布尼茲優秀的「無窮小」記號，走出一條微積分的捷徑，直接飛越兩千餘年的鴻溝，看看微積分如何初步馴服無窮。

2.1　兩類問題

　　微積分是微分與積分的合稱，它的主角是**函數** (function)。我們要對函數求微分，作積分。詳言之，微積分就是要解決下面的兩類問題:

(i)**求切問題:**

　求函數 $y = F(x)$ 在一點 $P(x, F(x))$ 的**切線**，參見圖 2–1。

(ii)**求積問題:**

　求函數 $y = f(x)$ 在閉區間 $[a, b]$ 上所圍成平面領域的**面積**，參見圖 2–2。

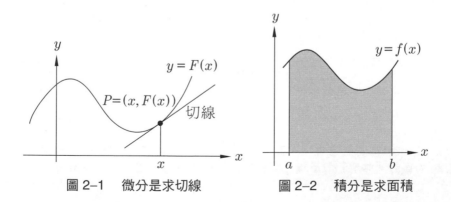

圖 2–1　微分是求切線　　　　　圖 2–2　積分是求面積

這兩類問題表面上看起來似乎不相干，但是事實上它們具有密切的關係，亦即**微分與積分是互逆的演算**，這是微積分的千古秘密。牛頓與萊布尼茲洞穿了這個秘密，因而創立了微積分。

微積分最主要的困難是遇到了「**無窮**」(infinity)，這也是它具有深度與迷人的所在。因為切線與面積的答案都躲在「無窮遙遠的彼岸」，所以都需要經過「**無窮的步驟**」(infinite processes) 才可以得到。我們可以想見得到，一件事情經過無窮步驟的處理之後，必然會產生許多難纏的概念，例如**無窮大**、**無窮小**、**無窮多**、**無窮地接近**、**極限** (limit)、**收斂** (convergence)、**連續性** (continuity)、……等。

清楚地了解這些概念後，並且會計算，再應用到各個領域，這就構成了微積分的內容與學習的題材。

牛頓 (Newton) 說：

在數學中，例子比一般規則有用。

(In mathematics, examples are more useful than rules.)

我們就由一個簡單的例子切入，「直指本心」地呈現什麼是微積分，並且品味微積分之美。

2.2　從差和分到微積分

在實數線上，考慮 A 與 B 兩點，它們的坐標分別為 a 與 b，參見圖 2–3。

圖 2–3

問題 1

線段 AB 或閉區間 $[a, b]$ 的長度是多少？

　　顯然是 $b-a$，這是平凡的答案。若就此打住，我們就得不到深刻的結果。下面我們要來施展「**有限步驟的分析與綜合法**」，由此就可以逐步尋幽探徑，走入微積分的天地。

❖ **甲、出發點**

　　將線段或閉區間 $[a, b]$ 分割成 n 小段，分割點為
$$a = x_1 < x_2 < \cdots < x_k < x_{k+1} < \cdots < x_{n+1} = b,$$
第 k 小段為 $[x_k, x_{k+1}]$，其長度為 $x_{k+1} - x_k$，記為 Δx_k，亦即
$$\Delta x_k = x_{k+1} - x_k, \quad k = 1, 2, \cdots, n$$
這是作有限步驟的**分析**（即分割），Δx_k 叫做**差分**運算，參見圖 2–4。

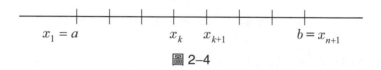

圖 2–4

　　將 n 小段的長度相加起來：$\Delta x_1 + \Delta x_2 + \cdots + \Delta x_n$，叫做**綜合**，我們簡記成 $\sum\limits_{k=1}^{n} \Delta x_k$，叫做**和分**，代表求和之意，$\sum\limits_{k=1}^{n}$ 表示從第 1 項加到第 n 項。顯然我們可以得到：

$$\sum_{k=1}^{n} \Delta x_k = x_{n+1} - x_1 = b - a \tag{1}$$

　　推而廣之，假設 (a_n) 為一個給定的數列，如何求和 $\sum\limits_{k=1}^{n} a_k$？

定理 1　差和分學根本定理

如果可以找到另一個數列 $\{b_n\}$，使得 $a_k = \Delta b_k \equiv b_{k+1} - b_k$，$\forall k = 1$, 2, …, n，那麼就有

$$\sum_{k=1}^{n} a_k = \sum_{k=1}^{n} \Delta b_k = b_{n+1} - b_1$$

乙、中途的跳板

再來我們要往無窮步驟的分析與綜合邁進，為了平順起見，我們考慮一個中途的跳板。現在想像將線段 $[a, b]$ 分割成 M 小段，其中 M 為非常大的自然數，第 k 小段的長度改記為 δx_k，$k = 1, 2$, …, M。再將這 M 小段的長度相加起來，就得到

$$\overset{M}{\underset{k=1}{S}} \delta x_k = b - a \tag{2}$$

註 記號 $\sum$ 是希臘字母，讀作 Sigma，表示「求和」之意。S 是拉丁文 Summa 的第一個字母，也表示「求和」之意。

此處我們用到了長度具有加性 (additivity) 的性質，也就是線段切成很多段之後，再將各小段的長度加起來就等於原線段的長度，沒有損失。面積也具有加性，但是鑽石的價格就不具有加性。

現在想像作無窮步驟的分析與綜合，讓 M 越來越大，乃至趨近於無窮大。於是就從「有涯」飛躍到「無涯」。

丙、終點站

作想像的實驗將閉區間 $[a, b]$ 分割為「無窮多」段，每一段都

變成是「**無窮小量**」，記為 dx，叫做**微分**運算，參見圖 2–5。再將這無窮多段的「無窮小量」連續相加起來（即積分），就得到

$$\int_a^b dx = b - a \qquad (3)$$

此式叫做**完美的積分公式** (the perfect integral formula)。

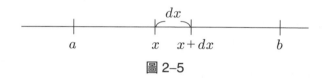

圖 2–5

注意到，無窮小量 dx 是經過無窮步驟的分割才得到的，簡直已經沒有長度，根本無法用線段來表現。但是在圖 2–5 中，為了視覺方便起見，我們把它作圖成有長度的線段。不過，用不正確的圖，卻要作正確的論證。

註「$\int$」是積分的記號，而「$\int_a^b$」表示從 a 到 b「連續求和」，又叫做積分。a 叫做積分的下限，b 叫做積分的上限。完美的積分公式 $\int_a^b dx = b - a$ 表示將 dx 從 a 到 b 積分（連續累積）起來就得到 $b - a$。

這就解決了從古希臘以來的大難題：由沒有長度的「點」，累積成有長度的線段。「點」不可積分，但是把點的長度詮釋為「無窮小 dx」就可積分了，這是微積分的偉大勝利。

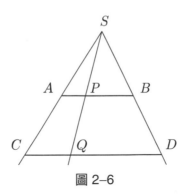

圖 2-6

　　兩線段 $\overline{AB}$ 與 $\overline{CD}$，一長一短，P 點對應 Q 點，故兩線段的點一樣多，但長度不同。因此，線段的長度不是「點」累積出來的。

　　惠施說：

　　　　無厚，不可積也，其大千里。（見《莊子》天下篇）

現在有了微積分，我們說：「無長之點不可積也，其大千里」。但微積分又啟示我們可以這樣說：「無厚 dx 可積也，積分出千里」。

$$\int_0^{1000} dx = 1000 - 0 = 1000$$

2.3　記號的變形記

　　首先是將希臘字母大寫的 Δ 改成小寫的 δ，這是**差分**的世界；再將 δ 的頭部拉直變成 d，棄掉足（下）標 k，就從有限飛躍到無限，這是**微分**的世界。

其次，將希臘字母大寫的 Σ 改成英文字母的 S，這是**和分**的世界；再將 S 稍微拉伸就變成 $\int$，就從有限飛躍到無限，這是**積分**的世界。

從「有限」飛躍到「無限」，於是差分變成微分，和分變成積分，差和分變成微積分。這是萊布尼茲所創造的優秀記號，用來捕捉住美妙的「從有限飛躍到無限」思想。我們列成下面的對照表：

差和分		微積分
出發點	中途跳板	終點站
Δ	δ	d
Σ	S	$\int$
Δx_k	δx_k	dx
$\displaystyle\sum_{k=1}^{n} \Delta x_k = b - a$	$\displaystyle\overset{M}{\underset{k=1}{S}} \delta x_k = b - a$	$\displaystyle\int_a^b dx = b - a$

法國數學家拉普拉斯 (Laplace，1749～1827) 說：

> 數學的求知活動有一半是記號的戰爭。

換言之，適當的創造記號與使用記號，是掌握數學的要訣。

我們不妨將上述記號的變形記：

$$\Delta \to \delta \to d \quad 與 \quad \Sigma \to S \to \int$$

想像成大自然中的：

毛毛蟲　→　蛹　→　蝴蝶。

微積分是會飛的彩蝶，參見圖 2-7。

圖 2–7 毛毛蟲 → 蛹 → 蝴蝶

2.4 聞一知無窮

對於線段 $[a, b]$ 作分析與綜合，所得到的三個公式：

$$\sum_{k=1}^{n} \Delta x_k = b - a, \quad \overset{M}{\underset{k=1}{S}} \delta x_k = b - a, \quad \int_a^b dx = b - a$$

這只是冰山的一角或太平洋的一滴水。我們要把它們推廣到一般函數 $y = F(x)$，$x \in [a, b]$，或由滴水見太平洋，成為：

$$\sum_{k=1}^{n} \Delta F(x_k) = F(b) - F(a), \overset{M}{\underset{k=1}{S}} \delta F(x_k) = F(b) - F(a), \int_a^b dF(x) = F(b) - F(a)$$

從特殊的一個函數 $y = x$，飛躍到任何函數 $y = F(x)$（無窮多個），這是「聞一知無窮」的喜悅，豈止是「聞一知十」! 在數學中，這是經常發生的事情，恰好是構成數學美的要素之一。

我們詳細解說如下，對於函數 $y = F(x)$，採取下面兩種詮釋：兩直線之間的對應，其次是函數圖形想成山坡的海拔高度。

💠 甲、函數是兩直線之間的對應

將函數 $y = F(x)$ 看作是兩直線之間的對應，把直線 L_1 的點對

應到直線 L_2 的點，見圖 2-8。

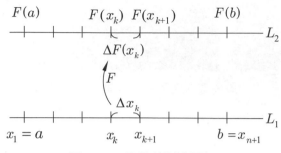

圖 2-8　函數的對應圖解

對閉區間 $[a,\ b]$ 作分割：

$$a = x_1 < x_2 < x_3 < \cdots < x_{n+1} = b$$

相對地，產生閉區間 $[F(a),\ F(b)]$ 的一個分割：

$$F(a) = F(x_1) < F(x_2) < F(x_3) < \cdots < F(x_{n+1}) = F(b)$$

令 $\Delta F(x_k) \equiv F(x_{k+1}) - F(x_k)$，由差和分根本定理知

$$\sum_{k=1}^{n} \Delta F(x_k) = F(b) - F(a) \tag{4}$$

現在讓分割加細，想像分割成 M 小段，其中 M 為很大很大的自然數，第 k 小段的長度改記為 $\delta F(x_k) \equiv F(x_{k+1}) - F(x_k)$, $k = 1, 2, \cdots, M$。再將這 M 小段的長度相加起來，就得到

$$\overset{M}{\underset{k=1}{S}} \delta F(x_k) = F(b) - F(a) \tag{5}$$

最後讓分割不斷加細，使得每一小段都變成無窮小 dx，並且差分 $\delta F(x_k)$ 就變成微分 $dF(x) \equiv F(x + dx) - F(x)$，從而

$$\int_a^b dF(x) = F(b) - F(a) \tag{6}$$

此式也叫做**完美的積分公式**，這是(3)式的推廣。

對於(6)式我們解釋如下：將線段（區間）$[F(a), F(b)]$ 分割成無窮多段的無窮小段 $dF(x)$，這叫做**分析**或**微分**。反過來，將無窮多段的無窮小段 $dF(x)$，從 $x = a$ 到 $x = b$ 連續累積起來就得到(6)式，這叫做**綜合**或**積分**。

差和分的連續化、無窮小化、無窮化，就得到微積分。反過來，微積分的離散化、有窮化，就得到差和分。

❖ 乙、登山的圖像：函數圖形想成山坡的海拔高度

其次將函數 $y = F(x)$ 的圖形想成是山坡，$F(x)$ 表示在 x 點處的海拔高度。現在想像我們在假日要去登這座山，沿著山坡的曲線從 P 點登到 Q 點，參見圖 2–9。

問題 2

我們總共爬升的高度是多少？

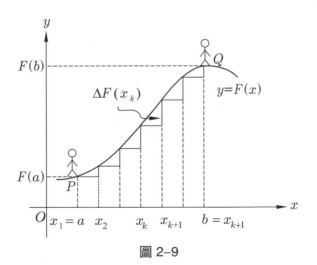

圖 2–9

答案顯然是 $F(b) - F(a)$。我們要再透過「分析與綜合」來認識這個答案。

從另一個角度來觀察：我們想像將登山的路徑作成 n 個臺階，高度是適合人走路的步幅。第 k 階的高度為 $\Delta F(x_k) \equiv F(x_{k+1}) - F(x_k)$，$k = 1, 2, \cdots, n$。接著將所有 n 階的高度全部相加起來，就得到(4)式。

如果是小青蛙要來登山，那麼臺階的高度要小一點，階數要作得更多。我們想像作成 M 階，其中 M 為很大很大的自然數，第 k 階的高度為

$$\delta F(x_k) \equiv F(x_{k+1}) - F(x_k), \quad k = 1, 2, \cdots, M$$

再將這 M 階的高度相加起來，就得到(5)式。

最後是無窮小的精靈要來登山，山坡必須作成無窮多階，相應於 x 點的階高為無窮小 $dF(x)$。反過來，將無窮多段的無窮小段 $dF(x)$，從 $x = a$ 到 $x = b$ 連續累積起來就得到(6)式。只要運用一點想像力，這些都相當直觀顯明。

2.5　千古的積分難題

接著考慮函數 $y = f(x)$ 在閉區間 $[a, b]$ 上所圍成的平面領域，參見圖 2–10，如何求它的**面積**？

有了無窮小 dx 的記號，我們就可以用它來表達這塊平面領域的**面積**。

⒤將閉區間 $[a, b]$ 作無窮步驟的分割，使得處處都變成無窮小段，在 x 點處的無窮小段記為 dx。於是函數在 dx 上的無窮小長條領域（圖 2–10 中的黑影部分）的面積為 $f(x)dx$（「高×底」）。

⒥將無窮小的長方形面積 $f(x)dx$ 從 $x = a$ 到 $x = b$ 連續地求和，亦即將無窮多個無窮小的長方形之面積作累積或積分，記成 $\displaystyle\int_a^b f(x)dx$，叫做函數 f 在閉區間 $[a, b]$ 上的**定積分**。

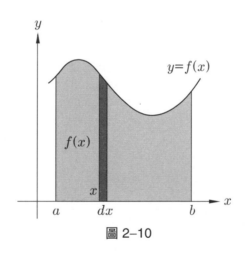

圖 2–10

【**大哉問**】如何求算定積分 $\displaystyle\int_a^b f(x)dx$？

2.6　微積分根本定理

有了完美的積分公式，對於千古的定積分難題就容易求算了。讓我們仔細觀察與比較：

$$\int_a^b dF(x) = F(b) - F(a) \text{ 與 } \int_a^b f(x)dx$$

如何將它們連結起來？

【Aha!】如果 $f(x)dx$ 可以寫成 $dF(x)$ 的形式，亦即 $f(x)dx = dF(x)$，那麼我們就有

$$\int_a^b f(x)dx = \int_a^b dF(x) = F(b) - F(a)$$

這樣就解決了千古的定積分難題。Eureka! Eureka!（我發現了! 我發現了!）

註 此地 f 是給定，F 是待找。

定理 2　微積分學根本定理，1680 年

假設 $f(x)$ 為定義在閉區間 $[a, b]$ 上的一個函數，如果可以找到另一個函數 $F(x)$，使得

$$dF(x) = f(x)dx, \ \forall x \in [a, \ b]$$

那麼就有

$$\int_a^b f(x)dx = F(b) - F(a)$$

此式叫做 Newton-Leibniz 公式，簡稱為 N–L 公式。

註 定理 2 是定理 1 的類推、連續化或無窮化。

我們來解讀 $dF(x) = f(x)dx$ 的意思。兩邊同除以 dx，得到 $\dfrac{dF(x)}{dx} = f(x)$。由 $F(x)$ 求得 $\dfrac{dF(x)}{dx}$ 就是**微分操作**，$\dfrac{dF(x)}{dx}$ 也記為 $DF(x)$ 或 $F'(x)$，因此我們有如下的定義：

$$DF(x) = \frac{dF(x)}{dx} = \frac{F(x+dx) - F(x)}{dx} \qquad （\text{無窮小論述法}）$$

或是

$$DF(x) = \frac{dF(x)}{dx} = \lim_{\Delta x \to 0} \frac{F(x + \Delta x) - F(x)}{\Delta x}$$ （極限論述法）

這兩種定義是殊途同歸。

微分法的誕生，讓微積分突然大放光明! 如星空燦爛。

微積分的四類問題一舉解決於微分法, 要點是: 積分難算, 而微分法很容易計算! 因此, 微分法具有「四兩撥千金」的效果。

算式

$$DF(x) = \frac{dF(x)}{dx} = \lim_{\Delta x \to 0} \frac{F(x + \Delta x) - F(x)}{\Delta x}$$

表示: 在 $y = F(x)$ 圖形上, 通過 $(x, F(x))$ 點的切線斜率, 這是割線斜率 $\dfrac{F(x + \Delta x) - F(x)}{\Delta x}$ 的極限, 參見圖 2–11。

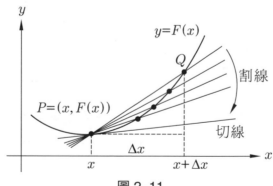

圖 2–11

　　因此，欲求算積分 $\int_a^b f(x)dx$，先解決於逆求切問題：即給函數 f，求另一個新函數 F，使得 $DF(x) = f(x)$，$\forall x \in [a, b]$，那麼 $F(b) - F(a)$ 就是答案。

例題 1

設 $F(x) = x^2$，求 $DF(x)$。

解 我們採用「無窮小論述法」與「極限論述法」來做，並且步步作對照。

無窮小論述法	極限論述法
$\begin{aligned} DF(x) &= \frac{dF(x)}{dx} \\ &= \frac{F(x+dx) - F(x)}{dx} \\ &= \frac{(x+dx)^2 - x^2}{dx} \\ &= \frac{2x \cdot dx + (dx)^2}{dx} \\ &= 2x + dx \\ &= 2x \quad (dx = 0) \end{aligned}$	$\begin{aligned} DF(x) &= \frac{dF(x)}{dx} \\ &= \lim_{\Delta x \to 0} \frac{F(x+\Delta x) - F(x)}{\Delta x} \\ &= \lim_{\Delta x \to 0} \frac{(x+\Delta x)^2 - x^2}{\Delta x} \\ &= \lim_{\Delta x \to 0} \frac{2x \cdot \Delta x + (\Delta x)^2}{\Delta x} \\ &= \lim_{\Delta x \to 0} (2x + \Delta x) \\ &= 2x \end{aligned}$

　　結果是殊途同歸，答案都是 $DF(x) = 2x$。但是在「無窮小論述法」中，我們起先採用 $dx \neq 0$，最後一步又採用 $dx = 0$，這讓許多人困惑而不能接受。

例題 2

設 $F(x) = \frac{1}{3}x^3$，則 $DF(x) = x^2$。由定理的 N–L 公式就可以得到

$$\int_0^1 x^2 dx = \frac{1}{3} \times 1^3 - \frac{1}{3} \times 0^3 = \frac{1}{3}$$

2.7 無窮的交響曲

數學是無窮之學 (Mathematics is the science of infinity)。數學是理性的音樂 (Mathematics is the music of reason)。

探求數學真理，面對未知時：首先遇到的是「無窮多的可能性」(infinite possibilities)；接著是創造或發現，這是從「無窮多可能中選一」的抉擇眼光；所得到的公式或定理又「含納無窮」，即適用於無窮多的個案；最後還要有證明（其它學問都沒有證明），證明是對無窮的鞏固與馴服。

「無窮」是「數學美」(mathematical beauty) 的精華所在。每一條數學公式或定理像一首詩，都含納著無窮，永遠如星光的燦爛，萬古常新。

你能想像「無窮」的壯觀美麗嗎？作個對照：你到花蓮的海濱去看太平洋，夠壯觀美麗吧？但是太平洋的水分子或原子之個數仍然是有限的！

微積分除了具有上述的「無窮」之外，還再加上求取答案需要經過無窮的步驟 (infinite processes)，落實於取極限 (limit) 的操作或無窮小 (infinitesimal) 的演算。

微積分讓我們看到，至大與至小這兩極的至美！莊子說：「至大無外謂之大一，至小無內謂之小一。」一端是「無窮大」，另一端是「無窮小」。

數學簡直就是「無窮的交響曲」(Symphony of infinity) 或是「無窮的大合唱」，唱出「理性的音樂」(the music of reason)。這是無聲的音樂，只能用「心靈的耳朵」才能聽得見。

英國詩人濟慈 (J. Keats, 1795～1821) 說：

聽得見的旋律是甜美的，聽不見的旋律更甜美。

（「大音希聲，大象無形。」）

　　要掌握微分法與看出微積分學根本定理是天大的困難! 從古希臘時代開始面對「無窮」，跟無窮苦鬥，經過 2000 年的發展，到了 17 世紀（1680 年代）才由牛頓與萊布尼茲找到了「**微分法**」，看出**微分與積分的互逆性**，得到**微積分根本定理**，一舉解決了求積的千古難題，同時也揭開一切變化、求極值與運動現象之謎，從而誕生了微積分。又經過兩百年的努力，到 1880 年左右，微積分的基礎才鞏固下來。微積分蓄積了 2000 年的能量，接著就要展開「現代數學」更豐收之旅。

　　Hilbert 說，微積分是無窮的交響曲。我們可以想像：無窮是指揮家，極限是鋼琴師，無窮小 (dx) 是第一首席，諸數 0，1，e，π，$\sqrt{2}$，$\dfrac{1+\sqrt{5}}{2}$，…都是樂團的團員，吹奏各種樂器，其它無窮多的普通數是觀眾。這真是一個壯觀無比的樂團，演奏「無窮的交響曲」。

圖 2–12

以下各章就要來述說這段微積分的誕生故事，走一趟微積分的觀念探險之旅，期盼是「曲徑通幽」，了解微積分的發現歷程。

Tea Time

─微積分的狂想曲─

歐拉 (Euler，1707～1783) 把微積分看作是對「$\frac{0}{0}$」的一種成功的詮釋（「萬物生於有，有生於無」）。從而發展成一門數學，叫做微積分。

差和分：

$$\Delta(森林) = 樹，\sum (樹) = 森林$$

$$\Delta(太平洋) = 滴水，\sum (滴水) = 太平洋$$

$$\Delta(物質) = 原子，\sum (原子) = 物質$$

微積分：

$$d(永恆) = 一瞬，\int (一瞬) = 永恆$$

$$dF(t) = F'(t)dt，\int F'(t)dt = F(t) + C，\int_a^b F'(x)dx = F(b) - F(a)$$

「無窮大」不怕與「無窮小」結伴同行，兩者互為倒影，帶領普通的諸眾數，一同演奏無窮的交響曲，並且創立微積分。

第 *3* 章

阿基米德的巧思妙想

There was more imagination in the head of Archimedes than in that of Homer.

（阿基米德的頭腦比荷馬更具有想像力。）

—服爾泰 (Voltaire, 1694～1778)—

　　數學史學家公認，有史以來三位最偉大的數學家是：

1. **阿基米德**（Archimedes，西元前 287～212 年，享年 75 歲）

　　高明的求積方法，靜力學，槓桿原理，浮力原理，機械設計，講
　　究數學的發現方法與嚴格證明。

2. **牛頓**（Newton，1642～1727，享年 85 歲）

　　發明微積分，發現萬有引力定律，創立牛頓力學與光學，導致 17
　　世紀的科學革命。

3. **高斯**（Gauss，1777～1855，享年 78 歲）

　　發展微分幾何與數論，發現非歐幾何學。

前兩位是本書的主角，其中阿基米德是本章的主角。

　　阿基米德的數學成就，讓他悄悄地來到微積分的大門口，超越
時代兩千年！

　　阿基米德的工作，主要是解決求積問題：面積、體積、表面積。
這些在當時都是大難題，尤其是在缺乏極限概念，更沒有微積分工
具之下，他利用非常巧妙的「**窮盡法**」與「**兩次歸謬法**」解決了它
們，這是阿基米德高明的地方。

　　更難能可貴的是，阿基米德是數學史上是第一位強調「發現方
法論」的人。他先利用力學（槓桿原理）的方法，猜測出答案，然
後再利用邏輯嚴格地加以證明。他寫有一本重要的書《方法》(The
Method) 來闡明他的思想方法論。可惜失傳了兩千餘年，直到 1906
年才重見天日。

　　數學的求知活動，通常都是由問題出發，然後分成先後兩個階
段：探索的發現過程以及完成後的數學。前半段是思想總動員，後半

段是用邏輯整理成為嚴謹的系統。阿基米德之後的數學界，數學文獻幾乎都只呈現後半段完成後的數學，而抹掉前半段的探索發現過程。有數學家猜測，如果阿基米德的《方法》不失傳，整個數學史將會改觀。

學數學的一個要訣就是讀大師的作品，除了可以學習數學的內容之外，還可以學習到大師的精神與方法。無論如何，阿基米德的作品都是絕佳的學習對象！不過，本章我們只能窺其一鱗半爪。

我們只選取「拋物弓形面積」來展現阿基米德的探索過程，欣賞他的發現與證明，以及在沒有極限概念下，如何克服「無窮步驟」所帶來的難題。為了方便於現代的讀者，我們盡量採取比較現代的方式來敘述。

3.1　Eudoxus 的窮盡原理

古希臘的畢氏學派發現正方形的邊與對角線「不可共度」(incommensurable) 或「$\sqrt{2}$ 為無理數」，於是作線段的度量時，必然會出現「**無窮步驟**」(infinite processes)。季諾又提出各種論述，顯示「無窮步驟」會產生各種矛盾 (Zeno's paradoxes)。古希臘人無法有效地處理這些問題，從而導致「希臘人對無窮的恐懼」(the Greek horror of the infinite)。

另外，古希臘人遇到的許多求積問題確實需要訴諸「無窮步驟」，施展無窮步驟之後，自然就會引出更多難纏的概念，例如：**無窮小、無窮大、無窮地靠近、連續、收斂、**……等。又無涯彼岸會是什麼？無窮遙遠處有什麼？

　　在現代的微積分裡，我們是利用**極限** (limit) 來處理這些難纏的概念與問題，而且相當成功。然而，因古希臘人沒有能力有效地操作極限概念，Eudoxus（約西元前 400～347 年）引入一個巧妙的「窮盡法」(method of exhaustion)，以解決無窮步驟所帶來的極限問題。

　　首先我們注意到，對一個量施展無窮步驟，有時可窮盡，有時無法窮盡。

例題 1

「一尺之棰，日取其半，萬世不竭」，但可窮盡。

萬世不竭是指：$\dfrac{1}{2^n} > 0$，$\forall n \in \mathbb{N}$。可窮盡是指：

$$\frac{1}{2} + \frac{1}{2^2} + \cdots + \frac{1}{2^n} + \cdots = 1$$

例題 2

一尺之棰，逐日取 $\dfrac{1}{4}$，$\dfrac{1}{8}$，$\dfrac{1}{16}$，…就不能窮盡，因為

$$\frac{1}{4} + \frac{1}{8} + \frac{1}{16} + \cdots + \frac{1}{2^{n+1}} + \cdots = \frac{1}{2}$$

習題 1

證明「一尺之棰，日取其四分之一」終究也可窮盡。

❖ 阿基米德性質

　　首先阿基米德要用到一個美妙的實數系性質：

【阿基米德性質】（Archimedean property）

對於任意給定的兩個正數 M 與 ε，恆存在一個自然數 n，使得 $n\varepsilon > M$。

　　這個性質背後的想法，通常是 M 是很大的量，而 ε 很小。我們對它提出三種詮釋，例如：

　　1. M 表示阿基米德洗澡的水池，ε 表示一瓢的水量。

　　2. M 表示一座山，ε 表示愚公移山移掉一鏟的分量。

　　3. M 表示兔子在烏龜前方的距離，ε 表示烏龜的步幅。

不管 M 多麼大，ε 多麼小，用 ε 去取 M，那麼在有限步驟之內，終究會有「**窮盡**」的一天。換個角度來說，數列 ε, 2ε, 3ε, $\cdots$, $n\varepsilon$, $\cdots$ 終究要超過 M。這啟示我們：君子若自強不息，則無堅不摧。

習題 2

用現代極限的概念，證明阿基米德性質等價於 $\lim\limits_{n\to\infty}\dfrac{1}{n}=0$。

　　更直接的窮盡概念是：

【 Eudoxus 的窮盡原理 】

任意給一個正的量 $M_0>0$，將它減去過半的量，令剩下的量為 M_1；再將 M_1 減去過半的量，令剩下的量為 M_2；按此要領不斷做下去，得到一個正項數列：

$$M_0,\ M_1,\ M_2,\ M_3,\ \cdots$$

滿足條件

$$M_1<\frac{1}{2}M_0,\ M_2<\frac{1}{2}M_1,\ M_3<\frac{1}{2}M_2,\ \cdots$$

那麼對於任意 $\varepsilon>0$，存在某個自然數 N，使得當 $n>N$ 時，恆有 $M_n<\varepsilon$。換言之，只要 n 夠大，可以隨心所欲讓 M_n 要多小就有多小，所以是「窮盡」(exhausted)。

我們可以圖示如下：

$$M_0 \xrightarrow{\text{減去}} \nearrow^{\text{得到}} M_1 \xrightarrow{\text{減去}} \nearrow^{\text{得到}} M_2 \xrightarrow{\text{減去}} \nearrow^{\text{得到}\cdots\cdots} M_3 \cdots$$

$$d_1 (> \frac{1}{2} M_0) \qquad d_2 (> \frac{1}{2} M_1) \qquad d_3 (> \frac{1}{2} M_2) \cdots$$

這當中已含有現代極限概念的種子，$\lim\limits_{n\to\infty} a_n = 0$ 的意思是說：

對任意 $\varepsilon > 0$，存在 $N > 0$ 使得當 $n \geq N$ 時，恆有 $|a_n| < \varepsilon$。

值得注意的是，古希臘人沒有明確的極限概念，他們採用「窮盡原理」來處理「無窮步驟」的事情，結果恰好呈現出現代極限的 $\varepsilon\text{-}N$ 定式。我們應該這樣說，現代極限的 $\varepsilon\text{-}N$ 定式，其靈感來自古希臘。

採用現代的極限來說，Eudoxus 的窮盡原理就只是下面一句話：

$$\text{若 } 0 < M_n < (\frac{1}{2})^n M_0，\text{則 } \lim\limits_{n\to\infty} M_n = 0。$$

進一步，我們有：

┃定理 1┃────────────────────

在上述的假設下，下面兩個敘述等價：

(i) $\lim\limits_{n\to\infty} M_n = 0$　　　　　　　　　　　　　　　(1)

(ii) $d_1 + d_2 + d_3 + \cdots = M_0$　　　　　　　　　　(2)

證 首先我們注意到 $d_1 + d_2 + d_3 + \cdots + d_n + M_n = M_0$，所以由(1)式立得(2)式。反之亦然。　∎

因此 Eudoxus 的窮盡原理有兩面：$\lim\limits_{n\to\infty} M_n = 0$ 是「消極的窮盡」，即終究逐步要挖空 M_0；而 $d_1 + d_2 + d_3 + \cdots = M_0$ 是「積極的窮盡」，這是「逼近」的一面，即挖掉的量之總和等於原先的量。

習題 3

假設 $\alpha \in (0, 1)$。任意給一個正的量 $Q_0 > 0$，將它減去 αQ_0，令剩下的量為 Q_1；再將 Q_1 減去 αQ_1，令剩下的量為 Q_2；按此要領不斷做下去，得到一個正項數列：Q_0，Q_1，Q_2，Q_3，…。證明 $\lim\limits_{n \to \infty} Q_n = 0$。

註 這個習題也是窮盡原理。Eudoxus 每次減掉過半的量只是一種方便的表達。

下面我們採用窮盡原理推導出圓的面積公式，以展示古希臘人在面對「無窮的恐懼」與沒有極限的情況下，如何步步為營的精神。

考慮圓 C，假設 P 為圓的內接正多邊形。令 $a(C)$ 與 $a(P)$ 分別表示 C 與 P 的面積。直觀看起來，當邊數越來越大時，P 越來越接近於 C，從而 $a(P)$ 趨近於 $a(C)$，並且要多近就有多近。換言之，內接正多邊形終究要「窮盡」整個圓。

我們先給出兩個預備結果：

補題 1

給定圓 C 以及任意 $\varepsilon > 0$，則存在一個內接正多邊形 P，使得

$$a(C) - a(P) < \varepsilon \tag{3}$$

證 我們由圓內接正四邊形出發：$P_0 = ABCD$，令 $M_0 = a(C) - a(P_0)$。

將內接正多邊形的邊數加倍，得到內接正 8 邊形，參見圖 3-1。

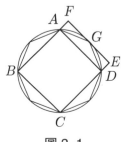

圖 3-1

　　按此要領繼續做下去，就得到序列 P_0, P_1, P_2, $\cdots$, P_n, $\cdots$,
其中 P_n 為圓內接正 2^{n+2} 邊形。記 $M_n = a(C) - a(P_n)$。我們只要
能證明

$$M_n - M_{n+1} > \frac{1}{2} M_n \tag{4}$$

那麼根據 Eudoxus 的窮盡原理就得證：對足夠大的 n 恆有
$M_n < \varepsilon$。

　　(4)式的證明對於所有的 n 皆相同，所以我們只證 $n = 0$ 的情
形。由圖 3–1 可知

$$M_0 - M_1 = a(P_0) - a(P_1) = 4 \cdot a(ADG)$$
$$= 2 \cdot a(ADEF) > 2 \cdot a(\overset{\frown}{ADG})$$
$$= \frac{1}{2} \cdot 4 \cdot a(\overset{\frown}{ADG}) = \frac{1}{2}[a(C) - a(P_0)]$$

其中 $\overset{\frown}{ADG}$ 表示圓被正方形 P_0 的邊 $\overline{AD}$ 所截的圓帽部分。從而

$$M_0 - M_1 > \frac{1}{2} M_0$$

同理可證

$$M_n - M_{n+1} = a(P_{n+1}) - a(P_n)$$
$$> \frac{1}{2}[a(C) - a(P_n)] = \frac{1}{2} M_n \quad ∎$$

補題 2

兩個相似三角形的面積比值等於任意對應邊的平方比值。同理，兩
個相似多邊形的面積比值等於任意對應邊的平方比值。

　　圓可以看作無窮多邊的正多邊形，並且任意兩個圓皆相似，因此我們自然就猜測到下面的結果：

定理 2

假設兩個圓 C_1 與 C_2 的半徑分別為 r_1 與 r_2，則有

$$\frac{a(C_1)}{a(C_2)} = \frac{r_1^2}{r_2^2} \tag{5}$$

證　令 $A_1 = a(C_1)$，$A_2 = a(C_2)$。那麼根據三一律，下列三種情形只能三擇一：

$$\frac{A_1}{A_2} = \frac{r_1^2}{r_2^2}, \quad \frac{A_1}{A_2} < \frac{r_1^2}{r_2^2}, \quad \frac{A_1}{A_2} > \frac{r_1^2}{r_2^2}$$

Eudoxus 採用古希臘獨創的兩次歸謬法 (double reductio ad absurdum)，證明後兩者都會導致矛盾，從而排除掉它們。

　　首先假設

$$\frac{A_1}{A_2} < \frac{r_1^2}{r_2^2} \text{ 或 } A_2 > \frac{A_1 r_2^2}{r_1^2} \equiv S \tag{6}$$

再令 $\varepsilon = A_2 - S > 0$，則由補題 1 知，在圓 C_2 中存在內接多邊形 P_2，使得

$$A_2 - a(P_2) < \varepsilon = A_2 - S$$

於是得到

$$a(P_2) > S \tag{7}$$

　　另一方面，令 P_1 表示圓 C_1 的內接多邊形且邊數跟 P_2 一樣多。那麼由上述補題 2 與(6)式得到

$$\frac{a(P_1)}{a(P_2)} = \frac{r_1^2}{r_2^2} = \frac{A_1}{S} \tag{8}$$

從而

$$\frac{S}{a(P_2)} = \frac{A_1}{a(P_1)} = \frac{a(C_1)}{a(P_1)} > 1$$

於是 $S > a(P_2)$，這就跟(7)式矛盾。因此 $\frac{A_1}{A_2} < \frac{r_1^2}{r_2^2}$ 不成立。

最後將兩個圓的角色對調，再使用一次歸謬法，則同理可證 $\frac{A_1}{A_2} > \frac{r_1^2}{r_2^2}$ 也不成立。∎

註 採用今日極限論證法，輕易就可證得定理 3：令 P_n 與 Q_n 分別為圓 C_1 與圓 C_2 的內接正 n 邊形。由補題 2 得知 $\frac{a(P_n)}{a(Q_n)} = \frac{r_1^2}{r_2^2}$，我們取極限就得到(5)式。

由(5)式得到 $\frac{A_1}{r_1^2} = \frac{A_2}{r_2^2}$，令比值為 π，叫做圓周率，我們就得到：

【**推論**】半徑為 r 的圓，其面積公式為 $A = \pi r^2$。

3.2　拋物線弓形面積

接著我們來看阿基米德如何使用「窮盡法」與「兩次歸謬法」。為了論述簡潔起見，我們只考慮特殊的情形，這對於展示阿基米德的精神與方法並不影響。考慮拋物線 $y = x^2$，被直線 $y = 1$ 所截，得到一個弓形，如圖 3–2 的陰影領域。

問題 1

求拋物弓形領域的面積。

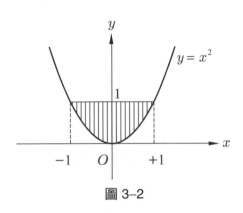

圖 3–2

阿基米德說:「我是先用力學(槓桿原理)的方法得到發現,然後才用幾何方法加以證明。」他強調:先有探索的過程,得到發現(或猜測),然後才有證明,否則要證明什麼呢?

◆ **甲、發現的方法**

> 給我一個支點,我就可以移動地球。
>
> ─阿基米德─

阿基米德把拋物線弓形的平面領域想像為由一條一條的線段所組成的,參見圖 3–2。現在他要來製造一個槓桿,用來秤這些線段。

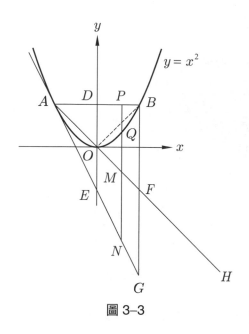

圖 3–3

在圖 3–3 裡，通過 A 點作拋物線的切線 AG。再作線段 BG 平行於 y 軸，線段 PN 是 $\triangle ABG$ 上任意平行於 y 軸的截線，交拋物線於 Q 點。連結 AO，延長至 H，使得 $\overline{AF} = \overline{FH}$。線段 AH 充當槓桿，F 為支點。注意到，O 為線段 DE 的中點。

接著阿基米德要把拋物弓形領域跟 $\triangle ABG$ 作比較，自然就是比較兩者的組成「原子」，即線段 PQ 與 PN。他用巧妙的幾何論證得到下面的結果：

補題 3

在上述的假設下，則有 $\dfrac{\overline{PQ}}{\overline{PN}} = \dfrac{\overline{PB}}{\overline{AB}}$。

習題 4

利用坐標幾何，證明上述補題 3。

提示：設 Q 點的坐標為 (x, x^2)，則 $\overline{PQ} = 1 - x^2$，$\overline{PN} = 2(1 + x)$，

$\overline{BP} = 1 - x$，$\overline{AB} = 2$。

　　進一步，阿基米德推出一個槓桿的結果：

補題 4

在上述的假設下，則有 $\overline{PN} \times \overline{MF} = \overline{PQ} \times \overline{FH}$。

證　因為線段 PM 平行於 BF，所以 $\dfrac{\overline{PB}}{\overline{AB}} = \dfrac{\overline{MF}}{\overline{AF}}$。又已知 $\overline{AF} = \overline{FH}$，

因此

$$\frac{\overline{PQ}}{\overline{PN}} = \frac{\overline{MF}}{\overline{FH}},$$

從而

$$\overline{PN} \times \overline{MF} = \overline{PQ} \times \overline{FH}。$$

　　根據槓桿原理，$\overline{PN} \times \overline{MF} = \overline{PQ} \times \overline{FH}$ 的意思是說：以 F 為支點，將線段 PN 置於 M 點，並且將線段 PQ 置於 H 點，恰好達於平衡。

　　現在讓 PN 平行移動可知，將 $\triangle AGB$ 的線段分布於 AF 上，並且將拋物線弓形的領域置於 H 點，恰好達於平衡。已知 $\triangle AGB$ 的重心在中線 AF 上，並且距離 F 點 $\dfrac{1}{3}$ 處，故將 $\triangle ABG$ 置於重心處，並且將拋物線弓形的領域置於 H 點，恰好達於平衡。於是

$$\frac{1}{3}\overline{AF} \times \triangle AGB \text{ 的面積} = \overline{FH} \times \text{拋物線弓形領域的面積}$$

$$= \overline{AF} \times \text{拋物線弓形領域的面積}。$$

從而阿基米德得到:

補題 5

拋物線弓形領域的面積 $= \frac{1}{3} \times \triangle AGB$ 的面積。

補題 6

$\triangle AGB$ 的面積 $= 4 \times \triangle AOB$ 的面積。

證 因為 $\triangle AGB$ 與 $\triangle AOB$ 具有相同的底 AB,高分別為 BG 與 DO,而 $\overline{BG} = 4 \times \overline{DO}$,所以就得證。　　　　　▪

今因 $\triangle AOB$ 的面積為 1,所以就有:

【阿基米德猜測】

拋物線弓形領域的面積 $= \frac{4}{3} \times \triangle AOB = \frac{4}{3}$。

到目前為止,阿基米德並不認為這樣的論述就是證明,至多只能說是一種合理的猜測而已。他還要再經過嚴格的論證,才確認這就是答案。這種步步為營的做法正是古希臘精神的表現。

問題 2

你可以接受阿基米德的猜測為答案嗎?

❖ 乙、證明的方法

阿基米德的嚴格工具是**窮盡法** (Method of Exhaustion) 與**歸謬法**。後者是古希臘文明的獨創,它是論證與思考的利器,征服無窮步驟的妙方。

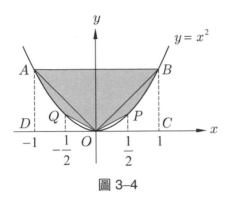

圖 3–4

阿基米德利用窮盡法，再進一步探求拋物線弓形領域的面積。如圖 3–4，將拋物線弓形的領域逐步挖出三角形，只要持之以恆，終究會「窮盡」整塊領域。他的做法如下：

第一回合：挖出 $\triangle AOB$，它的面積為 1。

第二回合：挖出對稱的兩塊 $\triangle AQO$ 與 $\triangle BPO$，它們的面積和為 $\frac{1}{4}$。

第三回合：挖出兩塊更小的三角形，它們的面積和為 $\frac{1}{16}$。

按此要領一直挖下去，最終得到一個無窮級數：

$$1 + \frac{1}{4} + \frac{1}{16} + \frac{1}{64} + \cdots + \frac{1}{4^{n-1}} + \cdots \tag{8}$$

叫做**阿基米德級數** (Archimedean series)，堪稱為數學史上第一個無窮級數。這些三角形都叫做 **阿基米德三角形** (Archimedean triangles)。

接著阿基米德要證明，經過上述的無窮步驟，諸阿基米德三角形真的是窮盡了拋物線弓形的領域，並且(8)式之和就是 $\frac{4}{3}$。

首先是驗證窮盡。在圖 3–4 裡，第一回合挖出的 $\triangle AOB$，具有：

$$\triangle AOB = \frac{1}{2}\square ABCD > \frac{1}{2}弓形\widehat{AOB}$$

同理可證，第二回合挖出的兩個三角形 $\triangle AQO$ 與 $\triangle BPO$，具有：

$$\triangle AQO > \frac{1}{2}弓形\widehat{AQO}, \quad \triangle BPO > \frac{1}{2}弓形\widehat{BPO}$$

一般情形，任何回合挖出的諸阿基米德三角形都超過所剩弓形領域的一半以上。根據 Eudoxus 的窮盡原理，可知諸阿基米德三角形窮盡了拋物線弓形的領域。

現在令 A 表示拋物線弓形的領域 $\widehat{AOB}$ 的面積。阿基米德仿照 Eudoxus 的方式，利用窮盡結果與**兩次歸謬法**證明了：

若 $A > \frac{4}{3}$ 或 $A < \frac{4}{3}$ 都會導致矛盾，所以只能是 $A = \frac{4}{3}$。換言之，拋物線弓形領域的面積為

$$1 + \frac{1}{4} + \frac{1}{16} + \frac{1}{64} + \cdots + \frac{1}{4^{n-1}} + \cdots = \frac{4}{3} \tag{9}$$

今日我們利用無窮等比級數的求和公式，立即就得到(9)式。另外，我們也可以採用甲乙兩人對局 (game) 的觀點來證明此式。

考慮邊長為 2 的正方形，面積為 4，參見圖 3–5：

第一回合： 將正方形平分成四個小正方形，甲取一個，乙取兩個，剩下一個。

第二回合： 將剩下一個正方形再平分成四個小正方形，甲取一個，乙取兩個。

按此要領一直做下去，最終會窮盡。

　　甲所取得的正好是(8)式的無窮級數，並且甲乙兩人以 1:2 來瓜分，因此甲分得 $\frac{1}{3}$，乙分得 $\frac{2}{3}$。因總量為 4，故甲得到 $\frac{4}{3}$，從而證得(9)式。

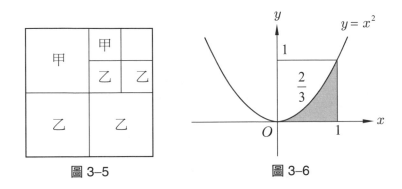

圖 3–5　　　　　　　　　　　　圖 3–6

　　在圖 3–6 裡，y 軸將拋物線弓形的領域平分，一半的面積為 $\frac{2}{3}$，從而得到下面的結果：

> **定理 4　阿基米德定理**
>
> 圖 3–6 陰影領域的面積為 $\int_0^1 x^2 dx = \frac{1}{3}$。

🈯 這雖然是間接求得的結果，但卻是數學史上第一個積分公式。

3.3　現代的極限論證法

　　為了計算阿基米德三角形的面積，我們來複習一般三角形的面積公式。

甲、已知 $\triangle ABC$ 三個頂點的坐標

假設三個頂點的坐標為 $A(x_1,\ y_1)$, $B(x_2,\ y_2)$, $C(x_3,\ y_3)$ 並且三點按序形成逆時針方向，見圖 3–7，我們欲求此三角形的面積。

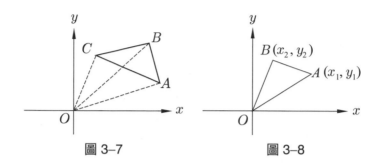

圖 3–7   圖 3–8

我們先考慮 $\triangle ABO$ 有一個頂點為原點的特例情形，見圖 3–8：

$$A(x_1,\ y_1),\ B(x_2,\ y_2),\ O(0,\ 0),$$

利用外積 (cross product) 或簡單計算，就得到

$$\triangle ABO \text{ 的面積} = \frac{1}{2}(x_1 y_2 - x_2 y_1) = \frac{1}{2}\begin{vmatrix} x_1 & x_2 \\ y_1 & y_2 \end{vmatrix} \tag{10}$$

現在回到原問題，作如圖 3–7 的輔助線，利用(10)式得到

$$\triangle ABC \text{ 的面積} = \triangle ABO + \triangle BCO - \triangle ACO$$

$$= \frac{1}{2}\begin{vmatrix} x_1 & x_2 \\ y_1 & y_2 \end{vmatrix} + \frac{1}{2}\begin{vmatrix} x_2 & x_3 \\ y_2 & y_3 \end{vmatrix} - \frac{1}{2}\begin{vmatrix} x_1 & x_3 \\ y_1 & y_3 \end{vmatrix}$$

$$= \frac{1}{2}\begin{vmatrix} x_1 & x_2 \\ y_1 & y_2 \end{vmatrix} + \frac{1}{2}\begin{vmatrix} x_2 & x_3 \\ y_2 & y_3 \end{vmatrix} + \frac{1}{2}\begin{vmatrix} x_3 & x_1 \\ y_3 & y_1 \end{vmatrix}$$

$$= \frac{1}{2} \sum_{k=1}^{3} \begin{vmatrix} x_k & x_{k+1} \\ y_k & y_{k+1} \end{vmatrix}, \quad \text{其中規定 } x_4 = x_1 \text{ 且 } y_4 = y_1 \quad (11)$$

✤ 乙、拋物線的一個特性

考慮拋物線 $y = x^2$，取區間 $[a, b]$ 的中點坐標 $c = \dfrac{(a+b)}{2}$，再取拋物線上三個點

$$A(a, \ a^2), \ B(b, \ b^2), \ C(c, \ c^2),$$

我們稱 $\triangle ABC$ 為建基於區間 $[a，b]$ 上面的**阿基米德三角形**，參見圖 3–9。由(11)式得到

$$\triangle ABC \text{ 的面積} = \frac{1}{2} \left[\begin{vmatrix} \dfrac{a+b}{2} & b \\ (\dfrac{a+b}{2})^2 & b^2 \end{vmatrix} + \begin{vmatrix} b & a \\ b^2 & a^2 \end{vmatrix} + \begin{vmatrix} a & \dfrac{a+b}{2} \\ a^2 & (\dfrac{a+b}{2})^2 \end{vmatrix} \right]$$

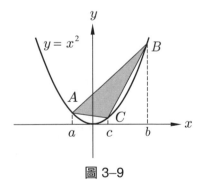

圖 3–9

經過計算與化簡，就得到：

定理 5

考慮如上所述拋物線 $y = x^2$ 上的三點 A，B，C，則

$$\triangle ABC \text{ 的面積} = \frac{1}{8}(b-a)^3 \tag{12}$$

【注意】(i)這個面積只跟 $b-a$ 有關，而跟它們在拋物線上的位置無關。這點對於往後的計算很重要。

(ii)面積居然是底區間長度 $b-a$ 的立方，令人驚奇。因高度已是平方。

(iii)在微積分裡，這個公式是阿基米德求拋物線弓形面積之出發點。

運用到原來的拋物線弓形（見圖 3–4），就可求得諸阿基米德三角形的面積和為無窮等比級數 $1 + \frac{1}{4} + \frac{1}{16} + \frac{1}{64} + \cdots + \frac{1}{4^{n-1}} + \cdots$。首 n 項的部分和為

$$S_n = 1 + \frac{1}{4} + \frac{1}{16} + \frac{1}{64} + \cdots + \frac{1}{4^{n-1}}$$

$$= \frac{1 - (\frac{1}{4^n})}{1 - \frac{1}{4}} = \frac{4}{3}(1 - \frac{1}{4^n})$$

取極限 $\lim_{n \to \infty} S_n = \frac{4}{3}$。從而 $1 + \frac{1}{4} + \frac{1}{16} + \frac{1}{64} + \cdots + \frac{1}{4^{n-1}} + \cdots = \frac{4}{3}$。

換言之，原拋物線弓形的面積為 $\frac{4}{3}$。

3.4　阿基米德的其它成果

我們列出阿基米德的幾個著名的求積結果，求算方法就省略。

❖ 甲、圓面積與圓周長的關係

在圖 3–10 中，考慮半徑為 r 的圓（見圖 3–10 的左圖）。我們想像圓是由許多同心圓的線圈組成的。將圓由半徑剪開，然後把線圈拉直為線段，再排成如圖 3–10 中右圖的等腰三角形。那麼圓的面積跟等腰三角形的面積相等，於是就得到：

> **定理6　阿基米德定理**
>
> 考慮半徑為 r 的圓，令其面積為 A，圓周長為 L，則有 $A = \dfrac{1}{2}rL$。

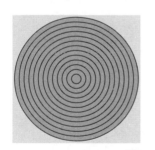 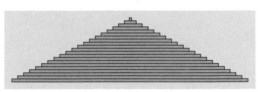

圖 3–10

古埃及與巴比倫人就知道，任何圓的圓周與直徑之比值恆為一個定數，跟圓的大小無關。這個定數叫做**圓周率**，記為 π_1。古人說「周三徑一」，是指：直徑為 1，圓周長大約就是 3，也就是說 $\pi_1 \doteqdot 3$。今日習用 $\pi_1 \doteqdot 3.1416$ 之近似值。

　　根據圓周率的定義，立得圓周長為 $L(r) = 2\pi_1 r$。再由定理 6 得到圓的面積為 $A(r) = \pi_1 r^2$。

　　反過來，由定理 3 知，任何圓的面積與其半徑的平方之比值恆為一個定數，跟圓的大小無關。令這個比值為 π_2，於是圓的面積為 $A(r) = \pi_2 r^2$，我們又由定理 6 得到圓的周長為 $L(r) = 2\pi_2 r$。

　　統合起來得知 $\pi_1 = \pi_2$。從而圓周率也可定義為圓的面積與其半徑的平方之比值。令 $\pi_1 = \pi_2 = \pi$，則得

定理 7

考慮半徑為 r 的圓，則其面積與圓周長分別為

$$A(r) = \pi r^2, \quad L(r) = 2\pi r \tag{13}$$

　　將圓推廣到橢圓的情形。已知半徑為 a 的圓之面積為 $A = \pi a^2$，將它改寫為 $A = \pi a a$ 之形。作「兩元化」變成橢圓，其長短軸之半各為 a 與 b，參見圖 3–11，則橢圓的面積為

$$A = \pi a b$$

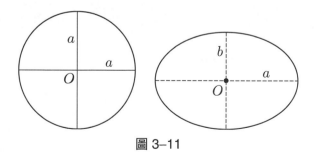

圖 3–11

乙、圓周率 π 的估算

單位圓的面積為 π，阿基米德為了估算 π，由內接正 6 邊形出發，然後讓邊數逐次加倍，最後到達外切與內接正 96 邊形，再利用不等式

$$\frac{265}{153} < \sqrt{3} < \frac{1351}{780}$$

求得

$$3\frac{10}{71} < \pi < 3\frac{10}{70}$$

用小數來表示

$$3.140845\cdots < \pi < 3.142857\cdots \ \text{或}\ 3.140 < \pi < 3.143$$

丙、球的體積與表面積

在圖 3–12 中，考慮半徑為 r 的球。我們想像球是由許多角錐組成的。角錐的高為球的半徑 r，底面積是球面的一小塊，參見圖 3–12。

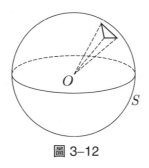

圖 3–12

根據角錐的體積公式，立即得到：

定理 8

令球的表面積為 S，體積為 V，則 $V = \frac{1}{3}rS$。

　　阿基米德進一步求得球的表面積為 $S(r) = 4\pi r^2$，從而球的體積

為 $V(r) = \dfrac{4}{3}\pi r^3$。反之亦然。

> **定理 9**
>
> 考慮半徑為 r 的球，則其表面積與體積分別為
>
> $$S(r) = 4\pi r^2, \quad V(r) = \dfrac{4}{3}\pi r^3 \tag{14}$$

❖ 丁、柱、錐與球

　　底直徑與高皆為 $2r$ 的圓柱，它的體積為 $\pi r^2 \cdot 2r = 2\pi r^3$。底直徑

與高皆為 $2r$ 的圓錐，它的體積為 $\dfrac{1}{3}\pi r^2 \cdot 2r = \dfrac{2}{3}\pi r^3$。直徑為 $2r$ 的球

之體積為 $\dfrac{4}{3}\pi r^3$。後兩者皆可內接於第一個圓柱之中。就體積而言，

我們看出（參見圖 3–13）：

$$\text{圓錐 + 球 = 圓柱,}$$

並且錐：球：柱 $= 1 : 2 : 3$ 恰好形成最簡單的整數比。

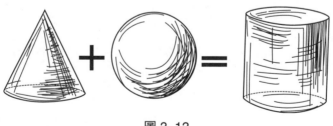

圖 3–13

習題 5

從表面積來看，試證明：

$$\text{錐：球：柱} = \dfrac{1 + \sqrt{5}}{2} : 2 : 3,$$

其中 $\dfrac{1 + \sqrt{5}}{2} \doteq 1.618$ 就是黃金分割的黃金數。

【嘉言欣賞】Kepler 說：

Geometry has two great treasure: one is theorem of Pythagoras; the other, the division of a line into extreme and mean ratio. The first we may compare to a measure of gold; the second we may name a precious jewel.

（幾何學有兩個寶藏：一個是畢氏定理，另一個是黃金分割。前者好比是黃金，後者如稀有的珍珠。）

戊、阿基米德螺線

阿基米德在《論螺線》(On Spiral) 一書中提出一條著名的平面曲線，在採用極坐標 (r, θ) 之下：

一個動點 P，由原點 O 出發，它的運動是由兩種運動合成的：P 點由 O 出發，以定速率沿著向徑 r 向外運動，同時向徑 r 以 O 為固定點，以逆時針方向做等速率旋轉，則點 P 所跑出的軌跡，後人尊稱為阿基米德螺線，O 稱為螺線的原點，參見圖 3–14。

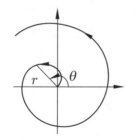
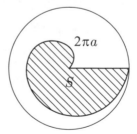

圖 3–14　阿基米德螺線　　圖 3–15　首圈所圍的領域

$$r = \alpha t, \ \theta = wt, \ t \geq 0。$$

其中 t 為時間，α 與 w 為常數。由此得到

$$r = a\theta，\ 其中 \ a = \frac{\alpha}{w} > 0。$$

這就是阿基米德螺線的極坐標方程式。

定理 10

在圖 3–15 中, 阿基米德螺線 $r = a\theta$ 首圈所圍成的領域 S, 其面積等於外圓面積的三分之一:

$$\frac{1}{3}\pi(2\pi a)^2 = \frac{4}{3}\pi^3 a^2$$

當時, 阿基米德花了相當驚人的工夫才計算出這個面積, 現在利用微積分的工具輕易就可以算出來, 簡直是手工藝與機器文明的差別:

$$\frac{1}{2}\int_0^{2\pi} r^2 d\theta = \frac{1}{2}\int_0^{2\pi} a^2\theta^2 d\theta = \frac{1}{2}a^2\int_0^{2\pi}\theta^2 d\theta$$

$$= \frac{1}{2}a^2(\frac{1}{3}\theta^3)\Big|_0^{2\pi} = \frac{4}{3}\pi^3 a^2$$

❖ 己、機械設計

　　阿基米德善於設計機械, 例如圖 3–16 的螺旋抽水機。傳說他在西元前 214 年還利用光的反射現象, 透過鏡片的聚焦原理, 火燒來侵犯祖國 Syracuse 城的羅馬戰艦。他還利用槓桿原理製造拋石器, 作為武器, 以抵抗羅馬的軍隊。

圖 3–16　阿基米德的螺旋管抽水機

3.5　墓碑上的數學

在西元前 212 年羅馬大軍攻進 Syracuse 城，士兵進入民宅，發現一位老人正專注在做數學。老人對士兵說：

> 不要弄壞我的圖形！(Don't disturb my figures!)

這就是阿基米德之死，參見圖 3–17。

阿基米德最得意的發現，不論是體積或面積，都有：

$$球：柱 = 2:3$$

另外，球的表面積也等於圓柱的側表面積。對於這些美妙的數學結果他非常珍惜，並且表達希望死後在墓碑刻上：一個球內接於圓柱的圖，參見圖 3–18，這是最早的墓碑刻圖。

圖 3–17　阿基米德之死

圖 3–18　阿基米德的墓碑刻圖

3.6　阿基米德的方法論

數學的研究是由問題出發，先有探索的發現過程，然後才有證

明。但是自從歐幾里得約在西元前 300 年首次完成公理化幾何學之後，只展示完成後的數學，以定義、公設、定理與證明的形式來呈現，把探索的發現過程幾乎都抹掉。往後兩千三百年來，這變成了數學的傳統。

高斯說，他只願呈現給人看美輪美奐的建築成品，而鷹架與建築藍圖是不給人看的。因此，Abel 批評高斯說：

He is like a fox, who erases his tracks in the sand with his tail.

（他像一隻狐狸，在沙地上一面走一面用尾巴抹掉足跡。）

然而，緊接在歐幾里得之後的阿基米德是個異數。阿基米德寫給他的朋友 Eratosthenes 透露他的發現秘密 (the secret of discoveries)，這份文獻叫做《方法》(The Method)。他是先用力學的槓桿原理來猜測出答案，然後才用嚴格的幾何與邏輯加以證明，可以說是發現與證明兼顧。

阿基米德在《方法》中強調，「發現定理的方法，其重要性絕不下於定理的證明」。可惜他的《方法》失傳，直到 1906 年才由丹麥數學史家 J. L. Heiberg 在君士坦丁堡（今日土耳其的伊斯坦堡）發現。有數學史家猜測，如果阿基米德的《方法》不失傳，那麼數學傳統可能要改寫，從而數學的面貌會變得不一樣。

笛卡兒在 1637 年出版的《方法論》，萊布尼茲一生夢想要寫但是未實現的《發明術》，以及 Pólya (1887～1985) 強調數學教育要：教導思考，先猜測再檢驗 (Teach to think, Guess and Test)。這些可以說都是阿基米德思想的追隨者與知音。

3.7　偷窺一下未來

　　阿基米德擁有高超的求積方法，讓他悄悄來到微積分的門口，但是缺臨門一腳的功夫，因為他沒有明確的極限概念，缺少微分法，也缺少適當的記號，更沒有看出求切線與求面積（即微分與積分）的互逆性。

　　然而，線段、圓與球的結果在在都透露著「微分與積分互逆」的訊息，只是時間還未到，無法洞察出來。現在我們可以想像，生活在阿基米德時代，坐著「超光速的太空船」，航行於宇宙，飛到未來偷窺一下微積分。

❀ 甲、線段 $[a, b]$ 的長度

　　將線段 $[a, b]$ 裡的點之直線坐標 x，看作位置函數 $y = f(x) = x$，這是恆等函數。

　　對 $f(x)$ 微分得到：

$$Df(x) = 1$$

　　對 $Df(x)$ 作定積分得到線段 $[a, b]$ 的長度：

$$\int_a^b Df(x)dx = \int_a^b 1dx = \int_a^b dx = b - a$$

　　對 $Df(x)$ 作不定積分得到 $f(x) + C$，其中 C 為一個常數：

$$\int Df(x)dx = \int dx = x + C = f(x) + C$$

❀ 乙、圓的周長與面積

　　半徑為 r 的圓，周長為 $L(r) = 2\pi r$，面積為 $A(r) = \pi r^2$。我們把 r 看作是獨立變數。

面積函數的微分等於周長函數:

$$DA(r) = 2\pi r = L(r);$$

周長函數的積分等於面積函數:

$$\int_0^r L(t)dt = \int_0^r 2\pi t dt = \pi r^2 = A(r)$$

（這表示圓是由同心圓的線圈累積成的）

微分與積分的互逆性:

$$D \int L(r)dr = L(r)$$

$$D \int_0^r L(t)dt = 2\pi r = L(r)$$

$$\int DA(r)dr = A(r) + C$$

$$\int_0^r DA(t)dt = A(r) - A(0) = A(r)$$

圖解如下:

$$L(r) = 2\pi r \xrightarrow[\text{微分}]{\text{積分}} A(r) = \pi r^2$$

❧ 丙、球的表面積與體積

半徑為 r 的球，表面積為 $S(r) = 4\pi r^2$，體積為 $V(r) = \dfrac{4}{3}\pi r^3$。我們把 r 看作是獨立變數。

體積函數的微分等於表面積函數:

$$DV(r) = 4\pi r^2 = S(r)$$

表面積函數的積分等於體積函數:

$$\int_0^r S(t)dt = \int_0^r 4\pi t^2 dt = \frac{4}{3}\pi r^3 = V(r)$$

（這表示球是由同心球面累積成的）

微分與積分的互逆性:

$$D\int_0^r S(t)dt = 4\pi r = S(r)$$

$$\int DV(r)dr = V(r) + C$$

$$\int_0^r DV(t)dt = V(r) - V(0) = V(r)$$

圖解如下:

$$S(r) = 4\pi r^2 \underset{\text{微分}}{\overset{\text{積分}}{\rightleftharpoons}} V(r) = \frac{4}{3}\pi r^3$$

Tea Time

　　微積分是由「**無窮步驟**」所帶動出來的一門數學! 落實於取極限的操作或無窮小的演算。阿基米德堪當積分學的祖師爺。他巧妙地運用窮盡法與兩次歸謬法來克服無窮步驟。然而, 阿基米德的方法不可避免地相當繁瑣。因此, 仍然留給後人去追尋簡潔而普遍的方法。微積分涉及「無窮」, 不可謂不深奧, 但基本思想相當簡潔:

原子論的想像

小沙粒湊成美麗的海灘

小水滴組成壯觀的海洋

一個原子接著一個原子

生成宇宙萬物的雄奇

一個念頭接一個念頭

組成偉大思想的美妙

一瞬間和一瞬間

連綿成永恆的大時代

於是無窮小量 dQ

要多小就有多小且不等於零

就致積成任何的量 Q:

$$Q = \int dQ$$

> 將 Q 剖析成 dQ 是微分
>
> 將 dQ 累積成 Q 是積分
>
> 兩者合起來就是微積分。

原子論 (Atomism) 引申出分析法與綜合法。追究事物的基本組成要素（例如人體的「細胞」，微積分的「無窮小」，時間的「一瞬」，語文的「字母」，物質的「原子」……），這是**分析法**；反過來，由基本的組成要素合成事物，這是**綜合法**，通常就會得到事物的一個「結構性定理」，使得我們對於事物的組成與生成變化之道，有更清晰的了解與更方便的掌握。

整個微積分是分析法與綜合法的產物。它們是科學方法論的核心，只有歸納法與演繹法可以和它們相抗衡。而歸納法與演繹法不過是：大膽的假設，小心的求證（和推理）。對於自然現象，科學理論最後還需要接受實驗的檢驗，數學要有證明的把關。

第 **4** 章

求積方法的演進

意見之於真理猶如圓內接正多邊形之於圓。

—Nicholas of Cusa (1401～1464)—

　　傳統的微積分教科書，為了邏輯上的嚴謹或方便，幾乎都採用如下的順序來編寫：

```
集合
實數系　⇒　極限　　　⇒　微分　⇒　積分
函數　　　　連續函數
```

　　事實上，微積分的歷史發展順序，正好是反其道而行，即上述的箭頭「⇒」全改為反向「⇐」，並且主要的工作者如下：

```
                                              Archimedes
                                              Kepler 1615
Cantor 1875  ⇐  Cauchy 1821  ⇐  Newton 1665  ⇐  Cavalieri 1635
Dedekind         Weierstrass     Leibniz 1675    Wallis 1656
                                              Fermat 1638
```

逆著歷史發展順序來講授微積分，通常會增加抽象度與困難度。本書基本上是按照歷史順序來敘述微積分的發展。

　　求積問題 (The quadrature problems) 是微積分最早的發源地。面對這個千古難題，我們已講過阿基米德把拋物線弓形領域視為線段組成的，用槓桿去秤，先猜測出答案，再用嚴格的窮盡法與兩次歸謬法加以證明。

　　阿基米德之後，後繼無人，一直要等到文藝復興時代（約 1400～1600 年），西歐才從昏睡中甦醒過來。在普遍的微分法還未出現之前，數學家設計了許多求積的方案，本章我們僅介紹四種，順便欣賞前人的創意：

1. 無窮小論證法 (Kepler)

2. 不可分割法 (Cavalieri)

3. 無窮的算術法 (Wallis)

4. 動態窮盡法 (Fermat)

4.1　方圓問題

什麼是面積的度量？先是人為取定一個單位面積，例如平方公尺或平方公分，然後以此去度量待求領域的面積，得到一個數，這樣古希臘人（或我們）對面積才算了解。因此，正方形是最基本的面積要素。在此了解之下，再推導出長方形、平行四邊形、三角形、梯形、多邊形……等的面積公式。

遇到比較複雜的領域，例如圓，要如何度量它的面積？我們自然想到將圓變成一個正方形，這是所謂的**方圓問題**，此處的「方」是動詞。這樣就來到古希臘的幾何三大難題，著名的尺規作圖問題：

1. 方圓問題 (Squaring the circle)

2. 倍立方問題 (Doubling the cube)

3. 三等分角問題 (Trisecting any angle)

詳言之，它們分別是要：作一個正方形使其面積等於給定圓的面積；作一個正立方體使其體積等於給定正立方體的體積之兩倍；將任給的一個角三等分。尺規作圖的規定是：只能用沒有刻度的直尺與圓規，並且在有限步驟內完成作圖。

這三個問題直到 19 世紀才透過代數學的理論全都否定地解決！本節我們要來談論方圓問題，它跟求積問題有點關係。我們分成五個階段來討論。

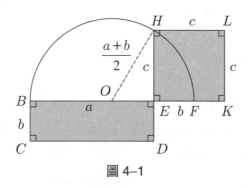

圖 4–1

(i)化長方形為正方形

在圖 4–1 中，給長方形 (a, b)（即 $BCDE$），以 $a+b$ ($=\overline{BE}+\overline{EF}$) 為直徑作一個半圓，作線段 $EH \equiv c$，則 c 為 a 與 b 的等比中項，即 $c^2 = ab$。以 c 為邊作正方形 $EKLH$，是為所求。

(ii)化三角形為正方形

先將三角形化成長方形，再按(i)的方法化為正方形，參見圖 4–2。

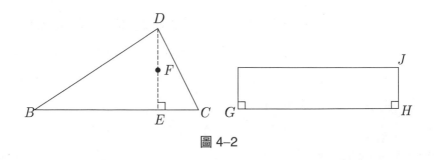

圖 4–2

ⅲ 化多邊形為正方形

　　我們考慮四邊形的情形，先將四邊形化為三角形。在圖 4–3 中，給四邊形 $ABCD$，要作一個等面積的三角形。連結線段 BD，過 A 點作線段 $AE /\!/ BD$，交線段 BC 的延長線於 E 點，則 $\triangle CDE$ 就是所求。

　　其次，再按 ⅰ 的方法把三角形化為正方形。至於一般多邊形，按此相同的要領多做幾次就好了。

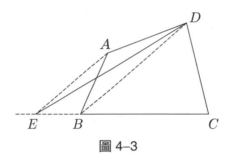

圖 4–3

ⅳ 化月牙形為正方形

　　這是 Hippocrates of Chios （約西元前 440 年）的貢獻。在圖 4–4 中，考慮一個等腰直角三角形 ABC，$\angle C$ 為直角。分別以斜邊 $\overline{AB}$ 與一股 $\overline{AC}$ 為直徑作一個半圓，則月牙形 $AECF$ 的面積等於 $\triangle ACO$ 的面積。再按 ⅰ 的方法把月牙形 $AECF$ 化為正方形。

🈺 此處的 Hippocrates of Chios 不要跟「醫學之父」的 Hippocrates of Cos （西元前 406～357 年）相混淆。今日醫師的誓詞就是源自後者。

習題 1

在圖 4–4 中，證明：月牙形 *AECF* 的面積等於 △*ACO* 的面積。

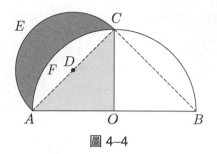

圖 4–4

習題 2

在圖 4–5 中，證明：兩個月牙形 I + II 的面積等於 △*ABC* 的面積。

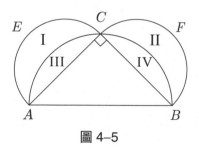

圖 4–5

⒱化圓形為正方形

　　雅典的數學家 Antiphon（約西元前 430 年）直觀的這樣論證：

　　考慮圓的內接正 n 邊形，令 $n \to \infty$，所得到的極限就是圓。因為任意 n 邊形都可以化為正方形，所以極限的圓可以化為正方形。

兩千兩百多年後才知道這是錯的。因為在 1882 年德國數學家 Lindemann (1852～1939)，利用代數學「否定地」解決方圓問題，也就是方圓問題無法尺規作圖。這告訴我們，有些性質無法在極限的飛躍之下保持不變。

另外兩個難題在更早的 1837 年由 Wantzel (1814～1848)「否定地」解決。因此，幾何三大難題都無法用尺規作圖。

4.2　無窮小論證法

無窮大與無窮小的概念源遠流長，到了文藝復興時代之後，恢復古希臘精神也發現了古希臘的典籍，並且人們對無窮已不再那麼恐懼，許多人開始利用無窮小的概念來求積。我們舉克卜勒 (Kepler, 1571～1630) 為例，看他如何利用無窮小論證法來求圓的面積、球的體積以及許多旋轉體的體積。

例題 1　圓的面積

半徑為 r 的圓，其面積為 $A = \pi r^2$。

【論證】克卜勒把圓看作是無窮多邊的正多邊形，每一邊都是「無窮小」。從而，圓可以分割為無窮多個無窮小的三角形，底邊長為無窮小 b_1, b_2, b_3, …，參見圖 4–6。因此，圓的面積 A 為

$$A = \frac{1}{2}rb_1 + \frac{1}{2}rb_2 + \frac{1}{2}rb_3 + \cdots$$
$$= \frac{1}{2}r(b_1 + b_2 + b_3 + \cdots)$$

諸 b 的總和為圓的周長 L，故得 $A = \frac{1}{2}rL$。從而

$$L = 2\pi r \text{ 與 } A = \pi r^2$$

可以互相推導。

註 採用微積分，由 $L = 2\pi r$ 就得到 $A = \frac{1}{2}rL = \frac{1}{2}r\int_0^{2\pi r} db$

$= \frac{1}{2}r2\pi r = \pi r^2$。

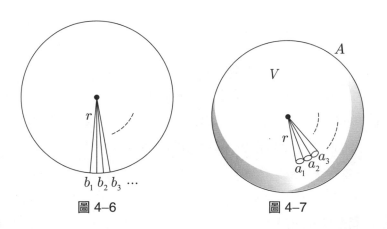

圖 4–6　　　　　　　　　　圖 4–7

例題 2　球的體積

半徑為 r 的球，其體積為 $V = \frac{4}{3}\pi r^3$。

【論證】 克卜勒把球看作是由無窮多個無窮小的圓錐組成的，底面積為無窮小 a_1，a_2，a_3，…，參見圖 4–7。於是球的體積為

$$V = \frac{1}{3}ra_1 + \frac{1}{3}ra_2 + \frac{1}{3}ra_3 + \cdots$$

$$= \frac{1}{3}r(a_1 + a_2 + a_3 + \cdots)$$

諸 a 的總和為球的表面積 A，故得 $V = \dfrac{1}{3} rA$。於是

$$A = 4\pi r^2 \quad 與 \quad V = \dfrac{4}{3}\pi r^3$$

可以互相推導。　　　　　　　　　　　　　　　　　　　　　　　■

註 形如圖 4–8 的橡木桶，除了可以裝酒之外，蔡仁惠教授更獨具創
　　意，還把它拿來做成音響的喇叭箱 (speaker)，甚能表現音樂之美，
　　至今餘音仍在腦海縈繞。

　　事實上，克卜勒就是把研究的對象分割成微小的組成部分，然
後再相加起來。這就是原子論的精神與方法。

例題3 葡萄酒桶的體積

克卜勒到商店購買葡萄酒，橡木酒桶的形狀如圖 4–8，他懷疑店家
估算的容積有誤，引起他要精確計算葡萄酒桶的體積動機。這是一
個旋轉體，他將酒桶分割成許多圓盤形的薄片，測量出各層的厚度
h 並且利用 $L = 2\pi r$ 測得半徑 r，於是薄片的體積為 $\pi r^2 h$，全部加起
來就得到葡萄酒桶的體積。

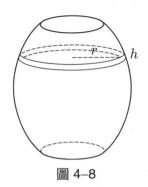

圖 4–8

採用現代微積分的記號，曲線 $y = f(x)$, $x \in [a, b]$ 繞 x 軸旋轉，所得到的旋轉體之體積為

$$V = \int_a^b \pi [f(x)]^2 dx$$

習題 3

設 $a > r$，將圓 $(x - a)^2 + y^2 = r^2$ 繞 y 軸旋轉，得到一個輪胎 (torus)，參見圖 4–9，求此輪胎的體積。再證明輪胎的體積等於圓的面積乘以圓心繞一圈的長度，這叫做 Pappus-Guldin 定理。

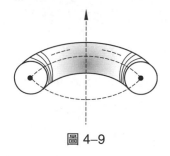

圖 4–9

克卜勒最重要的工作在天文學。丹麥天文學家 Tycho Brahe (1546～1601) 累積 20 年的觀測行星運行的數據，由徒弟克卜勒接手，經過千辛萬苦的工作，最後終於得到克卜勒的行星運動三大定律，參見圖 4–10：

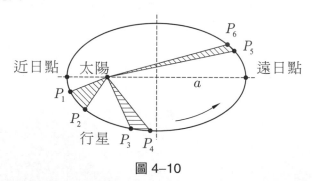

圖 4–10

第 1 定律（橢圓律）：行星繞太陽以橢圓軌道運行，太陽為
　　　　　　　　　　其一個焦點。（1605 年發現，1609 年
　　　　　　　　　　發表。）

第 2 定律（等積律）：連結行星與太陽的向徑，在相等的時
　　　　　　　　　　間內掃過相等的面積。（1602 年發
　　　　　　　　　　現，1609 年發表。）

第 3 定律（調和律）：行星繞太陽的週期 T，與橢圓軌道長
　　　　　　　　　　軸之半 a 具有 $T^2 \propto a^3$ 的關係。a 叫
　　　　　　　　　　做行星與太陽的平均距離。（1618 年
　　　　　　　　　　發現，1619 年發表。）

　　在科學史上，這標誌著透過定量觀測以得物理定律的最高峰成就。因此，讓克卜勒贏得「天空的立法者」之封號。欣賞克卜勒自己寫的墓誌銘：

I used to measure the heavens,

Now the Earth's shadows I measure.

My mind was in the heavens,

Now the shadow of my body rests here.

　　　　我曾經測量天界，

　　　　現在要測量地府。

　　　　我的靈魂屬於天，

　　　　今肉體歸於塵土。

註 柏拉圖將感官世界視為虛幻的「影子」(shadow)，理型世界才是真實的世界。

4.3　不可分割法

　　義大利物理學家伽利略 (Galileo，1564～1642) 本來預備要寫一本《論不可分割》(On Indivisibles) 的書，但是一直都沒有寫出來。然而，「不可分割」的思想大大地影響了他的學生 Cavalieri (1598～1647)。

　　Cavalieri 提出「不可分割法」(the method of indivisibles) 來求積，對後來的積分發展有很大的貢獻。他在 1635 年發表了今日所謂的 Cavalieri 原理：

【 Cavalieri 原理 】

(i)介於兩平行線之間的兩個平面領域，如果在這兩平行線 ℓ_1 與 ℓ_2 之間任作一平行線 ℓ，所截取的線段均相等 $\overline{AB} = \overline{CD}$，則此兩平面領域的面積相等。參見圖 4–11。

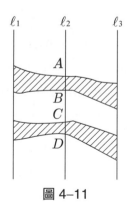

圖 4–11

(ii)介於兩平行平面之間的兩立體，如果在這兩平行平面之間任作一
　　平行平面，所截取的面積均相等 $C_x = P_x$，則此兩立體的體積相等。
　　參見圖 4–12。

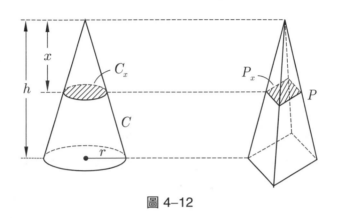

圖 4–12

　　值得注意的是，Cavalieri 原理還可作推廣：若所截取的線段 AB
與 CD 皆呈固定的比例，則相應的面積也呈此固定的比例。同時，
若所截取的平面領域面積 C_x 與 P_x 皆呈固定的比例，則相應的體積
也呈此固定的比例。

　　然而，Cavalieri 原理特殊化為一維線段時，卻不成立！在圖 4–13
中，有兩線段 AB 與 CD 被夾在兩平行線之間，任意第三條平行線
截出 P, Q 兩點，故原線段 AB 與 CD 的點一樣多，但是 $\overline{AB} \neq \overline{CD}$。
主要的理由是「點沒有長度」，並且線段的長度不是由點的長度累積
出來的。

【歷史故事】
在中國南北朝時，祖沖之的兒子祖暅（gèng，讀如「更」）在《綴術》
中說：「緣冪勢既同，則積不容異。」這就是 Cavalieri 原理，因此

Cavalieri 原理又叫做祖暅原理。用現代積分來說，這是一個定理：假設兩物體相應的橫截面積為 $A(x)$ 與 $B(x)$，若 $A(x) = B(x)$，$\forall x \in [a, \ b]$，則

$$\int_a^b A(x)dx = \int_a^b B(x)dx$$

Cavalieri 視平面領域為由平行的線段所組成的，視立體領域為由平行的平面領域所組成的。這就是阿基米德用槓桿秤拋物線弓形的線段所採用的觀點，遙相呼應。

在實際計算上，對於待求的面積或體積，我們必須先找一個已知面積或體積的對象來當「試金石」作比較，以完成「用已知達未知」的工作。我們舉例子來說明。

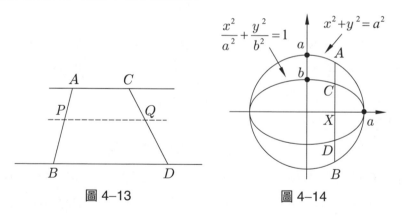

圖 4–13　　　　　圖 4–14

例題 4　橢圓的面積

在圖 4–14 中，考慮圓 $x^2 + y^2 = a^2$ 與橢圓 $\dfrac{x^2}{a^2} + \dfrac{y^2}{b^2} = 1$。在 x 點處平行於 y 軸的截線，對圓與橢圓分別截取到線段 AB 與 CD。由計算得知 $\dfrac{\overline{CD}}{\overline{AB}} = \dfrac{b}{a}$，從而

$$\frac{橢圓的面積}{圓的面積} = \frac{b}{a}$$

今已知圓的面積為 πa^2，因此橢圓的面積為 πab，這是圓面積的「兩元化」。

例題 5　球的體積

在圖 4-15 中，考慮半徑為 a 的球以及底直徑與高皆為 $2a$ 的圓柱。在圓柱內作出上下兩個對稱的圓錐。將圓柱扣掉此兩個圓錐，將所剩餘的部分跟球來作對照。它們可夾在水平的兩平行面之間，距中心點 x 距離處，作一水平面，截取到兩塊平面領域（如圖 4-15 中陰影部分），左領域的面積為 $\pi(a^2 - x^2)$，右領域的面積為 $\pi a^2 - \pi x^2$，兩者相等。根據 Cavalieri 原理，球的體積等於圓柱扣掉兩個圓錐的體積。因此，球的體積為

$$V = \pi a^2 \cdot 2a - 2 \cdot \frac{1}{3}\pi a^2 \cdot a = \frac{4}{3}\pi a^3$$

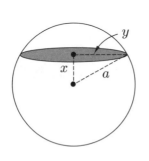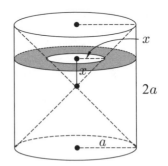

圖 4-15

即使不同維度也可以使用 Cavalieri 原理，請看下面的例子。

例題 6

求拋物線 $y = x^2$ 在區間 $[0, b]$ 上所圍成平面領域的面積，見圖 4–16。

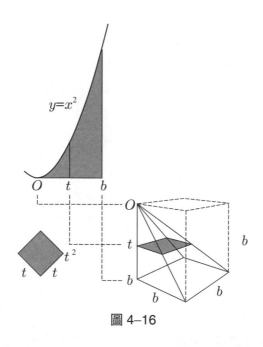

圖 4–16

解 任取 $t \in [0, b]$，在此點上拋物線的高度為 t^2，這又可看作一邊長為 t 的正方形面積，對應到四角錐在 t 點處的橫截面積。因此拋物線在區間 $[0, b]$ 上所圍成平面領域的面積等於四角錐的體積，即為

$$\int_a^b x^2 dx = 四角錐的體積 = \frac{1}{3} 底 \times 高 = \frac{1}{3} \times b^2 \times b = \frac{b^3}{3}$$

Cavalieri 還利用繁瑣的幾何論證，求得積分公式：

$$\int_0^1 x^p dx = \frac{1}{p+1}, \quad p = 0, \ 1, \ 2, \ \cdots, \ 9。$$

當他做完 $p = 9$ 時，他已經精疲力竭而放棄。但是他猜測上式對所有的自然數 p 都成立，幾年後果然由費瑪加以證明。

4.4　無窮的算術法

英國牛津大學的數學家 John Wallis (1616～1703) 在 1656 年出版一本書，叫做《無窮的算術》(Arithmetica Infinitorum)，將 Cavalieri 求積所採用的「不可分割法」加以「算術化」。換言之，Wallis 提出新觀點與新方法來求算積分。

Wallis 的基本想法是：將平面領域視為長方形之和的極限，立體領域視為薄片之和的極限。我們舉一個簡單的例子來說明他的「無窮的算術法」。

例題 7

求積分 $\int_0^1 x dx$，即在圖 4–17 裡，求 $\triangle OAB$ 的面積。

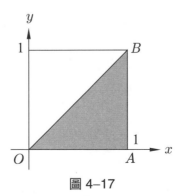

圖 4–17

　　答案當然是 $\frac{1}{2}$，但是 Wallis 求得答案的過程更為有趣。在圖 4–18中，我們作分割，點算陰影域的塊數，並且計算它們佔有全部的比值，再讓分割不斷地加細，經過取極限，比值就會飛躍到 $\triangle OAB$ 的面積 $\frac{1}{2}$。

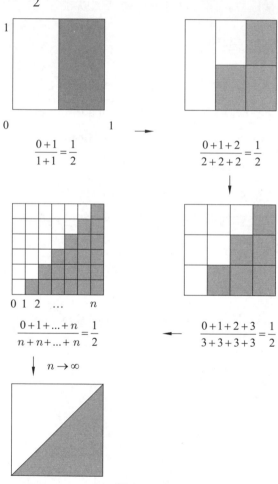

圖 4–18

　　陰影域的面積 $= \frac{1}{2}$，因此 $\int_0^1 xdx = \lim_{n \to \infty} \dfrac{0+1+\cdots+n}{n+n+\cdots+n} = \dfrac{1}{2}$。

再看熟知的阿基米德的例子。

例題 8

求積分 $\int_0^1 x^2 dx$。

解 阿基米德已經算得答案為 $\frac{1}{3}$。Wallis 的算法如下：

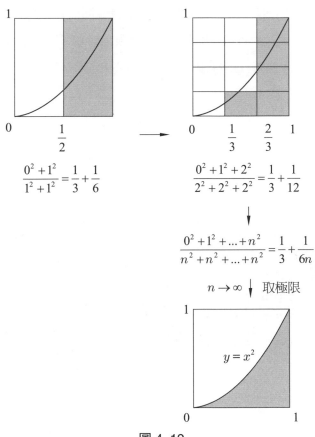

$$\frac{0^2+1^2}{1^2+1^2}=\frac{1}{3}+\frac{1}{6}$$

$$\frac{0^2+1^2+2^2}{2^2+2^2+2^2}=\frac{1}{3}+\frac{1}{12}$$

$$\frac{0^2+1^2+...+n^2}{n^2+n^2+...+n^2}=\frac{1}{3}+\frac{1}{6n}$$

$n \to \infty$ 取極限

$$y=x^2$$

圖 4–19

因此 $\int_0^1 x^2 dx = \lim_{n\to\infty}\frac{0^2+1^2+\cdots+n^2}{n^2+n^2+\cdots+n^2} = \lim_{n\to\infty}\frac{\sum_{k=0}^{n}k^2}{\sum_{k=0}^{n}n^2} = \frac{1}{3}$

例題 9

$$\int_0^1 x^3 dx = \lim_{n \to \infty} \frac{\sum_{k=0}^{n} k^3}{\sum_{k=0}^{n} n^3} = \lim_{n \to \infty} (\frac{1}{4} + \frac{1}{4n}) = \frac{1}{4}。$$

Cavalieri 的「不可分割法」就是將平面領域，看成是無窮多條垂縱的平行線段所組成，即動線成面。對於面而言，線段就是「不可分割」的單位。Wallis 用長方形的極限來解釋「不可分割」，並且只要用「算術」與「取極限」就可以求得積分。這個方法可以施展到曲線 $y = x^p$ 的情形。

補題 1

設 p 為自然數，則 $1^p + 2^p + \cdots + n^p = \frac{n^{p+1}}{p+1} + (n 的 p 次多項式)$。

習題 4

用數學歸納法證明補題 1。

例題 10

$$\int_0^1 x^p dx = \lim_{n \to \infty} \frac{0^p + 1^p + \cdots + n^p}{n^p + n^p + \cdots + n^p} = \frac{1}{p+1}, \quad \forall p \in \mathbb{N}。$$

證 $\lim_{n \to \infty} \frac{0^p + 1^p + \cdots + n^p}{n^p + n^p + \cdots + n^p} = \lim_{n \to \infty} \frac{1}{n^{p+1}} [\frac{n^{p+1}}{p+1} + (n 的 p 次多項式)]$

$$= \frac{1}{p+1}$$

【歷史故事】

Wallis 是首位引進引入記號「∞」的人，用來表示「無窮大」。∞ 俗稱為「懶惰的 8」(lazy eight)，因為 8 躺下來睡大覺。值得注意的是，羅馬人用 ∞ 來表示 1000。

4.5　動態窮盡法

費瑪 (Fermat, 1601～1665) 採用動態窮進法 (Method of dynamic exhaustion) 來求積。這是對不可分割法的一種解釋。

對於求積分問題，費瑪在 1650 年得到的：

例題 11

$$\int_0^b x^p dx = \frac{1}{p+1} b^{p+1}, \quad p \in \mathbb{N}。$$

證（方法 1）**費瑪採用等比分割**

取公比為 r，$0 < r < 1$，對 $[0, b]$ 作等比分割，由右端點 b 向左端點 0：

$$b > br > br^2 > br^3 > \cdots$$

求不足的近似面積：

$$S_r = (b - br)(br)^p + (br - br^2)(br^2)^p + (br^2 - br^3)(br^3)^p + \cdots$$

$$= b^{p+1} r^p (1-r)(1 + r^{p+1} + r^{2p+2} + r^{3p+3} + \cdots), \quad \text{無窮等比級數}$$

$$= b^{p+1} r^p (1-r)\frac{1}{1 - r^{p+1}} = b^{p+1} r^p \frac{1}{(1 - r^{p+1})/(1 - r)}$$

$$= \frac{b^{p+1} r^p}{1 + r + r^2 + \cdots + r^p}$$

現在讓 $r \to 1$（r 由小於 1 的一方趨近於 1），分割會越來越精細，乃至每一小段都趨近於 0，就得到

$$\lim_{r \to 1} S_r = \lim_{r \to 1} \frac{b^{p+1} r^p}{1 + r + r^2 + \cdots + r^p} = \frac{b^{p+1}}{p+1}$$

（方法 2）**採用等分割**

(i)分割: 將區間 $[0, b]$ 分割為 n 等分

$$0 < \frac{b}{n} < \frac{2b}{n} < \cdots < \frac{(n-1)b}{n} < b$$

(ii)取樣: $\xi_k \in [x_k, x_{k+1}]$。

(iii)求近似和:

不足的近似和 $T_n = \sum_{k=0}^{n-1} (\frac{kb}{n})^p \frac{b}{n} = \frac{b^{p+1}}{n+1}[1^p + 2^p + \cdots + (n-1)^p]$

過剩的近似和 $S_n = \sum_{k=0}^{n-1} (\frac{(k+1)b}{n})^p \frac{b}{n} = \frac{b^{p+1}}{n^{p+1}}[1^p + 2^p + \cdots + n^p]$

而真正的面積 $\int_0^b x^p dx$ 夾在 T_n 與 S_n 之間:

$$T_n \leq \int_0^b x^p dx \leq S_n$$

(iv)取極限: 由補題 2 知 $\lim_{n\to\infty} S_n = \frac{b^{p+1}}{p+1}$。同理可得 $\lim_{n\to\infty} T_n = \frac{b^{p+1}}{p+1}$。

從而

$$\int_0^b x^p dx = \frac{1}{p+1} b^{p+1}$$

若採用等分割, 計算較麻煩。由補題 1 得到:

　　補題2

$$\lim_{n\to\infty} \frac{1^p + 2^p + \cdots + n^p}{n^{p+1}} = \frac{1}{p+1}。$$

　　費瑪採用等比分割的美妙是，立即可以推廣到有理次方的情形：

例題 12

$$\int_0^b x^{\frac{p}{q}} dx = \frac{b^{(\frac{p}{q})+1}}{(\frac{p}{q})+1} = \frac{q}{p+q} b^{(\frac{p+q}{q})q}。$$

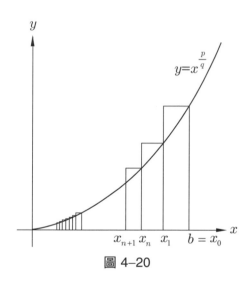

圖 4–20

證 取公比 r，$0 < r < 1$。對 $[0，b]$ 作分割，由右端點向左端點：

$$x_0 = b > x_1 = br > x_2 = br^2 > \cdots$$

求近似面積：

$$S_r = \sum_{n=0}^{\infty} x_n^{\frac{p}{q}} (x_n - x_{n+1}) = \sum_{n=0}^{\infty} (br^n)^{\frac{p}{q}} (br^n - br^{n+1})$$

$$= b^{\frac{(p+q)}{q}} (1-r) \sum_{n=0}^{\infty} r^{\frac{n(p+q)}{q}}$$

$$= b^{\frac{(p+q)}{q}} (1-r) \sum_{n=0}^{\infty} s^n，\ \text{其中}\ s = r^{\frac{(p+q)}{q}}$$

$$= b^{\frac{(p+q)}{q}} \frac{1-r}{1-s}$$

$$= b^{\frac{(p+q)}{q}} \frac{1-t^q}{1-t^{p+q}}, \quad \text{其中 } t = r^{\frac{1}{q}}$$

$$= b^{\frac{(p+q)}{q}} \frac{1+t+\cdots+t^{q-1}}{1+t+\cdots+t^{p+q-1}},$$

因為 $1 - t^n = (1-t)(1+t+\cdots+t^{n-1})$，讓 $r \to 1$（於是 $t \to 1$）得到

$$\lim_{r \to 1} S_r = \int_0^b x^{\frac{p}{q}} dx = \frac{q}{p+q} b^{\frac{(p+q)}{q}}$$

4.6　微分法

平面領域是由線段組成的，但是線段沒有面積，而平面領域有面積。因此從面積的觀點來看，線段與平面領域之間存在著很大的鴻溝。

如何解釋線段的面積? 這變成一個深刻的難題，每一代的數學家都想要解決這個問題。一種成功的詮釋就發展出一種求積方法，這是在這個鴻溝上架構的橋樑。

要言之，阿基米德的窮盡法、克卜勒的無窮小論證法、Cavalieri 的不可分割法、Wallis 的無窮的算術法、費瑪的動態窮盡法等，基本上都是對於「沒有面積的線段」提出一種有效的詮釋，以便求得平面領域的面積。然而，這些都只是個案解決問題。

經過約兩千餘年的追尋，最後發現微分法，發展成微積分，它告訴我們，點、線、面最佳的詮釋是:

1. 把「點的長度」詮釋為「無窮小」，並且用記號 dx 來表現，然後將點的長度累積起來就得到線段的長度 $\int_a^b dx = b - a$。

2. 把線段的面積用「無窮小」$f(x)dx$ 來表現，這才抓到「本質」，然後作連續的累積（即積分）得到面積 $\int_a^b f(x)dx$。

3. 假設立體的截面之面積為 $A(x)$，我們把它詮釋為具有「無窮小」的體積 $A(x)dx$，然後作連續的累積（即積分）就得到立體的體積 $\int_a^b A(x)dx$。

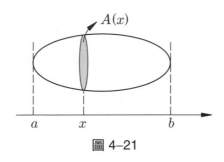

圖 4–21

總之，點、線、面都不是積分的對象，「無窮小」才是積分的對象。有了優秀的記號，再加上微積分根本定理，求積分的問題就輕易地解決了。微分法才是普遍的、簡潔的、最終的解決。這是微積分的偉大勝利。

Tea Time

　　克卜勒發現行星運行的三大定律後，他確信自己已經發現了上帝設計宇宙的邏輯，他無法抑制自己的狂喜。在他的《世界的和諧》（1618 年）第 5 卷裡，他這樣寫著：

> 我要縱情享受那神聖的狂喜，以坦誠的告白盡情嘲弄人類：我竊取了埃及人的金瓶，卻用它們在遠離埃及疆界的地方給我的上帝築就了一座聖所。如果你們寬恕我，我將感到欣慰；如果你們申斥我，我將默默忍受。總之書是寫成了，骰子已經擲下去了，人們是現在讀它，還是後代子孫讀它，這都無關緊要。既然上帝為了他的研究者已經等了 6000 年，那就讓它為讀者等上 100 年吧！

註 《世界的和諧》被稱譽為是一幅由科學、詩、哲學、神學和神秘主義編織而成的宏偉宇宙圖像。

第 5 章

求切線方法的演進

It is by logic that we prove, but by intuition that we invent.
（我們用邏輯來證明，但用直覺來發明。）

—H. Poincaré (1854～1912)—

　　求切線問題表面上看來跟求面積問題很不同，但實際上是緊密連通。因此，這個連通關係不容易被發現。這是微積分要醞釀兩千年的主要理由。一經發現，微積分就誕生。

　　求切線以及相伴的法線，起源於：幾何學，光學，探求運動的方向與求極值問題等。大自然不但提供素材又啟示方法。圖 5–1 中，光線由 P 點出發，碰到鏡片，產生反射，到達 Q 點，具有反射定律：入射角 $\theta_1 =$ 反射角 θ_2。這裡涉及到了鏡片的切線與法線。法線跟切線在同一平面上且兩者互相垂直。

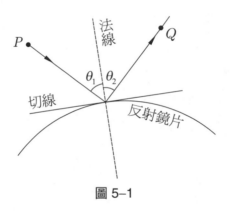

圖 5–1

　　解析幾何告訴我們，通過曲線上一點的切線，用「點斜式」就可以掌握它的方程式，因此切線的核心在於「斜率」! 掌握了斜率就是掌握住切線。切線是幾何對象，斜率是代數對象。

　　另外求極值以及運動現象的求速度與加速度，也都屬於求切線問題。本章我們就來探究這個問題的歷史演進。

5.1　圓與橢圓的切線

　　古希臘的歐氏幾何 (Euclidean geometry) 就是要研究直線與圓所交織出來的圖形世界，探索圖形的性質與規律。直線與圓分別是直尺與圓規所作出的圖形。尺規作圖就成為希臘的幾何規矩。

　　一個圓與一直線只有下列三種關係：相離（沒有交點）、相交於兩點、或是相切（只交於一點）。歐幾里得的《幾何原本》第 3 冊開頭的第 2 個定義就是「圓的切線」之定義，他說：

A straight line is said to touch a circle which, meeting

the circle and being produced, does not cut the circle.

> **定　義**
>
> 如果一直線只跟圓相交於一點，此直線叫做圓的**切線**，交點叫做**切點**。

　　這個定義可以推展到圓錐曲線與二次曲線的情形，完全適用，參見圖 5–2。但是對於更一般的曲線就不適用，須要另謀定義。

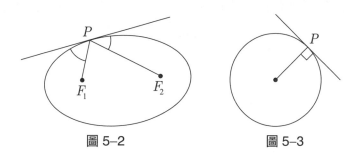

圖 5–2　　　　　　　　圖 5–3

　　圓的切線垂直於圓的半徑（連結切點與圓心之半徑），參見圖 5–3。

習題 1

設 P 為圓上的一個點，利用尺規作圖，求通過 P 點的切線。

習題 2

設 P 為圓錐曲線的一個點，利用圓錐曲線的光學性質與尺規作圖，求通過 P 點的切線，分別對拋物線、橢圓與雙曲線來做。

註 圓與橢圓所圍成領域的面積對古希臘人來說是大難題，因為都涉及「無窮」，後來由阿基米德解決。

5.2　阿基米德的螺線

　　古希臘人已經認識到，大自然中充滿著運動現象，所以運動現象很重要。然而，古希臘人只能處理等速率運動問題，除此之外就無能為力。阿基米德算是一大進步，他巧妙地將兩個方向的兩種運動結合起來，就得到歐氏幾何的圓與直線之外的螺線。

　　在平面上有一個動點，以極坐標 (r, θ) 表現，阿基米德考慮角 θ 作等速率旋轉運動，並且向徑 r 也作等速率離心運動，於是可令：

$$r = \alpha t, \; \theta = \omega t, \; t \geq 0$$

消去 t 就得到阿基米德的螺線的極坐標方程式：

$$r = a\theta, \; 其中 \; a = \frac{\alpha}{\omega}$$

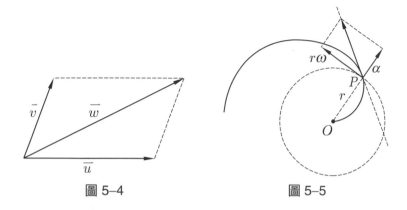

圖 5–4　　　　　　　　　　　圖 5–5

　　如何探求阿基米德的螺線之切線? 阿基米德將兩個方向的運動速度,透過兩個向量相加的平行四邊形定律 (參見圖 5–4),就得到切線的方向,從而決定了螺線的切線,參見圖 5–5。

　　兩個向量 $\vec{u}$ 與 $\vec{v}$ 按平行四邊形定律的相加,得到 $\vec{w} = \vec{u} + \vec{v}$,這是一種綜合; 反過來,由 $\vec{w}$ 分解成 $\vec{u}$ 與 $\vec{v}$,這是一種分析。對於運動現象,這種分析與綜合的觀點非常有用,不妨叫做**阿基米德的分合原理**。

5.3　兩速度的合成求切法

　　阿基米德的運動分合原理大大地影響後世的數學家,在 1630～1640 年代,由伽利略 (1564～1642)、托里切利 (Torricelli,1608～1647)、Roberval (1602～1675) 等人加以發揚光大。例如伽利略研究拋射體的運動時,就將它看作是兩個獨立的運動合成的:假設拋射體的初速度為 $\vec{v_0}$,仰角為 θ,則

　　水平方向是等速度運動: $x = x(t) = (v_0\cos\theta)t$

　　垂縱方向是等加速度運動: $y = y(t) = (v_0\sin\theta)t - \dfrac{1}{2}gt^2$

消去 t，就得到拋物線方程式：

$$y = (\tan\theta)x - \frac{g}{2v_0^2\cos^2\theta}x^2$$

令 $y = 0$，解方程式，得到運動軌道跟 x 軸的兩個交點：

$$x = 0 \text{ 或 } x = \frac{v_0^2}{g}\sin 2\theta$$

前者是拋射體的出發點，後者是拋射體的射程，射程跟 θ 有關。我們立即看出：當 $2\theta = \frac{\pi}{2}$ 時，亦即當 $\theta = \frac{\pi}{4}$ 時，射程最遠為 $x = \frac{v_0^2}{g}$。

　　如何探求物體的運動方向 (the direction of motion)? 在圖 5–6 中，將兩個方向的運動之速度 $\overrightarrow{PQ}$ 與 $\overrightarrow{PR}$，透過兩個向量相加的平行四邊形定律，合成物體的運動方向 $\overrightarrow{PQ} + \overrightarrow{PR} = \overrightarrow{PT}$，而質點的運動方向就是切線的方向。

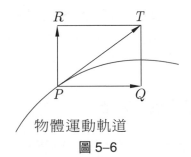

物體運動軌道

圖 5–6

例題 1

對於拋射體的運動，水平方向的速度為 $\overrightarrow{PQ} = (v_0\cos\theta,\ 0)$，垂縱方向的速度為 $\overrightarrow{PR} = (0,\ v_0\sin\theta - gt)$，於是它的運動方向為

$$\overrightarrow{PT} = \overrightarrow{PQ} + \overrightarrow{PR} = (v_0\cos\theta,\ 0) + (0,\ v_0\sin\theta - gt)$$
$$= (v_0\cos\theta,\ v_0\sin\theta - gt)$$

例題 2 輪迴線，又叫擺線

在圖 5–7 中，半徑為 a 的圓在 x 軸上滾動，由圓周上一點 P 所產生出來的軌跡就叫做輪迴線或擺線 (cycloid)。它因為具有許多美麗的性質，並且當初曾引起一些爭議，所以被稱譽為「幾何的海倫」(the Helen of geometry)。假設 P 由原點出發，令 t 表示圓旋轉的角度，則輪迴線的參數方程式為

$$\begin{cases} x = a(t - \sin t) \\ y = a(1 - \cos t) \end{cases}$$

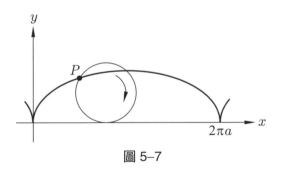

圖 5–7

　　Roberval 研究輪迴線，他將 P 點的運動看作是由下面兩個運動合成的：

　　1. 以速率為 a 向右的等速度平移運動。

　　2. 以單位角速率，順時針的旋轉運動，在 t 時刻的旋轉中心點為 (at, a)。

而相應的瞬間速度向量，用直角坐標來表現就是：

$$\vec{u} = (a, 0) \quad \text{（平移運動的速度）}$$

以及

$$\vec{v} = (-a\cos t,\ a\sin t) \qquad （旋轉運動的速度）$$

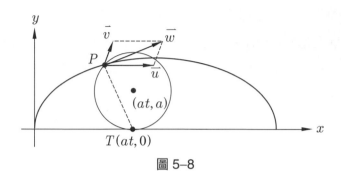

圖 5–8

利用平行四邊形定律，得到速度向量

$$\vec{w} = \vec{u} + \vec{v} = (a,\ 0) + (-a\cos t,\ a\sin t)$$

$$= (a(1 - \cos t),\ a\sin t),$$

這決定了輪迴線上在 P 點處的切線，參見圖 5–8。注意到，這恰好是對輪迴線 $(a(t - \sin t), a(1 - \cos t))$ 作逐坐標微分所得到的結果。

5.4　笛卡兒的圓法

在曲線上一點的切線是幾何的概念，如何掌握呢？上述我們已經看過，可以透過運動學的觀點來掌握切線。事實上，要掌握切線最有效的方法是利用代數所提供的方便記號，以及解析幾何所提供的「數與形的轉換」，直接掌握切線斜率，給予記號表現，再由點斜式寫出切線方程式。因此，切線斜率是整個問題的核心，代數與解析幾何甚具威力，讓一切大放光明。笛卡兒 (Descartes, 1596～1650) 與費瑪各自獨立發明解析幾何，溝通幾何圖形與代數方程式，笛卡

兒是方法論哲學家，又是近世代數的創建者之一。這一節我們就來
看，笛卡兒如何利用代數方法求切線斜率。

　　在圖 5–9 中，欲求通過曲線 $y = f(x)$ 上一點 $P(x, f(x))$ 的切線。
笛卡兒的想法如下：

1. 在 x 軸上確定法線與 x 軸的交點 $(v, 0)$。
2. 切線就是通過 P 點且垂直於法線的直線。

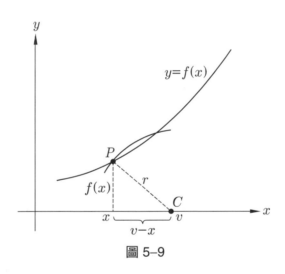

圖 5–9

　　實際著手實現想法。考慮一個圓，以 $C(v, 0)$ 為圓心，$r = \overline{CP}$
為半徑。一般而言，此圓交曲線 $y = f(x)$ 於 P 點及其附近一個點，
參見圖 5–9。

　　今若直線 CP 為通過 P 點的法線，則 P 點必為曲線 $y = f(x)$ 與
圓 $(v - x)^2 + y^2 = r^2$ 的重合點 (double point)。假設 $[f(x)]^2$ 為一個多
項式，則

$$(v - x)^2 + [f(x)]^2 = r^2 \tag{1}$$

具有一個兩重根 (a double root)，令其為 $x = c$，則有 $(v - x)^2 + [f(x)]^2 - r^2$ 可以表成下形：

$$(v - x)^2 + [f(x)]^2 - r^2 = (x - c)^2 \sum c_k x^k。 \tag{2}$$

展開此式，令兩邊同次項的係數相等，得到聯立方程組，解出 v，用 c 來表達。通過 P 點的切線之斜率為 $\dfrac{(v - x)}{f(x)}$，從而法線之斜率為 $\dfrac{-f(x)}{(v - x)}$。

上述求切法叫做笛卡兒的圓法 (circle method)，完全是訴諸代數技巧。笛卡兒得意地說：

這不只是我所知道的最有用與最普遍的問題，也是在幾何學中我渴望想要知道的東西。

例題 3

求拋物線 $y^2 = 2x$ 或 $y = \sqrt{2x}$ 上通過 $P(x, \sqrt{2x})$ 點的切線斜率。

解 此時(1)式為

$$(v - x)^2 + 2x - r^2 = 0。$$

這是二次方程式，故(2)式的右項為

$$(v - x)^2 + 2x - r^2 = (x - c)^2$$

令兩邊 x 項的係數相等，得到 $2 - 2v = -2c$ 或 $v = 1 + c$。以 $c = x$ 代入 $v - x$ 之中，得到「次法線段」$v - x = 1 + x - x = 1$。因此，通過 $P(x, \sqrt{2x})$ 點的切線斜率為

$$\frac{v - x}{f(x)} = \frac{1}{\sqrt{2x}} = \frac{1}{2}\sqrt{\frac{2}{x}}$$

註 令 $f(x) = \sqrt{2x}$，利用微分法直指本心，立得 $f'(x) = \dfrac{1}{2}\sqrt{\dfrac{2}{x}}$。

例題 4

求拋物線 $y = x^2$ 上通過 $P(x,\ x^2)$ 點的切線斜率。

解 對此拋物線，(2)式變成

$$(v - x)^2 + x^4 - r^2 = (x - c)^2(x^2 + ax + b)$$

展開，比較係數，得到聯立方程組：

$$\begin{cases} a - 2c = 0 \\ b - 2ac + c^2 = 1 \\ ac^2 - 2bc = -2v \end{cases}$$

解得 $v = 2c^3 + c$。以 $c = x$ 代入 $v - x$ 之中，我們就得到「次法線段」$v - x = 2x^3 + x - x = 2x^3$。因此，通過 $P(x,\ x^2)$ 點的切線斜率為

$$\frac{v - x}{f(x)} = \frac{2x^3}{x^2} = 2x$$

註 令 $f(x) = x^2$，利用微分法直指本心，立得 $f'(x) = 2x$。

習題 3

考慮函數 $f(x) = x^{\frac{3}{2}}$，試利用笛卡兒的圓法，證明：「次法線段」為 $v - x = \frac{3x^2}{2}$ 並且通過 $P(x,\ x^{\frac{3}{2}})$ 點的切線斜率為 $\frac{3\sqrt{x}}{2}$。

5.5 費瑪的求切線法

這一節我們要來看費瑪如何求切線斜率。在 1637 年費瑪利用

「無窮小法」求函數 $y = f(x)$ 在 P 點的切線斜率。在圖 5–10 中，考慮曲線上一點 $P(x,\ f(x))$，想像 x 作很小很小的變化，變化量為 ε（無窮小），直線 ST 是過 $P(x,\ f(x))$ 點的切線，其斜率為 $\dfrac{f(x)}{s}$。

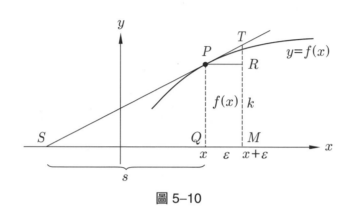

圖 5–10

因為 $\triangle PQS$ 與 $\triangle TMS$ 相似，由相似三角形基本定理得到

$$\frac{s + \varepsilon}{s} = \frac{k}{f(x)}$$

又因為 $k \sim f(x + \varepsilon)$，所以得到「次切線段」(sub-tangent) s：

$$s \sim \frac{\varepsilon f(x)}{f(x + \varepsilon) - f(x)} \tag{3}$$

利用「無窮小」ε 的雙重性格（有時是 $\varepsilon \neq 0$；有時是要多小就有多小，故可棄之，即 $\varepsilon = 0$），求得 s。從而求切線斜率為

$$f'(x) = \frac{f(x)}{s}$$

我們用實際例子來展示費瑪的方法。

例題 5

設 $f(x) = x^2$，則「次切線段」為

$$s \sim \frac{\varepsilon x^2}{(x+\varepsilon)^2 - x^2} = \frac{x^2}{2x+\varepsilon}$$

因為 ε 很小很小，故可棄之，得到：

$$s = \frac{x}{2}$$

從而切線斜率為

$$f'(x) = \frac{f(x)}{s} = \frac{x^2}{x/2} = 2x$$

註 （後見之明）事實上，(3)式可以寫成

$$s \sim \frac{f(x)}{[f(x+\varepsilon) - f(x)]/\varepsilon} \tag{4}$$

從而得到切線斜率的估計式

$$f'(x) = \frac{f(x)}{s} \sim \frac{f(x+\varepsilon) - f(x)}{\varepsilon} \quad (\varepsilon \neq 0)$$

計算好後，再讓 $\varepsilon = 0$，就得到切線斜率。採用現代微分的記號就是

$$f'(x) = \frac{f(x)}{s} = \lim_{\varepsilon \to 0} \frac{f(x+\varepsilon) - f(x)}{\varepsilon} \tag{5}$$

可惜，費瑪並沒有跨出最重要的這一步，即直接計算：

$$\frac{f(x+\varepsilon) - f(x)}{\varepsilon} \quad \text{與} \quad \lim_{\varepsilon \to 0} \frac{f(x+\varepsilon) - f(x)}{\varepsilon}$$

這一步是後來由牛頓與萊布尼茲跨出去的。

習題 4

設 $y = f(x) = x^n$ 利用費瑪方法證明 $y = f(x)$ 的「次切線段」為 $s = \dfrac{x}{n}$，再證明切線斜率為 nx^{n-1}。

例題 6

笛卡兒向費瑪挑戰如下的問題：求通過曲線 $f(x, y) = x^3 + y^3 - axy = 0$，$a > 0$ 上面一點的切線方程式。費瑪當然做出來了。這條曲線今日叫做笛卡兒葉形線 (the folium of Descartes)。

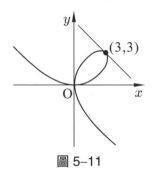

圖 5-11

解 為了計算方便，我們來求通過曲線 $f(x, y) = x^3 + y^3 - 6xy = 0$ 上一點 $(3, 3)$ 的切線方程式，參見圖 5-11。費瑪讓 x 與 y 分別變動微小量 ε 與 η，由 $f(x + \varepsilon, y + \eta) \sim f(x, y)$ 得到

$$(x + \varepsilon)^3 + (y + \eta)^3 - 6(x + \varepsilon)(y + \eta) \sim x^3 + y^3 - 6xy$$

展開、化簡、消去 ε 與 η 的二次以上的項，得到

$$3x^2\varepsilon + 3y^2\eta - 6x\eta - 6y\varepsilon = 0 \ \text{或} \ (x^2 - 2y)\varepsilon + (y^2 - 2x)\eta = 0$$

於是切線斜率為

$$\frac{\eta}{\varepsilon} = \frac{2y - x^2}{y^2 - 2x}$$

從而，通過 $(3，3)$ 點的切線斜率為

$$\left.\frac{\eta}{\varepsilon}\right|_{(3,\ 3)} = \frac{2 \cdot 3 - 3^2}{3^2 - 2 \cdot 3} = -1$$

因此切線方程式為

$$(y - 3) = -1(x - 3) \text{ 或 } x + y = 6$$

註 事實上，上述的作法就是今日微積分教科書的隱函數微分法。將 y 視為 x 的函數，對於 $x^3 + y^3 - 6xy = 0$ 作微分，配合使用連鎖規則，就得到

$$3x^2 + 3y^2 y' - 6y - 6xy' = 0 \text{ 或 } x^2 + y^2 y' - 2y - 2xy' = 0$$

於是

$$(y^2 - 2x)y' = 2y - x^2$$

從而

$$y' = \frac{2y - x^2}{y^2 - 2x}$$

切線斜率為

$$\left. y' \right|_{(3,\ 3)} = \frac{2 \cdot 3 - 3^2}{3^2 - 2 \cdot 3} = -1$$

由點斜式就得到切線方程式： $x + y = 6$。

5.6　巴羅的無窮小法

牛頓的老師巴羅 (Barrow， 1630～1677) 在 1669 年出版 Geometrical Lectures 一書。這是他 1660 年代在劍橋大學上課演講的講義，牛頓在 1664～1665 可能聽過此課。巴羅把費瑪的求切線方法作更進一步的修飾與推展，並且首次看出微分與積分的互逆性，但是後者他卻用繁瑣的幾何方式來表達 (參見第 9 章)，令當時的人難以理解。

在圖 5–12 中，欲求曲線 $f(x, y) = 0$ 上通過 M 點的切線。考慮曲線上「無窮小的弧段」MN，記 M 與 N 的坐標為 $M(x, y)$ 且 $N(x + \varepsilon, y + \eta)$，故 ε 與 η 都是「無窮小」。所以有

$$f(x + \varepsilon, y + \varepsilon) \sim f(x, y) \tag{6}$$

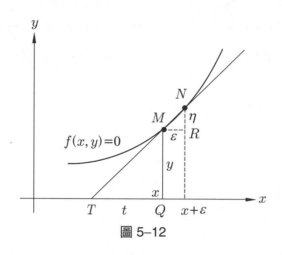

圖 5–12

巴羅接著採用下面的演算規則，叫做「Fermat 的消去規則」：

　(i)消去 ε 與 η 的二次以上的項（包括二次）。

　(ii)消去 ε 與 η 的乘積項。

這意思是說，消去所有高階的無窮小，只保留一階無窮小，並且將近似符號改為等號。因為「弧段」MN 是「無窮小」，故可視為直線段，從而 $\triangle TQM$ 與無窮小的「**特徵三角形**」$\triangle MNR$ 相似。展開(6)式，作消去與整理，就可求出切線斜率 $\dfrac{y}{t} = \dfrac{\eta}{\varepsilon}$。我們舉例來展示實際的計算過程。

例題 7

求曲線 $y^4 = y^2 - x^2$ 上在 $(\frac{\sqrt{3}}{4},\ \frac{1}{2})$ 點的切線斜率。

解 令 $f(x,\ y) = y^4 - y^2 + x^2$。設 ε 與 η 分別為 x 與 y 的微小變化量，

則 $f(x + \varepsilon,\ y + \eta) \sim f(x,\ y)$，亦即

$$(y + \eta)^4 - (y + \eta)^2 + (x + \varepsilon)^2 \sim y^4 - y^2 + x^2$$

展開，並消去 ε 與 η 的二次以上的項，近似符號改為等號，得到

$$4y^3\eta - 2y\eta + 2x\varepsilon = 0$$

解得

$$\frac{\eta}{\varepsilon} = \frac{x}{y - 2y^3}$$

從而通過 $(\frac{\sqrt{3}}{4},\ \frac{1}{2})$ 點的切線斜率為

$$\frac{\eta}{\varepsilon}\bigg|_{(\frac{\sqrt{3}}{4},\ \frac{1}{2})} = \frac{\dfrac{\sqrt{3}}{4}}{(\dfrac{1}{2}) - 2(\dfrac{1}{2})^3} = \sqrt{3}$$

習題 5

利用巴羅的方法，推導出曲線 $y = x^{\frac{p}{q}}$ 的切線斜率為 $\dfrac{\eta}{\varepsilon} = \dfrac{p}{q}x^{\frac{p}{q}-1}$。

提示：我們假設 p 與 q 都是自然數。考慮曲線 $y^q = x^p$。

習題 6

設 $P(x_0,\ y_0)$ 為二次曲線 $Ax^2 + Bxy + Cy^2 + Dx + Ey + F = 0$ 上面的

一點，利用巴羅的方法，求通過 P 點的切線方程式。

答：$Ax_0 x + B\dfrac{y_0 x + x_0 y}{2} + Cy_0 y + D\dfrac{x_0 + x}{2} + E\dfrac{y_0 + y}{2} + F = 0$。

5.7 還缺少什麼?

關於切線的概念,大自然不但提供「素材」,而且還啟示「方法」。從幾何學、光學與運動學,讓我們認識到切線的重要性;代數學與解析幾何學提供優秀的記號,以表達出曲線的方程式。進一步認識到,要掌握切線,斜率是個核心概念。

伽利略、托里切利與 Roberval 等人經由運動學的考量來掌握物體的運動方向,這就是運動軌道的切線方向。笛卡兒利用代數方法(圓法),費瑪與巴羅採用無窮小論述法,都成功地求得切線斜率。

有了這些成果,要到達微積分還缺少什麼呢? 大致有下面三件事未做到:

1. 由切線斜率還沒有發展出「微分法」的概念。

2. 缺少適當記號以及系統性的演算法:

$$\frac{dy}{dx} = \lim_{\varepsilon \to 0} \frac{f(x + \varepsilon) - f(\mathrm{x})}{\varepsilon} \quad \text{(極限論述法)}$$

或者

$$\frac{dy}{dx} = \frac{f(x + dx) - f(x)}{dx} \quad \text{(無窮小論述法)}$$

3. 沒有看出微分與積分的互逆性,即未洞察出「反切線」(inverse tangent) 就是解決積分的關鍵,即沒有發現微積分根本定理。

這些都是由接續的牛頓與萊布尼茲加以完成,因而創立微積分的演算與理論架構。

Tea Time

可任意靠近，但是不能碰觸的秘密

　　禪宗有兩種悟道方法：頓悟派與漸悟派。類推地，我們面對無窮小量 dx 也有兩個觀點：

1. 頓悟派：直接飛躍到"無涯的彼岸"，得到無窮小量 dx。

2. 漸悟派：從"有涯此岸"的有限量 Δx，經過無窮步驟，飛躍到"無涯的彼岸"，得到無窮小量 dx，可用極限記號表為

$$\Delta x \to \delta x \to dx \text{ 或 } \lim \Delta x = dx$$

因此，dx 具有：

　　　　要多小就有多小，但是不等於 0。

用更生動的話來說：

　　　　dx 可任意靠近 0，但是不能碰觸 0。

在實際演算操作上，dx 具有雙重的性格：

　　　　有時 $dx \neq 0$，又有時 $dx = 0$

因為 dx 不能碰觸 0，所以 $dx \neq 0$；又因為 dx 可任意靠近 0，故 $dx = 0$。

　　【習題】證明 $\sqrt{-1}$ 與 dx 皆不屬於實數系 $\mathbb{R}$。

第6章

費瑪叩敲了微積分的大門

What can be said at all can be said clearly, and what we cannot talk about we must pass over in silence.

（我們可以說的部分就說得清清楚楚，我們不能說的部分就保持沉默跳過去。）

—L. Wittgenstein (1889～1951)—

先生，你能告訴我微積分是什麼嗎？微積分是如何發現的嗎？

—無名氏—

　　費瑪是法國數學家，但他的職業是律師，也是宮廷顧問，只有業餘的時間才做數學。然而，他的數學成就，讓後人尊稱他為「業餘數學之王」，數學史家 E. T. Bell 甚至稱他為「大師中的大師」(the master of masters)。

　　他跟笛卡兒獨立發明解析幾何，奠下往後微積分與數學發展的基礎。他跟巴斯卡 (Pascal，1623～1662) 通信討論機率論的「瓜分賭金問題」(the problem of points)，成為機率論的祖師爺。他對數論有更重大的貢獻，最著名的「費瑪最後定理」(the last theorem)，讓後世的數學家忙了三百多年之久，直到 1994 年才得到證明。

　　費瑪高超的求積分（第 4 章）、求切線（第 5 章）與求極值的方法，讓他悄悄地來到了微積分的門口，叩敲了微積分的大門。這使得一些法國數學家宣稱，費瑪發明了微積分。事實上，費瑪並沒有真正發明微積分，但是他確實為微積分奠下一塊極其重要的基石。

6.1　動態窮盡法

　　在第 4 章第 5 節中，我們已見識過費瑪巧妙的求積分方法。他利用等比分割與動態窮盡法求得積分：

例題 1

$$\int_0^b x^{\frac{p}{q}} dx = \frac{q}{p+q} b^{\frac{(p+q)}{q}} \text{。}$$

　　我們再舉一個例子：求積分 $\int_0^b \sin x\, dx$。這需要用到兩個預備結果：

補題 1

$$\sin\theta + \sin 2\theta + \cdots + \sin n\theta = \frac{1}{2}\frac{1 + \cos\theta - \cos n\theta - \cos(n+1)\theta}{\sin\theta}。$$

證 令 $S = \sin\theta + \sin 2\theta + \cdots + \sin n\theta$，兩邊同乘以 $\sin\theta$，得到

$(\sin\theta)S = \sin\theta\sin\theta + \sin\theta\sin 2\theta + \cdots + \sin\theta\sin n\theta$

$\qquad = \frac{1}{2}[2\sin\theta\sin\theta + 2\sin\theta\sin 2\theta + \cdots + 2\sin\theta\sin n\theta]$

（利用積化和差公式）

$\qquad = \frac{1}{2}\{[\cos 0 - \cos 2\theta] + [\cos\theta - \cos 3\theta] + [\cos 2\theta - \cos 4\theta]$

$\qquad\quad + \cdots + [\cos(n-2)\theta - \cos n\theta] + [\cos(n-1)\theta - \cos(n+1)\theta]\}$

$\qquad = [1 + \cos\theta - \cos n\theta - \cos(n+1)\theta]$

兩邊再同除以 $\sin\theta$，就得證。　　　　　◼

補題 2

$$\lim_{\theta\to 0}\frac{\sin\theta}{\theta} = 1。$$

　　這是一個重要的極限，通常用夾擠定理來證明。我們也可以直觀地看它：在圖 6–1 中，$\sin\theta = $ 弦 $\overline{AP}$ 之長，$\theta = $ 弧 $\overset{\frown}{AB}$ 之長，並且當 θ 趨近於 0 時，兩者越來越接近，所以比值趨近於 1。

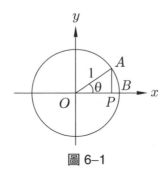

圖 6–1

例題 2

求積分 $\displaystyle\int_0^b \sin x\,dx$。

解 (i)分割：將區間 $[0,\ b]$ 分割為 n 等分

$$x_0 = 0 < x_1 = \frac{b}{n} < x_2 = \frac{2b}{n} < \cdots < x_{n-1} = \frac{(n-1)b}{n} < x_n = b。$$

(ii)取樣：$c_k = x_k = \dfrac{kb}{n},\ \ k = 1,\ 2,\ \cdots,\ n。$

(iii)求近似和：

$$S_n = \sum_{k=1}^n \frac{b}{n} \sin(\frac{kb}{n}) = \frac{b}{n} \sum_{k=1}^n \sin(\frac{kb}{n}),$$

由補題 1 得到

$$S_n = \frac{b}{n} \cdot \frac{1}{2} \frac{1 + \cos(\frac{b}{n}) - \cos b - \cos[\frac{(n+1)b}{n}]}{\sin(\frac{b}{n})}$$

$$= \frac{1}{2} \frac{1 + \cos(\frac{b}{n}) - \cos b - \cos[\frac{(n+1)b}{n}]}{[\sin(\frac{b}{n})]/(\frac{b}{n})}$$

(iv)取極限：

$$\lim_{n\to\infty} S_n = \frac{1}{2} \frac{\lim\limits_{n\to\infty} \{1 + \cos(\frac{b}{n}) - \cos b - \cos[\frac{(n+1)b}{n}]\}}{\lim\limits_{n\to\infty} [\sin(\frac{b}{n})/(\frac{b}{n})]}$$

由補題 2 得到

$$\int_0^b \sin x\,dx = \lim_{n\to\infty} S_n = \frac{1}{2}(2 - 2\cos b) = (1 - \cos b)$$

註 事實上，對於習見的函數皆可如此來求出積分，只是相當辛苦。

6.2 擬似相等法求極值

極值是個實用問題,所得欲求其極大,損失欲求其極小。我們以同一個問題為主軸,來看求極值方法的演進。特別地,我們要呈現費瑪獨特的方法。

問題 1

考慮長為 a 的線段,將它分割為兩段,使得乘積為最大,問如何分割法?換言之,就是欲求函數 $f(x) = (a-x)x$ 的最大值。參見圖 6-2。

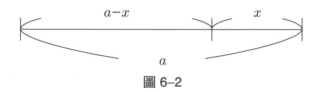

圖 6-2

✤ 甲、幾何論證法

古希臘人已經會用簡單的幾何論證法來探求極值問題。我們都知道以兩線段 $a-x$ 與 x 為兩邊,圍成長方形,當兩邊等長,即圍成長方形時,它的面積為最大,論證如下:

因為

$$\frac{a}{2}x \geq \frac{a}{2}x - x^2 = (\frac{a}{2} - x)x$$

所以在圖 6-3 中，$B \geq C$，從而

$$A + B \geq A + C$$

因此，以 $\frac{a}{2}$ 為邊長的正方形，其面積為最大。此時最大的面積為 $\frac{a^2}{4}$。

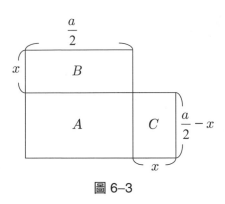

圖 6-3

註 更簡潔的論證：設兩段之長為 $\frac{a}{2} + x$ 與 $\frac{a}{2} - x$，那麼長方形的面積為 $(\frac{a}{2} + x)(\frac{a}{2} - x) = \frac{a^2}{4} - x^2$。顯然 $\frac{a^2}{4} - x^2 \leq \frac{a^2}{4}$，並且當 $x = 0$ 時，等號成立，亦即以 $\frac{a}{2}$ 為邊長的正方形其面積會最大。

❖ 乙、配方法

再來我們看看中學時代學過的配方法，其實古巴比倫人早就已經會使用配方法求解一元二次方程式了。

$$f(x) = (a - x)x = ax - x^2 = \frac{a^2}{4} - [x^2 - 2(\frac{a}{2})x + (\frac{a}{2})^2]$$

$$= \frac{a^2}{4} - (x - \frac{a}{2})^2 \leq \frac{a^2}{4}$$

由此可知，當 $x = \dfrac{a}{2}$ 時，$f(x)$ 有最大值 $\dfrac{a^2}{4}$，即以 $\dfrac{a}{2}$ 為邊長的正方

形，其面積為最大。

註 配方法有侷限，基本上只能處理二次函數的情形。

丙、算幾平均不等式

我們複習高中學過的算幾平均不等式，即算術平均大於等於幾

何平均：

定理 1　算幾平均不等式，簡記為 A.M. ≥ G.M.

假設 a, $b \geq 0$, 則有 $\dfrac{a+b}{2} \geq \sqrt{ab}$, 並且等號成立的充要條件為 $a = b$。

註 $\dfrac{a+b}{2}$ 與 $\sqrt{ab}$ 分別叫做 a 與 b 的算術平均與幾何平均。

考慮兩線段 $a - x$ 與 x 的算幾平均不等式：

$$\frac{(a-x)+x}{2} \geq \sqrt{(a-x)x}$$

$$\frac{a}{2} \geq \sqrt{(a-x)x} \ \text{ 或 } \ \left(\frac{a}{2}\right)^2 \geq (a-x)x$$

並且等號成立的充要條件為 $a - x = x$，亦即當 $x = \dfrac{a}{2}$ 時，$f(x)$ 有最

大值 $\dfrac{a^2}{4}$。

習題 1

美麗的阿倫公主招親，從前是採用拋繡球，今日的阿倫公主卻採用智力測驗的方式。她發給每位來求婚的男士一張正方形的紙，一邊之長為 a。要男士們在四個角截去相同的小正方形，剩下的部分折成無蓋的六面體容器，做出容積最大的人獲勝，參見圖 6–4。問應截去多長? 最大容積是多少?

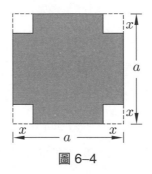

圖 6–4

習題 2

考慮半徑為 3 的球面，要內接一個正圓錐，參見圖 6–5，求正圓錐體積的最大值。

提示: 取 y 當獨立變數會比較單純。

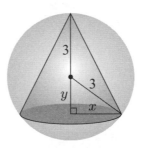

圖 6–5

註 上述兩個習題通常是使用微分法的好問題。但是現在不使用微分法，而請採用算幾平均不等式來做。

♣ 丁、費瑪的擬似相等法求極值

接著我們來看費瑪的求極值方法。

費瑪的方法已經碰觸到微積分的大門了，不過真正開啟這扇大門的卻是牛頓與萊布尼茲。

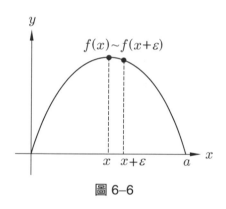

圖 6–6

首先作出函數 $f(x) = (a-x)x = ax - x^2$，$0 \le x \le a$ 的圖形，參見圖 6–6。假定 x 為產生最大值的點，讓 x 變動「無窮小的量」ε，得到附近的點 $x + \varepsilon$。費瑪觀察到，在最高點的地方，x 作微小變動時，函數值幾乎不變，所以就有

$$f(x + \varepsilon) \sim f(x)$$

$$a(x + \varepsilon) - (x + \varepsilon)^2 \sim ax - x^2$$

$$ax + a\varepsilon - x^2 - 2x\varepsilon - \varepsilon^2 \sim ax - x^2$$

經消去整理後

$$a\varepsilon - 2\,x\varepsilon - \varepsilon^2 \sim 0$$

因為 $\varepsilon \neq 0$，故可除以 ε

$$a - 2x - \varepsilon \sim 0$$

又因為 ε 為「無窮小量」，故棄之可也，並且近似號改成等號

$$a - 2x = 0$$

解得

$$x = \frac{a}{2}$$

仍然得到相同的正確答案。

上述費瑪的做法大約在 1638 年提出來，今日叫做「**擬似相等法**」(Fermat's pseudo-equality method)，這是多麼瘋狂的想法！當時的人難以接受，因為在演算過程中，起先用到 $\varepsilon \neq 0$，最後又用到 $\varepsilon = 0$，事實上這就是「無窮小」的雙重特性。對於凡人來說，這是矛盾的！不過，若採取這樣的哲學觀點：可以得到正確答案的方法，不論想法是多麼瘋狂，其中必含有某種真實的東西，那麼我們的內心就會舒坦一些。

事實上，這當中已經含有微分學的概念，我們留待第 5 節再來討論。

6.3　費瑪的最短時間原理

最大（小）值的問題在日常生活中也極常見，每個人都有他自己的各式各樣的最大（小）值問題。譬如：有人希望以「最低」的代價獲得某樣東西；也有人要在某限定時間內盡「最大」的努力去完成一件事；更有人冒風險時，希望冒「最小」的風險，而賺「最多」的

錢等。凡此種種，我們不禁要猜測（類推），自然界可能也是按某種「最大」或「最小」的經濟原則來運行的。於是有費瑪的**最短時間原理**（principle of least time）以及 Hamilton 的**最小作用量原理**（principle of least action），證明大自然果然是按最經濟原則在運行。這些是人類心智的偉大成就，構成數理物理學瑰麗的詩篇。人們用一個簡單的想法，就可以把自然界的各種現象「吾道一以貫之」，這是多麼令人興奮的事！下面我們就舉例來說明，如何利用最短時間原理來統合光子的反射及折射現象這個問題。至於最小作用量原理，它可以用來統合古典力學，這個超出本書的範圍，我們點到為止。

對於光子的行為，我們從經驗中歸結出兩條定律：反射定律與折射定律。

♣ 甲、光子的反射定律

在均勻的同一種介質中，光速固定不變，並且光子以直線行進，碰到鏡面時就產生反射。假設入射角為 θ_1，反射角為 θ_2，那麼光子遵循：

【光的反射定律】

入射角等於反射角，亦即 $\theta_1 = \theta_2$。參見圖 6–7。

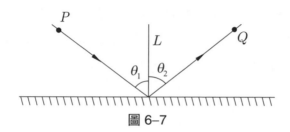

圖 6–7

乙、光子的折射定律

在圖 6–8 中，假設直線 AB 分隔甲、乙兩種介質（不妨想像成空氣與水），而光子的速度分別為 v_1 與 v_2。光子由甲介質進入乙介質，會產生折射現象，光所走的路徑為 POQ，入射角為 θ_1，折射角為 θ_2，且光子在甲、乙介質中的速度分別為 v_1 與 v_2，那麼光子遵循：

【光的折射定律】（又叫做 Snell 定律）

$$\frac{\sin\theta_1}{v_1} = \frac{\sin\theta_2}{v_2}。$$

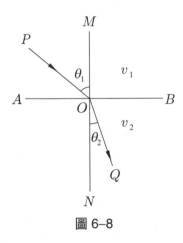

圖 6–8

這兩個結果都是經過觀察與實驗所歸結出來的經驗定律，然而人類不以觀察到的經驗事實為滿足，還想要探求事實背後的道理。對於事物的認識，人類不僅要「**知其然**」，還要「**知其所以然**」，經常要問「**為什麼**」。人類因為追究事物的原因而進步，並且導致科學、數學與文明的進展。

問題 2

為什麼「光子」(photon) 會遵行這兩個經驗定律呢？

❦ 丙、**Heron** 的最短路徑原理

歷史上最早提出理論來解釋光子的反射現象的人是 Heron（約 75 年左右）。今日高中生熟悉的三角形面積公式 $A = \sqrt{s(s-a)(s-b)(s-c)}$，就叫做 Heron 公式。事實上，阿基米德比 Heron 更早得到這個公式。

【Heron 的最短路徑原理】 (Heron's principle of least path)

在均勻的同一種介質中，光子選取最短路徑來行走。

先思考一個古典幾何的極值問題：

例題3

假設 P 與 Q 為直線 L 外同側的相異兩點，參見圖 6–9，試在直線上找一點 O 使得 $\overline{PO} + \overline{OQ}$ 為最小。

【作圖】若 P 與 Q 在直線 L 的異側，連結 P 與 Q 交 L 於 O，則 O 就是所求，因為兩點之間以直線段為最短。若 P 與 Q 在直線 L 的同側，參見圖 6–9，相對於直線 L 作 P 的對稱點 P'，連結 P' 與 Q 交 L 於 O，則 O 就是所求。

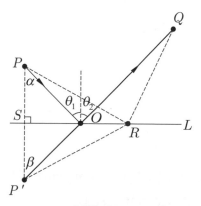

圖 6–9

證 令 R 為 L 上任何相異於 O 的點，由三角不等式得知

$$\overline{PR} + \overline{RQ} = \overline{P'R} + \overline{RQ} > \overline{P'O} + \overline{OQ} = \overline{PO} + \overline{OQ}$$

所以路徑 POQ 是最短路徑。　　　　　　　　　　　　　　　■

定理 2

Heron 的最短路徑原理 $\Rightarrow$ 光的反射定律。

證 因為光子所走的路徑是最短路徑，所以必是走圖 6–9 中的 POQ。
又因為 $\alpha = \theta_1$（內錯角），$\beta = \theta_2$（同位角），且 $\alpha = \beta$（對稱性），
故 $\theta_1 = \theta_2$。　　　　　　　　　　　　　　　　　　■

　　這堪稱為歷史上**第一個物理理論**，成功地**解釋**了光子的反射定律。值得注意的是：在校園的草地上，經常出現一條路徑，這是「人子」效法「光子」所產生出來的結果。光子行必由徑，君子似乎也行必由徑。

習題 3

利用解析法證明定理 2。

丁、費瑪的最短時間原理

　　然而，Heron 的最短路徑原理顯然無法解釋光子的折射定律。反射與折射都是光子的行為，理應用同一個原理就都可以解釋。為此，費瑪提出第二代更進步的理論。費瑪認為光子在乎的是「時間」的久暫，而不是「路徑」的長短。

【費瑪的最短時間原理】（Fermat's principle of least time，1657 年）
光子選取花費時間最少的路徑來行走。

定理 3

費瑪的最短時間原理 ⇒ 光子的反射定律與折射定律。

在同一介質中，光速固定不變，最短時間路徑就是最短路徑，兩者一致。因此，由費瑪的最短時間原理可以推導出光子的反射定律。現在只剩需要證明，也推導出折射定律。

為此我們先作一些預備。在圖 6–10 中，以 O 點為圓心，單位長為半徑，作一個圓，線段 AB 為直徑分隔上下兩種介質，上方介質的「阻力」(resistance) 為 α，速度為 v_1，下方介質的「阻力」為 β，速度為 v_2。

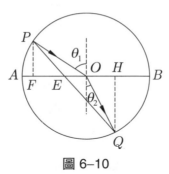

圖 6–10

古希臘人已經知道光速是有限這件事，但是直到 1676 年才由丹麥天文學家兼數學家 Ole Rømer (1644～1710) 用實驗加以證實。費瑪時代當然還無法掌握光速，故採用介質的「阻力」來描述。費瑪知道，光速跟介質的「阻力」成反比，因此 $v_1 \propto \dfrac{1}{\alpha}$，$v_2 \propto \dfrac{1}{\beta}$。因為此處只講究比例，所以費瑪乾脆就假設：

$$v_1 = \frac{1}{\alpha}, \quad v_2 = \frac{1}{\beta} \tag{1}$$

假設光子由 P 點出發，到達介面的 O 點，產生折射，抵達 Q 點。令 θ_1 與 θ_2 分別是入射角與折射角。亦即若折線 POQ 是光線所走的路徑，那麼此路徑滿足 Snell 的折射定律：

$$\frac{\sin\theta_1}{v_1} = \frac{\sin\theta_2}{v_2} \tag{2}$$

或者利用「阻力」可以寫成

$$\frac{\sin\theta_1}{\beta} = \frac{\sin\theta_2}{\alpha} \tag{3}$$

為什麼光子會走這條滿足 Snell 的折射定律的路徑呢? 費瑪說，因為光要走最短時間路徑，也就是光要遵循「最短時間原理」。

費瑪必須證明折線 POQ 是最短時間路徑，底下就是他的證明。

證 (定理 3 的費瑪證法) 先引入一些記號，參見圖 6-10。令 $\overline{OH} = a$，$\overline{OF} = b$。在 $\overline{AB}$ 上取一點 E，想像很靠近 O 點。令 $\overline{OE} = \varepsilon$，故 ε 非常小 (看作無窮小)。想像折線 PEQ 是光子所走的一條「虛擬路徑」，我們要來計算光子走路徑 POQ 與 PEQ 所花的時間。已知 $\overline{PO} = \overline{QO} = 1$，由餘弦定律知

$$\overline{PE}^2 = 1 + \varepsilon^2 - 2b\varepsilon \text{ 且 } \overline{QE}^2 = 1 + \varepsilon^2 + 2a\varepsilon$$

光子走路徑 POQ 所花的時間為

$$T_1 = \frac{1}{v_1} + \frac{1}{v_2} = \alpha + \beta$$

光子走路徑 PEQ 所花的時間為

$$T_2 = \alpha \cdot \overline{PE} + \beta \cdot \overline{EQ} = \alpha\sqrt{1+\varepsilon^2-2b\varepsilon} + \beta\sqrt{1+\varepsilon^2+2a\varepsilon}$$

費瑪仍然利用擬似相等法求極值，令 $T_1 = T_2$，得到

$$\alpha + \beta = \alpha\sqrt{1+\varepsilon^2-2b\varepsilon} + \beta\sqrt{1+\varepsilon^2+2a\varepsilon}$$

平方，化簡，丟棄 ε 的平方項與更高次項（因為 ε 很小很小）

$$\alpha\beta + \alpha^2 b\varepsilon - \beta^2 a\varepsilon = \alpha\beta\sqrt{1+\varepsilon^2-2b\varepsilon}\sqrt{1+\varepsilon^2+2a\varepsilon}$$

平方，化簡，得到

$$\alpha^2 b\varepsilon - \beta^2 a\varepsilon = \alpha\beta a\varepsilon - \alpha\beta b\varepsilon$$

除以 ε（因為 ε 雖然很小很小，但不等於 0），再整理就得到

$$\alpha b = \beta a \ \text{或} \ \frac{a}{b} = \frac{\alpha}{\beta} \tag{4}$$

今因

$$\sin\theta_1 = \frac{\overline{OF}}{\overline{PO}} = \frac{b}{1} = b, \quad \sin\theta_2 = \frac{\overline{OH}}{\overline{QO}} = \frac{a}{1} = a,$$

所以由(4)式就得到 Snell 的折射定律(2)或(3)式。　　　　　　■

　　在沒有微分法之下，費瑪就能夠提出證明，真厲害! 我們再利用微分法證明如下，欣賞其簡潔。

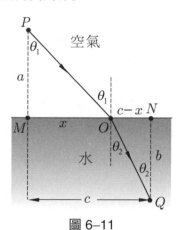

圖 6–11

（**定理 3 的微分證法**）在橫軸上取一個動點 O，使得 $\overline{MO} = x$，令 $\overline{MN}$ $= c$，參見圖 6–11。光子走路徑 POQ 所費的時間為

$$T(x) = \frac{\sqrt{a^2+x^2}}{v_1} + \frac{\sqrt{(c-x)^2+b^2}}{v_2}$$

欲求其最小值。作微分得到

$$T'(x) = \frac{x}{v_1\sqrt{a^2 + x^2}} - \frac{c-x}{v_2\sqrt{(c-x)^2 + b^2}}$$

解方程式 $T'(x) = 0$ 得到折射定律

$$\frac{\sin\theta_1}{v_1} = \frac{\sin\theta_2}{v_2} \tag{5}$$

當 x 由 0 逐漸變動到 c 時，$\sin\theta_1$ 的值由 0 逐漸增加，而 $\sin\theta_2$ 的值逐漸減少至 0，故 $T'(x)$ 的值起初為負，而後逐漸增加，最後變為正。因此，滿足 $T'(x) = 0$ 的點為最小點，從而滿足折射定律的路徑就是最短時間路徑。　　　　　　　　　　　　　　　　　　　　●

🈺 我們也可以利用二階微分的極值檢定法，驗知(5)式是最小值：

$$T''(x) = \frac{a^2}{v_1(a^2 + x^2)^{\frac{3}{2}}} + \frac{b^2}{v_2[(c-x)^2 + b^2]^{\frac{3}{2}}} > 0$$

　　總之，費瑪的理論是比 Heron 的更廣含，更進步的理論，不過兩者相差 1600 年之久。要提出一個新觀念、新理論確實是不容易。

🈺 當 $v_1 \neq v_2$ 時，$\theta_1 \neq \theta_2$，此時 POQ 不成一直線。換言之，直線並不是最省時間的路徑！我們可以假想，有一個漂亮的女孩在海上 Q 處翻了船，大喊救命，x 軸是海岸線，你在陸地上 P 看到了這個事故，陸地上你可以跑，水中你可以游泳，請問你應循什麼路徑去「救美」？

6.4　費瑪算不算發明微積分?

在 1638 年的某一瞬間，費瑪為了解決一個極大值的問題，突然靈光一閃，提出一個瘋狂的想法: 考慮「無窮小的變化量」ε! 它相當詭譎: 有時 $\varepsilon \neq 0$，有時又 $\varepsilon = 0$，像幽靈一般，飄忽不定，具有超能力。但是利用它，問題就迎刃而解! 這種美的震撼很難形容，只能比喻為:

> 一念噴出，乾坤震動，大放光明。

考慮函數 $y = f(x)$，費瑪是第一位讓獨立變數 x 作微小 (無窮小) 變化的人: 從 x 變成 $x + \varepsilon$，這個念頭在微積分史上的意義非凡! 因此，法國數學家拉格朗日 (Lagrange，1736~1813) 與拉普拉斯主張費瑪是微積分的發明者。

今日我們將無窮小變化量 ε 改記成更恰當的 dx，再引出應變數 y 的無窮小變化量

$$dy = f(x + dx) - f(x),$$

那麼商 $\dfrac{dy}{dx} = \dfrac{f(x + dx) - f(x)}{dx}$，就是 y 相對於 x 的變化率，叫做**導數**，代表通過 $P(x，f(x))$ 點的切線斜率。由此發展出微分學，這是微積分的半邊天。但是這些費瑪都沒有經營出來。

因此，同樣是法國數學家 Hadamard (1865~1963) 就不同意費瑪發明微積分的論點。他的理由是說:

> 發現一個事實是一件事情，認識到它的重要性卻是另一件事情，不論是研究者個人或科學社群，這可能是很不同的兩件事情。

他又說:

> 為一類的概念創造一個術語或一個記號,經常是非常重要
> 的事情,這是將概念連結且結晶起來,可作為往後的思想
> 論述基礎。

顯然,這些費瑪都沒有完成。費瑪的缺失如下:

1. 沒有認出 dx 的重要性,沒有真正掌握住微分法。
2. 沒有反微分(不定積分)概念。
3. 沒有發展出系統的演算工具。
4. 沒有看出微積分學根本定理。

因此,費瑪不算發明微積分。

　　總之,費瑪探索求積問題與求極值問題,讓他悄悄地來到微積分的門口,叩敲了一下,然而門並沒有打開。這就像一位足球「選腳」,把球運到門口,但是缺少臨門一腳的得分。後人的接棒,才逐漸發展出一門美麗的數學,叫做微積分。

6.5　牛頓精煉出微分法

　　牛頓讀到費瑪求極值的著作,立即悟出微分法的概念。這是微積分史上的偉大時刻 (a great moment)。我們列出下面的對照表,求 $f(x) = ax - x^2$ 的極值:

費瑪的計算	牛頓的精煉
$f(x+\varepsilon) \sim f(x)$	
$a(x+\varepsilon)-(x+\varepsilon)^2 \sim ax-x^2$	
$ax+a\varepsilon-x^2-2x\varepsilon-\varepsilon^2 \sim ax-x^2$	
$a\varepsilon-2x\varepsilon-\varepsilon^2 \sim 0$	$f(x+\varepsilon)-f(x) \sim 0$
因為 $\varepsilon \neq 0$，故可除以 ε	
$a-2x-\varepsilon \sim 0$	$\dfrac{f(x+\varepsilon)-f(x)}{\varepsilon} \sim 0$
又因 ε 為「無窮小」， 故可令 $\varepsilon=0$， 並且近似號改成等號	
$a-2x=0$	$\left(\dfrac{f(x+\varepsilon)-f(x)}{\varepsilon} \right)\Big|_{\varepsilon=0}=0$
$x=\dfrac{a}{2}$	$x=\dfrac{a}{2}$

若採用現代微積分的術語與記號來表達，就只是兩行的兩個操作而已，既簡潔又漂亮：

微分操作： $\lim\limits_{\varepsilon \to 0} \dfrac{f(x+\varepsilon)-f(x)}{\varepsilon} \equiv f'(x)$

解方程式： $f'(x)=0$

計算如下：

$$f'(x)=\lim_{\varepsilon \to 0}\frac{f(x+\varepsilon)-f(x)}{\varepsilon}=\lim_{\varepsilon \to 0}\frac{[a(x+\varepsilon)-(x+\varepsilon)^2]-(ax-x^2)}{\varepsilon}$$

$$=\lim_{\varepsilon \to 0}\frac{a\varepsilon-2x\varepsilon-\varepsilon^2}{\varepsilon}=\lim_{\varepsilon \to 0}(a-2x-\varepsilon)=a-2x$$

再解方程式 $f'(x)=0$，即解 $a-2x=0$，得到 $x=\dfrac{a}{2}$。

在處理極值問題的各種方法中，要以微分法為最簡潔、最有效，並且普遍適用於所有的函數，不只是二次函數而已。

> **定理 4　費瑪的內點極值定理，1638 年**
>
> 設 $I \subset \mathbb{R}$ 為一個區間，$f: I \to \mathbb{R}$ 為一個函數，$x_0 \in I$ 為內點並且 f 在 x_0 點可微分。如果 x_0 為 f 的極值點，那麼就有 $f'(x_0) = 0$。反之不然。

請利用現代微分學的工具，將此定理的證明當作習題。

【反例】

設 $f(x) = x^3$，$x \in \mathbb{R}$，則 $f'(0) = 0$。我們觀察到：$x = 0$ 是內點，且 f 在此點可微分，但是 f 為遞增函數，$f(0)$ 既不是極大值，也不是極小值。

　　費瑪的內點極值定理是微積分理論的出發點：它可以推導出 Rolle 定理，而 Rolle 定理又可推導出均值定理 (Mean value theorem)，均值定理再推導出微積分根本定理，成果相當豐碩。

 Tea Time

【有關費瑪的註記】

　　費瑪也許是 17 世紀最偉大的數學家之一，但是他的影響力有限，因為他不習慣於出版他的發現成果。我們主要是從他寫給朋友的信以及他所讀的書之空白處的筆記得知他的成果。他的職業是律師，並且是法國 Toulouse 地方的宮廷顧問。但是，他私下的嗜好與熱情卻聚焦於數學。他在下面五個領域都是開山祖師的地位。

解析幾何學：在 1629 年，他發明解析幾何，然而大部分的功勞卻被笛卡兒搶走，因為笛卡兒在 1637 年就急忙地把類似的想法出版。

微積分學：在這個時候，即牛頓誕生之前 13 年，費瑪就發現了求作曲線的切線以及求極大與極小的方法，這恰好是微分法的要素。牛頓在給朋友的一封信中承認，他早期微分法的一些概念得自費瑪的念頭，但是這封信直到 1934 年才為世人所知。

機率論：在 1654 年期間，費瑪與巴斯卡一連串通信討論機率問題，兩人合力發展了機率論的基本概念。

光學：費瑪在 1657 年提出最短時間原理，同時推導出光子的反射定律與折射定律，踏出理論光學的第一步進展。類推到古典力學就有 Hamilton 的最小作用量原理，在思想上這些是一脈相承，互相輝映。

數論： 這是費瑪的天才最閃亮的部分，對於神秘正整數的性質
之深刻洞察，很難有人能超越他。在數論的眾多發現中，
我們只舉出三個：

【費瑪的兩平方定理】 (Fermat's two squares theorem)：

每個形如 $4n+1$ 的質數都可以表成兩個數的平方和，並且表法
唯一。

【費瑪定理】： 設 p 為任意質數且 n 為任意正整數，則 p 可以
整除 $n^p - n$。

【費瑪最後定理】： 若 $n > 2$，則方程式 $x^n + y^n = z^n$ 沒有正整
數的解答。

　　最後一個敘述最著名，費瑪將它寫在一本書的空白處，連
帶地他證明了 $x^2 + y^2 = z^2$ 有許多整數解。然後他加上一個困擾
人的註解：

　　我發現了一個美妙的證明，可惜空白處太小而無法寫下來。

　　這句話讓數學家忙碌了三百多年。顯然第一位求得證明的
人必然留名青史，但是幾百年來，已經有許多優秀的（有些甚
至是偉大的）數學家栽在這個問題上面。直到 1994 年才由
A. Wiles 提出證明，加以解決。

第 7 章

運動現象的研究

To be ignorant of Motion is to be ignorant of Nature.
（對運動現象無知，就是對大自然無知。）

—亞里斯多德—

I could calculate the motions of the heavenly bodies, but not the madness of people.
（我可以計算星球運行的軌道，但是無法計算人心的瘋狂。）

—牛頓—

探討**存有**與**變易**問題 (the enigmas of Being and Becoming) 是古希臘哲學的一大主題。這個存有的物質世界，它的**組成**與**結構**是什麼？物質的變易問題又分成**變化**與**運動**兩類問題，它們的**機制** (mechanism) 是什麼？思索這些問題，導致漫長的科學追尋，從而產生哲學、物理學、化學與數學。

自古以來人類為了要掌握宇宙一切存有的結構、生成變化與運動現象，於是創造出各種神話與故事來解釋它們，然後加以精煉，最後又加進實驗與邏輯，於是就產生科學理論。科學是精煉的常識。

在促成微積分誕生的四類問題中，運動現象的研究是一條重要的線索。大自然是數學問題的泉源，它不但提供研究的題材，又啟示概念與方法。本章我們要來探討運動現象，從古希臘的亞里斯多德開始，到伽利略的「破舊立新」，最後才有牛頓的成功建立牛頓力學，真正掌握住運動現象，實現幾千年來人類的夢想。

伽利略研究運動現象，尤其是自由落體現象，得到自由落體定律以及慣性定律，揭開運動現象之謎，讓他不知不覺地來到微積分的門口，可惜就差「臨門一腳」，留給牛頓發現微積分的空間。

7.1　運動現象之謎

物體（或**質點**）在**空間**中，在**時間**的推移下，產生**運動** (motion)，這是一個迷人的現象。例如星球、流星、彗星、飛石、落葉、蘋果落地、⋯等等。

　　古希臘哲學家相信，這些都是有規律 (logos) 可尋的，那麼自然就要問：

運動的規律與機制是什麼？

他們還深信「萬有皆數」，這一切都可用而且必須用數學來表現。然而，古希臘的數學程度不足以研究運動現象。運動現象的秘密埋藏得比較深。賢如亞里斯多德，雖然有心與熱情研究運動現象，但是他的成果上不了今日學校的教科書，只給後人留下美麗的想像與歷史興趣。

　　在物理學中，研究運動現象的學問叫做**力學** (Mechanics)，它有三個分支：

(i)**靜力學** (Statics)：物體靜止不動時，研究諸作用力的平衡問題。

(ii)**運動學** (Kinematics)：質點運動時，探討位置與速度之間的關係，但不涉及外在的作用力。這是研究運動現象的基礎。

(iii)**動力學** (Dynamics)：在外力作用之下，研究質點所產生的運動行為，例如建立運動方程式，計算質點的運動軌道。

　　如何揭開物體的運動之謎？這是驚心動魄的觀念探尋之旅，伴隨著微積分的誕生。以下我們就來追蹤這段發展的簡史。

7.2　物質的原子論

　　古希臘早期對於運動現象的思索與研究，表現在原子論 (Atomism) 之中。原子論大師 Democritus 主張：凡是物質都是原子組成的，原子在虛空中永不止息地運動，經由不同的排列與組合，產生萬物。只有**原子**與**虛空** (atoms and void) 是最終的真實 (ultimate reality)，其它都只是一時一地的意見。宇宙萬物都不是「無中生有」產生出來的，它們都按必然的規律在運行，過去如此，現在如此，未來也是如此。

　　我們欣賞 Democritus 的兩句嘉言：

Give me atoms and void, and I will construct the universe.
（給我原子與虛空，我就可以建構出宇宙。）
I would rather discover one cause than gain the kingdom of Persia.
（我寧可自尋的一個答案，即使波斯帝國我都不願意交換。）

　　在科學的發展史上，人類對大自然的描述方式，大致可以分成幾個階段：神話觀，科學觀，有機目的觀，機械觀，數學觀。

　　所謂神話觀就是用神話來解釋自然現象的態度與方法，這是人類文明的初階。神話學家 Edith Hamilton 說：

Myths are early science, the result of men's first trying to explain what they saw around them.（神話是早期的科學，是人類首次嘗試要解釋周遭所見事物的產品。）

世界上各民族都有神話流傳，而古希臘更是具有豐富神話故事的民族。Edith Hamilton 又說：

> The early Greek mythologists transformed a world full of fear into a world full of beauty.（早期希臘的神話學家，將一個充滿著恐懼的世界轉變成充滿著美的世界。）

這是神話的美妙功用。神話的精煉產生科學、文學、藝術、……等。

　　從神話觀轉變成科學觀是非常重要的一步，這是古希臘文明對人類的一大貢獻。所謂科學觀就是用自然的原因來解釋自然現象，並且採用理性的邏輯論證方法來建構科學理論，最終再接受實驗的檢驗。泰利斯與 Democritus 都是在這個重大的轉變過程中，扮演著關鍵性的角色。我們今天在享受著科學文明的果實之餘，應該在內心感念這兩位偉大的拓荒者！

　　事實上，各領域幾乎都有原子論，例如幾何的原子論（「點」是原子），數的原子論（「1」是原子，在數論裡「質數」是原子）。微積分也是一種原子論，它的「原子或不可分割」就是「無窮小 dx」。無窮小是微積分的積木，利用它們可以搭建出微分與積分。

7.3　亞里斯多德的物理學

　　亞里斯多德是百科全書式的哲學家，他的研究領域涉及哲學、邏輯學、形上學、美學、詩、生物學、……，他還寫有物理學、論天體運動的書。他是柏拉圖的學生，也是馬其頓王朝的家庭教師，調教出亞歷山大 (Alexander the Great) 王子。

他勇於追求真理，當他不同意柏拉圖的學說時，敢於提出異議，並且說：

> 吾愛吾師，吾更愛真理。
>
> (Plato is dear to me, but dearer still is truth.)

論及知識的誠實 (intellectual honesty) 時，他說：

> To say of what is that it is not, or of what is not that it is, is false, while to say of what is that it is, and of what is not that it is not, is true.
>
> （把「是什麼」說成「不是什麼」，把「不是什麼」說成「是什麼」，這是錯的。把「是什麼」說成「是什麼」，把「不是什麼」說成「不是什麼」，這是真的。）

他對任何事物都充滿著熱情，他說：

> There is something marvelous in all natural things.
>
> （自然界存在的所有事物都有其精彩奧妙的地方。）

❖ 甲、亞里斯多德的運動定律

假設物體運動的速度為 $\vec{v}$，作用力為 $\vec{F}$。由常識經驗知，桌面上有一個物體，用力推它，就產生運動，放開手就靜止，這是每個人都有的常識經驗。由此，亞里斯多德歸結出：

> 作用力的有無是物體運動 $\vec{v} \neq 0$ 或靜止 $\vec{v} = 0$ 的分野。

詳言之，亞里斯多德大膽假設: 沒有作用力，物體就靜止不動，亦即

$$\vec{F} = 0 \Longleftrightarrow \vec{v} = 0 \tag{1}$$

或者邏輯等價地: 有作用力，物體就產生運動，亦即

$$\vec{F} \neq 0 \Longleftrightarrow \vec{v} \neq 0$$

更進一步，他觀察到作用力越大，速度就越大，所以

$$\vec{v} \propto \vec{F}$$

並且阻力 R 越大，速度就越小，故有

$$\vec{v} \propto \frac{1}{R}$$

兩式綜合起來就得到:

$$\vec{v} \propto \frac{\vec{F}}{R} \text{ 或 } \vec{F} = \frac{R}{\alpha}\vec{v}$$

其中 α 為比例常數。上式不妨再寫成

$$\vec{F} = m\vec{v} \tag{2}$$

其中 m 為物體的質量，(2)式叫做**亞里斯多德的運動定律**。

　　然而，(1)與(2)式都是錯誤的結果，(1)式只是運動的常識假象。兩千年後才分別由伽利略與牛頓加以修正，提出正確的定式。伽利略得到慣性定律:

$$\vec{F} = 0 \Longleftrightarrow \vec{a} = 0$$

以及牛頓得到他的第二運動定律: $\vec{F} = m\vec{a}$。

【歷史註記】

若採用現代的眼光來看，根據錯誤的(2)式所建立起來的運動方程式是一階常微分方程式。從而，一階常微分方程式叫做**動力系統** (dynamical system)，這是歷程史錯誤造成的。如果根據正確的牛頓

第二運動定律，那麼運動方程式是二階常微分方程式。因此，二階常微分方程式才應該叫做動力系統。然而，因為二階常微分方程式可以透過增補變數，提高空間維數而變成一階常微分方程組。基於此，一階常微分方程式叫做動力系統也沒有什麼錯，不需要把 "dynamical system" 翻譯為「動態系統」。

❀ 乙、物體為什麼會運動?

　　亞里斯多德雄心萬丈，觀察到一個現象總是要提出「為什麼」? 例如拋出的石頭或樹上的蘋果會落地，他覺得很驚奇，於是就提出問題:

　　　　為什麼物體會落地呢? 更一般地，物體為什麼會運動?

所有「為什麼」的問題，答案是「因為……，所以……」。

🈩 英國哲學家兼邏輯家羅素說:「哲學開始於有人提出一般問題，科學亦然。」(Philosophy begins when someone asks a general question, and so does science.)

　　亞里斯多德對落體所提出的解釋是「**因為事物的自然處所是地面，所以事物隨時都在尋求這個自然位置。**」看見一隻狗在跑，為什麼? 因為前方有一根肉骨頭，所以狗為了趨向肉骨頭的目的地而運動。一切物體都因為要趨向它的目的地這個「自然處所」(natural place) 而運動，這叫做「**有機目的觀**」。亞里斯多德是生物學家，他觀察到，生物都按一定的目的而活動，將它類推到物體的運動，自然就得到有機目的觀，以此來觀照世界。

　　自由落體是「自然運動」(natural motion)，它的「自然路徑」(natural path) 是直線。拋射體受到暴力 (violence) 的驅使，所以產生「非自然的」(unnatural)「暴力運動」(violent motion)，運動的路徑就不是直線。

　　今日看起來，亞里斯多德的「理論」雖然覺得可笑，但是我們不要忘記這是人類跨出的第一步科學。追求真理是踏著錯誤而前進的過程。

❧ 丙、星球的運動與宇宙觀

　　另一方面，月亮以上的星球為什麼不落地，而是作週期運動呢？為了要避免他的「理論」被否證 (falsify) 掉，亞里斯多德提出一個「特置性的假設」(ad hoc hypothesis)，以保住他的學說。

　　他將宇宙分成月亮以上與月亮以下兩部分。在月亮以下的部分，物體是由水、火、土、氣四種元素組成的 (**「四元素說」**)，它們都是會變化與腐朽的，並且以趨向宇宙靜止中心的地球作自然運動。月亮以上的部分，是屬於恆星與行星的世界，它們都是由**第五種元素**「以太」(ether) 組成的。第五種元素是永恆不朽的精華元素。更進一步，地球是宇宙的靜止中心，所有星球的「自然運動」是繞地球作周而復始的圓周運動。真是不朽的天空，星空燦爛，美如詩！

　　月亮恰好介於變化界與永恆界之間，分享著兩界的性質：一方面是「月有陰晴圓缺」的變化，另一方面是月亮作永恆的圓周運動。希臘的 "Physics"（物理）這個字，含有「自然」的意味。物體按照其自然本性作運動，就是物理學所要研究的對象。

在亞里斯多德的世界體系中，地球表面附近的物體，其自然運動是直線路徑。在天上（月亮以上），行星的自然運動是圓形路徑。換言之，**直線**與**圓**分別是地上物體與天上星球的自然運動之軌道，這恰好是對應歐氏幾何的尺規（直尺與圓規）所作出的圖形。

現在我們知道這些「理論」都是錯的，但還是值得我們來欣賞亞里斯多德的美妙想像力。愛因斯坦的話響起：

Imagination is more important than knowledge. For knowledge is limited, whereas imagination embraces the entire world, stimulating progress, giving birth to evolution.

（想像力比知識還重要。因為知識是有限的，而想像力是無窮的，它可以含納整個世界，激發進步，產生演化。）

【歷史註記】

從 Democritus 的原子論過渡到亞里斯多德的水火土氣之四元素說（東方是金木水火土），是一種倒退的發展。為什麼會發生這種倒退呢？由於畢氏學派採用幾何原子論的觀點來建立幾何學，他們假設：點是幾何的「原子」（不可再分割），具有一定的大小，於是任何兩線段皆可共度，一切幾何度量都可化成整數或整數的比值（即「有理數」）。但是，後來畢氏學派發現：單位正方形的對角線長 $\sqrt{2}$ 是無理數，不但震垮了畢氏學派的幾何學，也威脅到原子論。於是柏拉圖主張燒掉 Democritus 的所有著作，亞里斯多德改採四元素說來取代原子論。

❖ 丁、自由落體運動

在討論到自由落體的運動時，亞里斯多德觀察到：兩個物體由同一高度同時落下時，重者比輕者快到達地面。這是一種粗糙的定性描述。事實上，大家都觀察過羽毛、棉花、樹葉、石頭、⋯⋯等落地時，快慢不一的情形，很容易就可以得到亞里斯多德常識性的結論。更何況亞里斯多德所抱持的是「知識的誠實」態度：「把『是什麼』說成『是什麼』，把『不是什麼』說成『不是什麼』。」因此，他要「如實」地描述他所觀察到的現象。不過，這樣的研究方式卻也造成兩千年來無法突破大自然的運動秘密，因為真理藏在比常識還更深一層，必須對常識做精煉的工作才能發掘出來。

亞里斯多德雖然也承認所有物體在真空中會同時落下，但實際上他觀測到的卻是不同速落下，所以他認為這恰好構成「真空不存在」的證明。他說：「大自然憎惡真空」(Nature abhors vacuum)，並且以此來解釋「飛矢為何會前進」：因為當箭射出時，空氣馬上要填補箭所空出的位置，所以箭會不斷地被空氣推進。

世界上各民族在初民階段，都用想像力來編織神話故事，解釋各種觀察到的現象，從而得到瞭解與好奇心的滿足。這種利用神話來看待世界的辦法，稱為「神話觀」，這是人類知識發展的開端。而亞里斯多德的「有機目的觀」可以看作是「神話觀」的改進。雖然它有時離神話觀並不遠。這些都是早期人類認識自然、解釋自然的成績，同時也反映當時的文化知識水準，非常有趣。可是人類是理論的動物，光是觀察到現象是無法滿足的，還要更進一步探索現象背後的原因，於是產生了各種理論與學說，從簡陋逐漸進展到近代嚴謹的科學理論。

❖ 戊、對於無窮的思索

亞里斯多德在他的《物理學》一書中也探討「無窮」的性質，「不可分割」或「無窮小」的存在性，時間、空間、運動、幾何量等等連續量的可分割性，還有連續統之謎。他把無窮分成兩種：「潛在無窮」(potential infinity) 與「實在無窮」(actual infinity)。

它們都是微積分的種子。兩千多年來對這些基本概念的思索，已讓數學與物理學豐收！

7.4　等加速度運動

亞里斯多德之後，大約經過 1700 年，這其間對運動現象的研究幾乎沒有進展。一直要等到 14 世紀，對於等加速度運動才有所突破。

一個質點在一維直線上作運動，最簡單的是等速度運動，其次是等加速度運動，這兩者可以不用微積分來研究。但是對於一般的忽快忽慢之運動，那就非用微積分來研究不可。此處我們只探討前兩者。

❖ 甲、等速度運動

古希臘人只會等速度運動，對於其它的運動就無能為力。一個質點在一維直線上作等速度運動，若速度為 v_0，則在時段 $[0, t]$ 所走的距離為 $v_0 t$。若質點的出發點為 $s(0)$，則經過 t 時刻的位置為

$$s(t) = s(0) + v_0 t$$

只求時段 $[0, t]$ 所走的距離：取 $s(0) = 0$，就得到 $s(t) = v_0 t$。

習題 **1**

一部車子從甲地到乙地的平均速度是每小時 90 公里,再從乙地回到甲地的平均速度是每小時 110 公里。問車子來回於甲乙兩地的平均速度是多少?

🐾 乙、等加速度運動

　　接著考慮稍微複雜的一維等加速度運動。在 14 世紀上半葉,英國牛津大學的 Merton 學院,有一批學者研究等加速度運動,得到下面的重要結果:

│定理 1　平均速率定理, the mean speed theorem **├**

如果一個物體在時段 $[0, t]$ 中作等加速度運動,初速度為 v_0,末速度為 v_f,那麼此物體在時段 $[0, t]$ 中所走的距離就相當於以初速 v_0 與末速 v_f 的平均

$$v = \frac{1}{2}(v_0 + v_f)$$

當作速度作等速度運動所走的距離。換言之,等加速度運動所走的距離為

$$s = \overline{v}t = \frac{1}{2}(v_0 + v_f)t \tag{3}$$

📧 這個定理又叫做「Merton 規則」(the Merton rule) 或者「平均速率規則」(the mean speed rule)。

　　Merton 學院的學者用了一些「論述」來證明定理 1。在 1350 年代，巴黎的學者 Nicole Oresme（約 1323～1382）利用圖解法來證明這個定理，參見圖 7–1。

　　對於等加速度運動，Nicole Oresme 認為前半段速度之所慢，恰由後半段之所快彌補過來。從而，如圖 7–1，物體在時段 $[0, t]$ 所走的距離就是梯形陰影領域的面積，於是就得到(3)式。

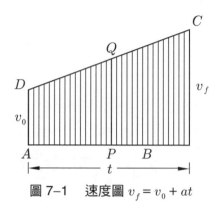

圖 7–1　速度圖 $v_f = v_0 + at$

習題 2

令等加速度運動的加速度為 a，請由(3)式推導出

$$s = v_0 t + \frac{1}{2} a t^2 \tag{4}$$

習題 3

採用微積分，由 $s''(t) = a$ 與 $s'(t) = v_0$ 推導出(4)式。

7.5　伽利略對運動的研究

根據現代科學哲學家孔恩 (T. Kuhn) 的觀點，每一位科學家都處在既有的科學「典範」(paradigm) 之下工作。典範是由當時科學社群所形成的一些共同接受的真理標準、信條與資訊環境。亞里斯多德的「舊物理」(old physics) 是一種典範，延續約兩千年，文藝復興之後，哥白尼與伽利略提出質疑，逐漸打破舊典範，直到牛頓提出「新物理」(new physics)，才建立新典範。

✿ 甲、地靜說與地動說

古希臘人就開始爭論「地靜說」與「地動說」。主張「地靜說」的人這樣論證：如果地球在動的話，可以算出每秒大約運動了 30 公里，那麼樹上的鳥兒看見地面有一條蟲，振翅飛下來吃，總要花個幾秒鐘，此時蟲已經隨著地球飛了上百公里，鳥兒根本吃不到蟲。但是我們都看見，鳥兒是吃到了蟲。

其次，手拿一個球讓它自由落下，如果地球在動的話，球不會掉在腳下。但是我們每次都看見，球就掉在腳下。

如果地球在動的話，在那麼高速飛行之下，地球上面的東西會「雞飛狗跳」，不得安身立命。但是事實並非如此！

因此，由比較符合感官經驗的地靜說獲得勝利，畢竟每個人的感覺都在訴說著：地球靜止不動呀！

地靜說主張：地球是靜止不動的，並且是宇宙的中心。進一步，它跟宗教結合：人是地球的中心，受到上帝特別的恩寵，眾星環繞著、朝拜著地球。這是多麼舒服的想法！要打破眾人的美夢，可要付出生命的代價。

　　兩千年後，波蘭天文學家哥白尼 (Copernicus，1473～1543) 主張「地動說」，並且著述論說，但是一直不敢公布（怕被釘在火刑柱燒死），等到 1543 年，在逝世之後才公布。從此，「地動說」逐漸佔上風，直到今天。

　　這個歷史事件給我們啟示：在日常生活，幾乎每個人都採取「眼見為憑」的原則，然而，「眼見不完全足憑」!

　　伽利略相信哥白尼的「地動說」，緊接著就是：如何安置動態的地球？這是伽利略必須做的工作。

　　物理學家費曼 (R. Feynman) 說：「科學就是懷疑專家是會有錯誤的。」因此才有「破舊立新」的契機。伽利略的偉大工作，就是先看出亞里斯多德關於自由落體運動與物體的運動機制之破綻，然後才立下他的自由落體定律與慣性定律。後者解決了動態地球上的安身立命問題。

❖ 乙、伽利略是如何「破舊立新」的呢？

　　事情是這樣的：當伽利略年輕時，有一天在比薩 (Pisa) 的教堂中，看到天花板上的吊燈隨風擺動。他注意到吊燈擺動的幅度雖然逐漸變小，但是週期卻依然不變。換言之，他發現到鐘擺的等時性（事實上只是近似等時而已）。他感到很驚奇，想查明真相，於是回家做實驗。他選用各種長度的絲線與各種重量的石塊作成擺錘，觀察其擺動，結果發現：週期 T 與絲線的長度 L 有關，但是與石塊的重量無關，並且有

$$T \propto \sqrt{L} \tag{5}$$

　　這使他警覺到：亞里斯多德所說的「自由落體，重者比輕者快到達地面」是錯誤的。伽利略的論證如下：單擺的運動只不過是自由落體下落時，受到絲線的束縛，偏離鉛垂掉落的方向，改沿著圓弧運動而已（參見圖 7–2）。今考慮輕的與重的兩石塊，繫在同樣長的絲線上，讓它們偏離同樣大的角度 θ，再放開手讓它們擺動。由於已知它們擺動到最低點 Q 所需的時間相等，所以當石塊不繫在絲線上時，同時從同樣的高度自由落下（即從 P 點落到 R 點），也應費去相同的時間。

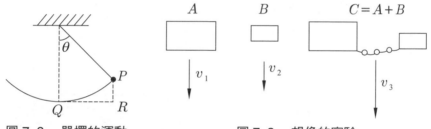

圖 7–2　　單擺的運動　　　　　　　圖 7–3　　想像的實驗

　　伽利略進一步利用邏輯，來論證亞里斯多德的錯誤：做一個「想像的實驗」(thought experiment)，考慮 A 與 B 兩塊石頭，假設 A 的重量大於 B。再考慮第三塊石頭，將 A 與 B 用「一條看不見的神絲」繫在一起，變成 $A+B$，叫做 C，參見圖 7–3。令 A，B，C 自由落下的速率分別為 v_1，v_2，v_3。如果亞里斯多德的說法成立的話，則

$$v_1 > v_2 > v_3 \tag{6}$$

　　另一方面，我們考察 $C = A + B$ 的運動速率。因為 A 會受到較慢的 B 之牽扯，所以 v_3 應比 v_1 稍小，而 B 受到較快的 A 拉引，故 v_3 應比 v_2 稍大。換言之，v_3 應介於 v_1 與 v_2 之間，亦即

$$v_1 > v_3 > v_2 \tag{7}$$

這就跟(6)式抵觸，因而產生矛盾。

為了說服亞里斯多德派的學者，據說伽利略爬上比薩斜塔，丟下一輕一重的兩個物體（參見圖 7–4 與圖 7–5）。說時遲那時快，兩物體同時著地（有一些科學史家否認伽利略作了此實驗）。總之，伽利略得到的結論是：

若不考慮空氣阻力，則任何兩物體，不論輕重，必以同速率落下。

在伽利略的手中，邏輯 (logic) 不但是推理的工具，而且也是思考的幫手，更是否定舊學說的利器。

圖 7–4　比薩斜塔的實驗　　　　圖 7–5　比薩斜塔

【歷史註記】

伽利略有「一條看不見的神絲」，讓他看出亞里斯多德的錯誤。將近一百年後，經濟學之父亞當史密 (Adam Smith，1723～1790) 提出：有「一隻看不見的手」(an invisible hand) 會調節經濟市場的運作。

❖ 丙、伽利略的新思想

有了「破舊」的工作，伽利略接著要做的是「立新」，這才是關鍵的所在。對於自由落體運動的研究，伽利略作了幾項重要的革新：

(i)抽象化與理想化

丟掉不相干的因素，例如：物體的質料、形狀、顏色、……等全都不考慮，而把自由落體看成是一個「質點」，並且只考慮質點的位置、速度、加速度、落距等這些可以定量地準確描述的物理量。

(ii)提倡數學是描述自然的最佳工具

伽利略提倡用數學來研究自然，他說：

> 偉大的自然之書 (book of nature) 永遠打開在我們的眼前，真正的哲學就寫在上面（古時候哲學是一切學問的總稱，物理學又叫做自然哲學）……。但是我們讀不懂它，除非我們先學會它所使用的語言與圖形……。它是用數學語言寫成的，所用的圖形則是三角形、圓和其他的幾何圖形。

他又說：

> 我真正開始瞭解到，雖然邏輯是推理的最好工具，但是從喚醒心靈、產生創造與發現的角度來看，它卻比不上幾何學的敏銳。

註 欣賞莎士比亞 (Shakespeare) 的一句名言：

In nature's infinite book of secrecy a little I can read.

（在大自然無窮秘密的天書裡我只讀得懂一點點。）

(iii)改問物體如何運動

亞里斯多德的旨趣，在於研究事物的本質、物體為何運動 (why

motion?），這些都屬「哲學性」的大問題，導致兩千年來對運動現象的研究沒有什麼進展。伽利略則揚棄對本質的追究，改提具體的小問題，研究物體如何運動 (how motion?)，而無限延展追究物體為何運動的難題，終於揭開運動的秘密。他以追求定量的定律代替追求「第一因」(the first cause)，他說：

一個不起眼的小發現，都比對一個偉大問題但無結果的論辯，還要有價值。

他還進一步斷言事物的「本質」(essence) 是無法知道的，科學只研究事物的性質 (property)，並且描述事件的發生。這意謂著，他要科學脫離哲學而獨立。總而言之，在科學研究中，提出好問題實在很重要。

這些革命性的思想，加上宣揚哥白尼的地動說，讓伽利略走上了「不歸路」，被宗教法庭宣判終生軟禁。

丁、伽利略的假說演繹法

在兩千多年前，其實 Democritus 就已經認識且猜測到：

在真空中任何物體皆以相同的速率落下來。

(All things in vacuum fall at the same speed.)

雖然他無法得到真空，但是他是對的。伽利略只是更嚴格給予證明而已。

因為凡是物體皆同速率落下，所以所有自由落體的運動才有「**共同的規律**」，從而能夠進一步去探討：這個規律是什麼呢？如何描述自由落體的運動？如何追尋自由落體定律？

　　假設 $s = s(t)$ 與 $v = v(t)$ 分別表示：自由落體由時刻 $t = 0$ 開始落下，在時刻 t 的落距與速度。顯然自由落體是越落越快，所以它的落速 $v(t)$ 是越來越大。伽利略對速度先後提出兩個「**大膽的假設**」，然後再「**小心的求證**」。在科學方法論上，這叫做「**假說演繹法**」(Hypothetico-Deductive Method)。

【假設 1】

假設落速與落距成正比：$v \propto s$，亦即 $v = \alpha s$，其中 α 為比例常數。

他馬上用一個很巧妙的論證，否定了這個假設。

【伽利略的論證】

如圖 7–6 所示，考慮兩塊石頭分別從 a 與 $2a$ 的高處落下。考慮映射 $x \to 2x$：

$$h : x \in [0, \ a] \to 2x \in [0, \ 2a]$$

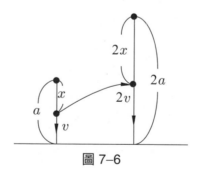

圖 7–6

這是從區間 $[0, a]$ 到 $[0, 2a]$ 之對射 (bijection)。根據假設可知，右邊的石頭落到 $2x$ 距離處的速度，兩倍於左邊石頭落到 x 距離處的速度。落距兩倍，就有兩倍速度，故兩塊石頭同時落地！這是荒謬的，因此 $v \propto s$ 是不通的。

【今日微積分的論證】

採用微積分的論證，我們必須作一些預備。首先是一個神奇的數

$$e = \lim_{n \to \infty} (1 + \frac{1}{n})^n = 1 + 1 + \frac{1}{2!} + \frac{1}{3!} + \cdots + \frac{1}{n!} + \cdots \doteq 2.71828$$

以 e 為底的指數函數 $f(x) = e^x$ 叫做自然指數函數，以 e 為底的對數函數 $g(x) = \log_e x$ 叫做自然對數函數。通常 $\log_e x$ 簡記為 $\ln x$。

┃補題┃ 微分公式

(i) $De^x = e^x$，這是「歷劫不變」公式。

(ii) $D \ln |x| = \frac{1}{x}$，$x \neq 0$。

我們要解微分方程：

$$\begin{cases} s'(t) = \alpha s(t) \\ s(0) = 0 \end{cases} \tag{8}$$

相信萊布尼茲的智慧，把導數看作是兩個無窮小的比值，由假設 $v = \alpha s$，即 $\frac{ds}{dt} = \alpha s$，兩邊同乘以 dt，得到 $ds = \alpha s \cdot dt$。物以類聚，兩邊同除以 s，就讓變數 s 與 t 分離，分別聚集在左右兩邊：

$$\frac{ds}{s} = \alpha dt。$$

作積分得到

$$\int \frac{ds}{s} = \alpha \int dt \text{ 或 } \ln |s| = \alpha t + c$$

其中 c 為任意實數，叫做不定積分常數。從而

$$|s| = e^{\alpha t + c} = e^{\alpha t} e^c \tag{9}$$

由自由落體的初期條件 $s(0) = 0$ 得到 $0 = e^{\alpha 0} e^c = e^c$，歐幾里得必會說，這是荒謬的，因為 $e^c > 0$。因此，假設 1 不成立。

註 由(9)式可得 $s(t) = \pm e^c e^{\alpha t}$，而顯然 $s(t) = 0$ 也是解答。統合起來就得到微分方程(8)的通解 (general solution) 公式

$$s(t) = k e^{\alpha t}$$

其中 k 為任意實數。

　　物理的理論無法用實驗「證明」，但是可以用實驗與邏輯「否證」(falsify)，這正是科學哲學家 Karl Popper (1902～1994) 的「否證論」(falsification theory) 之出發點。將無窮小 ds 與 dt 作獨立的使用，對於解微分方程非常有效！如果 $\dfrac{ds}{dt}$ 不能看作是無窮小 ds 除以無窮小 dt，而只能解釋為函數 s 被微分算子 $D \equiv \dfrac{d}{dt}$ 作用，那麼解微分方程就會自縛手腳。

【假設 2 】

假設自由落體的落速跟時間成正比：$v(t) \propto t$，比例常數為地球表面附近的重力加速度 $g = 9.8 \text{ m/sec}^2$。亦即假設 $v(t) = gt$。

　　為什麼不採用其他的假設呢？例如：$v \propto t^2$，$v \propto s^2$，$v \propto t^{\frac{3}{2}}$，…等。有這樣一個說法：伽利略相信大自然喜愛簡潔，而且簡潔就是美。因此，他採取簡潔的假設 $v(t) \propto t$。投石問路，錯了就再修正。

　　伽利略的問題就是要由假設 2，推導出比較容易掌握的落距函數 $s(t)$，然後再用實驗來檢驗。這在科學史上是一個「偉大的時刻」(a great moment)。

　　如圖 7-7 所示，先作出速度函數 $v(t) = gt$ 的圖形，即直線 AO，然後再作 $\triangle AOB$ 的中線 CD，則 $\triangle AOB$ 的面積等於矩形 $EDBO$ 的面積。自由落體在時段 $[0, t]$ 上的平均速度為

$$\bar{v} = \frac{1}{2}(v_0 + v_f) = \frac{1}{2}(0 + gt) = \frac{1}{2}gt$$

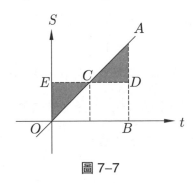

圖 7-7

接著伽利略勸誘 (persuades) 人們相信：以 $\bar{v}$ 作等速度運動，在時段 $[0, t]$ 內所行的距離 $s = \bar{v}t$（即矩形 $EDBO$ 的面積）就是自由落體所行的距離，亦即

$$s = \frac{1}{2}gt^2 \tag{10}$$

因為自由落體在前半段時間內速度之所少，由後半段之所多補足過來，故可用等速運動來取代。事實上，這就是「Merton 規則」。

|定理 2|

如果落速函數為 $v(t) = gt$ 則落距函數為 $s(t) = \frac{1}{2}gt^2$。

　　若要真正說清楚，必須用到微積分，而微積分在伽利略的時代還沒真正誕生。因此，他只好憑直覺論證，加上勸誘，而得到正確的結果。

【微積分的證明】

對 $\dfrac{ds}{dt} = v(t) = gt$ 作積分就得到 $s(t) = \displaystyle\int gt\,dt = \dfrac{1}{2}gt^2 + C$。再由初期

條件 $s(0) = 0$ 得到 $C = 0$。從而 $s(t) = \dfrac{1}{2}gt^2$。　　　　　　■

❖ 戊、用實驗作檢驗

　　伽利略的結論是：如果運動的速度跟時間成正比，則落距就跟時間的平方成正比。有了這個邏輯的結論，他進一步要問：$s(t) = \dfrac{1}{2}gt^2$ 符合大自然嗎？這只有訴諸實驗才能回答。大自然是物理理論的最終裁判者。

　　由於自由落體落得太快，很難掌握。為了緩衝這個速度，伽利略利用斜面的設計，將球從斜面上端滾下來，並且用「水漏」量時間（那時還沒有鐘錶），參見圖 7–8。

圖 7–8　　斜面的實驗

　　首先他任取一個時間單位，然後測量滾球在每個時間單位內所滾過的距離，他發現第一個、第二個、第三個、……時間單位所滾過的距離之比值為

$$1 : 3 : 5 : 7 \cdots,$$

這表示到第 n 時刻，球滾過的總距離跟

$$1 + 3 + 5 + \cdots + (2n+1) = n^2$$

成正比。換言之，在 t 時刻內，球滾過的距離跟 t^2 成正比。

接著伽利略讓斜面的傾斜角愈來愈大，即斜面愈來愈陡，做同樣的實驗，亦得到相同的結論。最後利用「想像的實驗」，讓傾斜角趨近於 90 度，此時球從斜面上滾下來就成為真正的自由落體，也就是說，伽利略將自由落體看成是斜面滾球的極限情形 (limiting case)。再根據連續性原理，斜面的情形成立的結論，對於自由落體也成立。因此，對上述定理 2 的結論，大自然說：yes! 於是落距函數 $s(t) = \dfrac{1}{2}gt^2$ 確立為物理定律，叫做 **自由落體定律** (the law of free fall)。

注意到，對於奇數列 1，3，5，7，…考慮其差分數列 2，2，2，…，這是一個常數列，所以自由落體為一個等加速度運動。

上述的研究過程與方法，就是所謂的「**假說演繹法**」，亦即大膽的提出假說，再推導出邏輯結論。如果結論是矛盾的話，就要拋棄假說（這叫歸謬法）；如果結論沒有矛盾，還必須用實驗加以檢驗。如果通過檢驗的話，假說就暫時成立，上升為一個可行的理論；如果跟實驗不符合，那麼假說就不能成立，必須放棄。

自由落體定律是想像力的成果，而絕不是由實驗數據經過內插法或外延法 (interpolation and extrapolation) 得來的，這是很清楚的一件事。

從錯誤中學習，踏著前人的失敗前進，才造成科學的進展。亞里斯多德的物理學，正是伽利略思考與批判的起點。S. Bochner 說得好：

古希臘產生了亞里斯多德的物理學，延續了大約兩千年之久。他所閃現的洞悟光芒以及對神秘的預期，甚至在今天都還引人入勝。那些責難亞里斯多德的人，應該告訴我們或自己：如果亞里斯多德的物理學沒有流傳下來，我們將會在哪裡？

這是持平之論。事實是因為後人將亞里斯多德的學說與宗教結合，所以才變成「獨斷教條」(dogma)，形成中世紀的千年黑暗時代。

❖ 己、伽利略的慣性定律

亞里斯多德認為：作用力的有無是物體的動與靜之分野，即有速度與靜止的分野。這個常識性的運動觀點是錯誤的。

經過大約兩千年，伽利略修正為：作用力的有無是物體運動為速度不恆常與恆常的區分。這才是運動的真正秘密，被伽利略發現了。

運動的秘密隱藏得比較深，不是亞里斯多德的「常識觀」所能捕捉得到。兩千年後，伽利略提出慣性定律來揭開運動現象的謎底：

$$沒有作用力時，物體的運動為恆常：$$
$$\vec{F} = 0 \Longleftrightarrow \vec{v} = 常向量 \Longleftrightarrow \vec{a} = 0。$$

伽利略破除亞里斯多德的錯誤理論，並且提出自己的新理論，就是慣性定律。其實，達文西與笛卡兒也都看出慣性定律。

【慣性定律】

物體不受外力作用時，靜者恆靜，動者恆作等速度直線運動。

　　慣性定律的出現，不但安頓了動態的地球，而且也標誌著現代物理的誕生。至於物體的運動為什麼會具有慣性的行為？套句物理學家費曼的講法：「沒有人知道，我們只能說大自然喜歡這樣。」

習題 4

在一隻狗的尾巴綁上一個炒菜鍋，然後讓狗跑步運動，問要如何才能不發出聲音？

❖ 庚、伽利略的成就與啟示

　　總結上述，伽利略的主要成就如下：首次開創假說演繹法；善用「想像實驗」；提倡用邏輯與定量的數學方法來研究運動現象；不盲從權威，發揮直接叩問自然的實驗精神；發現自由落體定律以及慣性定律，揭開運動之謎，安頓動態的地球；改問科學性的問題，而避開哲學性問題的泥潭；發明望遠鏡，為人類打開宇宙性的眼界。

　　此外，還可以做一個東方與西方的比較：大約在同一個時代，東方的王陽明 (1472～1528) 雖然也有一番「格物致知」的雄心壯志，但是在方法與研究對象上，都沒有走對方向。基本上，還是陷在「致良知」的哲學思辨之泥潭中，開創不出科學的新天地。相反地，伽利略則使

　　科學沿著伽利略的斜面，從天上滑落到人間。
　　(Science came down from Heaven to Earth on the inclined plane of Galileo.)

這是對伽利略所作的最美麗的讚揚。

　　大自然不顯露秘密，也不故意隱藏，但是她會透露出一些線索。伽利略由單擺的觀察、自由落體的研究以及斜面的實驗，這些最卑微之處入手，循著線索，對運動現象逐步尋幽探徑，終於開發出動力學的領域。比較起來，亞里斯多德偏向問哲學性的大問題，導致兩千年來都難於突破。這啟示我們：提對問題以及由簡易處切入的重要性。

註 老子說：「天下難事，必作於易。天下大事，必作於細。」可作為
　　迴響。

❖ 辛、伽利略的未竟之功

　　伽利略對自由落體運動的研究，得到自由落體定律，這幾乎使他來到了微積分的大門口，瞥見了微積分的影子，但是他沒有能力加以捕捉與定影。他只能利用巧妙的方法做出：

　　對速度函數 $v = gt$ 作「積分」就得到落距函數 $s = \dfrac{1}{2}gt^2$。

但是他缺少微分法的概念，所以無法看出反過來也成立：

　　對落距函數 $s = \dfrac{1}{2}gt^2$ 作「微分」就得到速度函數 $v = gt$。

這就是微分與積分的互逆性，伽利略當然無法看出這個重要結果。

　　另外，伽利略發現慣性定律，但他也沒有進一步推展到 $\vec{F} = m\vec{a}$ 的運動定律。這仍然是因為缺少微積分的緣故。

　　很快的，牛頓創立微積分與動力學，上述伽利略的未竟之功都由牛頓加以完成。有了微積分，自由落體定律的推導，只需一行就完畢了。在微積分初創，還沒有堅實基礎的情況下，自由落體運動的成功研究，反而變成是支持微積分的一個重要實例，被當作是生出微積分的一個胚芽。

7.6　牛頓的力學

牛頓說:

如果我看得比笛卡兒還要深遠，那是因為我站在許多巨人
的肩膀上。

(If I have seen farther than Descartes, it is by standing on the
shoulders of giants.)

伽利略當然是牛頓心目中的一位巨人。

❖ 甲、運動學與微積分

牛頓從研究費瑪的求極值過程中，抽取出微分法 D（牛頓的用
語是「流數法」）的概念。利用 D 的演算，再從伽利略自由落體的
研究中看到了微分與積分的互逆性:

例題 1　自由落體含有微積分的種子

微分操作: 對落距函數 $s = \frac{1}{2}gt^2$ 作微分就得到落速函數 $v = gt$。

$$Ds(t) = D(\frac{1}{2}gt^2) = gt = v(t)$$

積分（反微分）操作: 對 $v = gt$ 作積分就得到 $s = \frac{1}{2}gt^2$。

$$\int_0^t v(s)ds = \int_0^t gsds = \frac{1}{2}gt^2 = s(t)$$

微分與積分的互逆性:

$$D\int_0^t v(s)ds = D\frac{1}{2}gt^2 = gt = v(t)$$

圖解如下：

$$落距函數\ s = \frac{1}{2}gt^2 \xrightleftharpoons[\text{反求切問題（反微分）}]{\text{求切問題（微分）}} 落速函數\ v = gt$$

這對於一般的運動現象也成立，甚至對於一般的函數亦然！

例題 2

位置函數與速度函數具有微分與反微分的關係：

$$位置函數\ x(t) \xrightleftharpoons[\text{反求切問題（反微分）}]{\text{求切問題（微分）}} 速度函數\ v(t)$$

$$Dx(t) = v(t), \quad \int v(t)dt = x(t) + C$$

$$\int_a^b v(t)dt = x(b) - x(a)$$

難怪牛頓要強調說：

In mathematics, examples are more useful than rules.

（在數學中，例子比規則有用。）

因為一個好的例子往往已反映出一般規則。

❖ 乙、牛頓的動力學

慣性定律洞穿運動的秘密，它告訴我們，沒有作用力時運動保持「恆常」：

$$作用力\ \vec{F} = 0 \Leftrightarrow 速度\ \vec{v} = 常向量 \Leftrightarrow 加速度\ \vec{a} = 0。$$

在邏輯上，這等價於，有作用力時，運動就變成「非恆常」：

$$\vec{F} \neq 0 \Leftrightarrow \vec{v} \neq 常向量 \Leftrightarrow 加速度\ \vec{a} \neq 0。$$

接著，牛頓相信大自然崇尚簡潔，於是提出 $\vec{F}$ 與 $\vec{a}$ 成為正比例的關係，比例常數為物體的質量 m：

$$\vec{F} = m\vec{a}$$

這就是**牛頓第二運動定律**，它可以看作是慣性定律的推廣，也就是慣性定律是第二運動定律的特例。最後牛頓提出第三運動定律：作用與反作用定律。這是牛頓的獨創。

傳統的牛頓力學只有這三大運動定律。為了公理化的完全，我們又加上第四與第五運動定律。總結起來，合成五條運動定律，如下：

1. **第一運動定律，又叫做慣性定律：**

   物體不受外力作用時，靜者恆靜，動者恆作等速度直線運動。

2. **第二運動定律：** $\vec{F} = m\vec{a}$，亦即作用力等於質量乘以加速度。

3. **第三運動定律：** $\overrightarrow{F_{12}} = -\overrightarrow{F_{21}}$。

4. **第四運動定律：** 兩個作用力的合成，按照平行四邊形法則。

5. **第五運動定律：** 叫做「**絕對時間與絕對空間之公設**」(the postulate of absolute time and absolute space)。時間是一維的等速均勻流動，叫做「絕對時間」(absolute time)；空間是三維歐氏空間，叫做絕對空間。

丙、萬有引力定律

萬有引力定律也是牛頓的獨創成果。這是牛頓利用他首創的微積分工具，分析克卜勒的行星三大運動定律得到的。

【萬有引力定律】（1687 年）

宇宙間任何兩物體都存在有引力，其大小和兩物體的質量乘積成正比，和兩物體的距離平方成反比，用數學公式表示如下：

$$F = G\frac{Mm}{r^2}$$

反過來，利用微積分、力學三運動定律以及萬有引力定律，牛頓就可以算出星球運行的軌道，推導出克卜勒的行星三大運動定律，建構出他的世界系統 (the system of the world)，以及完成機械世界觀。他可以自豪地說：

Give me gravitational constant G and the law of gravitation, and I will measure the stars.

（給我萬有引力常數 G 與萬有引力定律，我就可以秤量星球。）

牛頓的墓誌銘描寫得好：

Who, by vigor of mind almost divine, the motions and figures of the planets, the paths of comets, and the tides of the seas first demonstrated.

（這裡躺著的人，他的心靈幾乎如神，首度推演出星球的運動與形狀，彗星的軌道，以及大海的潮汐。）

大自然到處都可以觀察到運動現象，但是要掌握住運動現象並不容易。從古希臘亞里斯多德的物理學，到 17 世紀伽利略、克卜勒與牛頓的新物理學之誕生，人類歷經兩千餘年的努力，才初步掌握住運動現象。一方面展現了人類叩問自然、解讀自然，逐漸進步的過程；另一方面也伴隨著數學（尤其是微積分）與文明的成長。

伽利略修正了亞里斯多德物理學的錯誤，並奠下自由落體定律與慣性定律這兩塊堅實的基石，為往後牛頓建立力學的三大運動定律、萬有引力定律與微積分鋪路。因此伽利略可說是扮演著由前科學 (prescience) 進步到科學 (science) 轉振點的關鍵性角色。他採用假說演繹法，配合數學的定量方法來研究運動現象，點燃了科學革命的火苗，因而被尊稱為「近代科學之父」。

伽利略探索自由落體運動的過程，將亞里斯多德「有機目的觀」的舊典範轉變成「機械力學觀」的新科學典範。這在科學史上是一段偉大的飛躍進展，在方法論上也深具啟發性，並且富有教育意義。

牛頓完成 17 世紀的科學革命，接著引發出 18 世紀的啟蒙運動，19 世紀的工業革命與政治革命，20 世紀的電腦資訊與生物革命。

最後我們引用愛因斯坦 (Albert Einstein，1879～1955) 與高斯 (Gauss) 的座右銘來作結尾：

To Newton, Nature was an open book, whose letters he could read without effort.

（對於牛頓來說，大自然是一本打開的書，他輕而易舉就讀懂。）

—愛因斯坦—

高斯的座右銘：

Thou, Nature, art my godness

To thy laws my service are bound.

大自然，妳是我的女神

我為妳的律法而獻身。

—Shakespeare, King Lear（李爾王）—

Tea Time

　　畢達哥拉斯小時候在愛琴海邊玩耍，偶然將奇數個小石子 (pebbles) 排為下面的正方形陣勢：

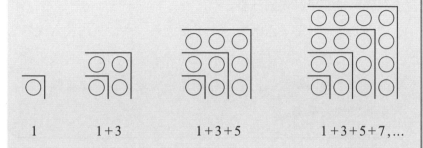

| 1 | 1+3 | 1+3+5 | 1+3+5+7,... |

經由這些特例的觀察，他發現了一般公式：

【**畢氏公式**】

對於任意的自然數 n，皆有 $1 + 3 + 5 + \cdots + (2n-1) = n^2$。

　　這是從「有限」飛躍到「無限」的數學創造。從幾個特例（有限）的觀察，就發現了一般規律（無限）。這個一般規律適用於無窮多的情況。

　　奇妙的是，伽利略研究自由落體的運動時，就使用這個公式，來幫忙他驗證自由落體定律。

　　大約經過兩千五百年之後，公理化機率論的創立者，俄國偉大的數學家 A. N. Kolmogorov（柯莫哥洛夫，1903～1987），在他所寫的〈**我如何成為一位數學家**〉的文章中說：「當我五或六歲時，觀察到如下的模式

$$1 = 1^2$$

$$1 + 3 = 4 = 2^2$$

$$1 + 3 + 5 = 9 = 3^2$$

$$1 + 3 + 5 + 7 = 16 = 4^2 \cdots 等,$$

讓我經歷了數學發現的狂喜。」

　　從此讓他一輩子跟數學結下不解之緣。一位五歲或六歲的小孩子,對數學的規律就有這麼強烈的感受,這是具有數學性向的證據。我們要強調,重新發現也是發現。數學處處都有讓人重新發現的契機。

第 8 章

托里切利對微積分的驚鴻一瞥

Because I longed
To comprehend the infinite
I drew a line
Between the known and unknown.
因為我渴望
去了解無窮
所以我畫一條直線
在已知和未知之間

——Bartlett Elizabeth（伯朗寧夫人，1806～1861）——

　　從古希臘時代到 17 世紀牛頓與萊布尼茲之前,微積分已經發展到相當程度, 到底還缺少什麼呢? 到底需要什麼條件, 微積分才算是真正誕生呢?

　　這就是: **看出微分與積分的互逆性,並且體認到它的重要性。**

8.1　整理已知的結果

　　在牛頓與萊布尼茲之前 (約在 1670 年) 已經有許多人利用各種巧妙辦法去計算一些個別的求面積問題, 例如費瑪已經知道:

$$\int_a^b x^n dx = \frac{1}{n+1}b^{n+1} - \frac{1}{n+1}a^{n+1}, \quad \int_0^b x^n dx = \frac{1}{n+1}b^{n+1}$$

也會計算一些求切線問題 (求切線斜率), 例如:

$$Dx^n = nx^{n-1} \text{ 或 } \frac{d}{dx}x^n = nx^{n-1}。$$

上述我們都用現代記號 $\int$ 與 $D \equiv \frac{d}{dx} \equiv \frac{d}{dt}$ 來表達。

🖐註　積分記號 $\int$ 與微分記號 dx, dy, $\frac{dy}{dx}$ 是萊布尼茲在 1686 年引進的, 由於適切方便, 所以後人樂於採用, 通行至今。$\int$ 是由拉丁字 summa (sum, 和) 的第一個字母 s, 稍微拉伸得到的, 表示一種特殊的求和之意。

8.2　兩條古老的線索

　　關於微分與積分的互逆性, 其實有兩個古老的線索, 那就是圓與球的周長、面積與體積公式之間的關係, 但是歷來的人都「習爲

不察」，主要是因為沒有微分的概念，所以就讓它們孤立地存在於歷史的長廊。

　　發現新定理、創立新理論是做數學最大的樂趣，將孤立的結果聯結起來當然也讓人樂在其中，這些都是「了悟之樂」，無上妙趣。

❖ 甲、圓的周長與面積

　　半徑為 r 的圓，它的圓周長為 $L(r) = 2\pi r$，作積分就可以得到圓的面積

$$A(r) = \int_0^r L(t)dt = \int_0^r 2\pi t dt = \pi r^2 \tag{1}$$

反過來，對圓的面積函數作微分就得到圓周長

$$\frac{d}{dr}A(r) = \frac{d}{dr}\pi r^2 = 2\pi r = L(r) \tag{2}$$

從而得到微分與積分的互逆性：

$$D\int_0^r L(t)dt = L(r) \tag{3}$$

上面的(1)式告訴我們，圓的面積 $A(r)$ 是由同心圓的周長 $2\pi t$ 對半徑 t 作累積（積分）而成的。

❖ 乙、球的表面積與體積

　　半徑為 r 的球，它的表面積為 $S(r) = 4\pi r^2$，作積分就得到球的體積

$$V(r) = \int_0^r S(t)dt = \int_0^r 4\pi t^2 dt = \frac{4}{3}\pi r^3 \tag{4}$$

反過來，對球的體積函數作微分就得到球的表面積

$$\frac{d}{dr}V(r) = \frac{d}{dr}(\frac{4}{3}\pi r^3) = 4\pi r^2 = S(r) \tag{5}$$

從而得到微分與積分的互逆性:

$$D\int_0^r S(t)dt = S(r) \tag{6}$$

上面的(4)式告訴我們,球的體積 $V(r)$ 是由同心球的表面積 $4\pi t^2$ 對半徑 t 作累積 (積分) 而成的。

8.3 托里切利的貢獻

上一章我們講述伽利略研究自由落體運動,由速度函數 $v(t) = gt$,以巧妙的手法推導出距離函數 $s(t) = \frac{1}{2}gt^2$,最後用實驗加以證實。$s(t) = \frac{1}{2}gt^2$ 就是今日教科書上所稱的**自由落體定律** (law of free fall)。然而,伽利略沒有「微分法」,當然更沒有看出「微分與積分的互逆性」。

看出「微分與積分的互逆性」的是伽利略的學生托里切利。

自由落體的速度函數為 $v(t) = gt$,經由積分就得到落距函數

$$s(t) = \int_0^t gu\,du = \frac{1}{2}gt^2 \tag{7}$$

另一方面,如果物體的落距函數為(7)式,經由微分就得到速度函數

$$v(t) = D(\frac{1}{2}gt^2) = gt \tag{8}$$

更進一步,一個質點在時刻 $t = 0$ 時開始運動,以速度函數 $v(t) = t^n$ 來進行,那麼在 $[0, t]$ 時段所走的距離為

$$y(t) = \int_0^t s^n\,ds = \frac{1}{n+1}t^{n+1} \tag{9}$$

這是求積問題,作積分的演算就得到(9)式的答案。

另一方面，如果質點在 $[0, t]$ 時段所走的距離為(9)式，那麼它的速度函數為

$$v(t) = \frac{d}{dt}(\frac{1}{n+1}t^{n+1}) = t^n \tag{10}$$

這是求切問題，作微分的演算就得到(10)式的答案。

一般而言，托里切利已經知道：

(ⅰ)一個運動物體所走的距離函數 $x(t)$ 可經由速度函數 $v(t)$ 的積分而得到，亦即 $x(t) = \int v(t)dt$。

(ⅱ)反過來，作曲線 $x(t)$ 的切線，又可復得 $v(t)$，亦即 $Dx(t) = v(t)$。

換言之，速度函數 $v(t)$ 的積分，再微分，又可復得速度函數 $v(t)$，這就是「微分與積分的互逆性」。用現代的記號來表現就是：

$$D\int v(t)dt = v(t) \tag{11}$$

當然，我們懷疑，他是否真正領悟這些關係式的重要意義與普遍性。

習題 1

考慮雙曲線 $y = \frac{1}{x}$，從 $x = 1$ 到 $x = \infty$ 的部分繞 x 軸旋轉，參見圖 8-1，試求旋轉體的體積。答：π。

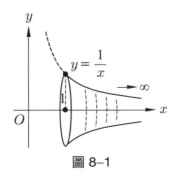

圖 8-1

註 托里切利在 1643 年解決這個問題。這是一塊無限延伸的立體領域，但卻具有有限的體積，在當時曾引起震驚。

習題 2

半徑為 a 的圓在一直線上滾動，圓周上一點 P 所產生的軌跡叫做擺線（又叫輪迴線），參見圖 8-2。它的一拱之參數方程式為

$$x = a(\theta - \sin \theta), \ y = a(1 - \cos \theta), \ \theta \in [0, 2\pi]$$

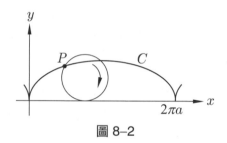

圖 8-2

(i) 試求一拱與 x 軸所圍成領域的面積。答：$3\pi a^2$，是滾圓面積的 3 倍。

(ii) 試求一拱的曲線長度。答：$8a$，為滾圓直徑的 4 倍。

註 擺線具有輝煌的歷史，牽涉到變分學的最速下降問題。(i) 是由托里切利在 1644 年解決的，叫做托里切利定理。(ii) 是由英國數學家、天文學家兼建築師 Christopher Wren 在 1658 年求得的，他設計了倫敦的聖保羅教堂 (St. Paul's Cathedral)。

Tea Time

托里切利是伽利略晚年的助手兼秘書。Marin Mersenne 稱讚他說：

To us, his incredible genius seems almost miraculous.

（對於我們來說，他的天才簡直有如奇蹟一般。）

托里切利是第一位提出正確大氣壓力概念，並且對真空有真實了解的人。他也發明氣壓計 (barometer)。他的大氣壓力實驗，粉碎了亞里斯多德兩千餘年來「大自然憎惡真空」(nature abhors a vacuum) 的理論。

第 *9* 章

巴羅瞥見了微積分學根本定理

A man is like a fraction whose numerator is what he is and whose denominator is what he thinks of himself. The larger the denominator the smaller the fraction.

（一個人就好像是一個分數，分子是他自己，分母是他想像的自己。當分母越大時，整個分數就越小。）

—Tolstory (1828～1920)—

　　看出「**微分與積分的互逆性**」是發明微積分的關鍵。在牛頓與萊布尼茲之前已經有一些人來到微積分的門口，對微積分的堂奧驚鴻一瞥。

　　在微積分的歷史上，第一位發現並且證明微分與積分的互逆性的人是巴羅，他是牛頓在劍橋大學的老師。起先巴羅是劍橋大學的希臘語教授，接著到倫敦大學當數學教授，最後又回到劍橋大學任教，並且在 1663 年被任命為劍橋大學的第一位 Lucas 講座的數學教授 (Lucasian Professor of Mathematics)。他在 1664～1665 年有一系列演講，牛頓幾乎可以確定是學生之一。在 1669 年，他推薦牛頓來接他的位子，因為他深深賞識牛頓的才華。巴羅把他的餘生用在神學的研究上面。他的數學工作主要是表現在 "Lectiones Geometricae" 一書（1670 年出版），講述時間、空間與運動的一般概念。這個講稿對微分與積分的理論作了有系統的探討，他採用的是當時主流的幾何形式與語言來論證，現在看起來就有點繁瑣了。

　　下面我們就來介紹巴羅在微積分方面的工作。

9.1　巴羅的解決求切問題

　　巴羅以費瑪的無窮小論證方式對代數曲線求切線，我們舉個例子，看看他如何求切線。

例題 1

求通過曲線 $y^2 = px$ 上一點 $P(x, y)$ 的切線。

解 以 $x + \varepsilon$ 代入 x，以 $y + \alpha$ 代入 y，展開得到

$$y^2 + 2\alpha y + \alpha^2 = px + p\varepsilon$$

利用 $y^2 = p\,x$ 的關係消去 y^2 與 px 項

$$2\alpha y + \alpha^2 = p\varepsilon$$

再消去 α 與 ε 的高次項

$$2\alpha y = p\varepsilon \text{ 或者 } \frac{\alpha}{\varepsilon} = \frac{p}{2y}$$

因為 $\dfrac{\alpha}{\varepsilon} = \dfrac{\overline{PM}}{\overline{NM}}$，所以 $\dfrac{\overline{PM}}{\overline{NM}} = \dfrac{p}{2y}$。已知 $\overline{PM} = y$，故可算出 $\overline{NM}$，從而求得 N 點，最後連結 P 與 N 兩點得到 $\overline{PN}$ 就是切線。參見圖 9–1。

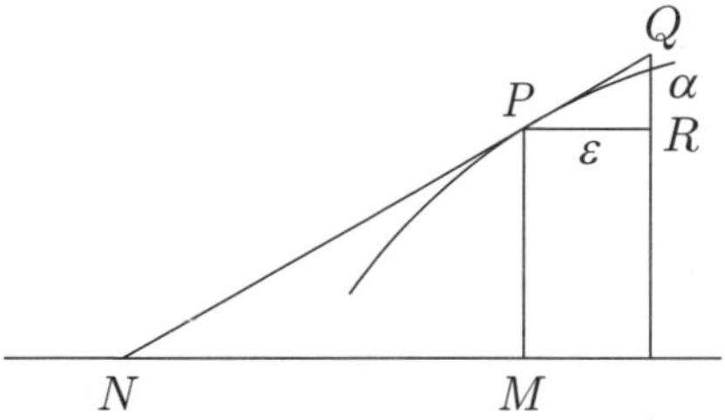

圖 9–1

註 在上述論證中，α 與 ε 都是「無窮小」。採用現代的微積分的記號就是 $\varepsilon = dx$，$a = dy$。本題是隱函數的微分，一行就算出來了：

對 x 作微分得到 $2y\dfrac{dy}{dx} = p$，於是 $\dfrac{\alpha}{\varepsilon} = \dfrac{dy}{dx} = \dfrac{p}{2y}$。

習題 1

假設 $(x_0,\ y_0)$ 為二次曲線 $ax^2 + 2bxy + cy^2 + dx + ey = f$ 上的一點，求過此點的切線方程式。

習題 2

求通過曲線 $3x^2y - 5xy^3 - 7x + 6y = 0$ 上一點 $P(x, y)$ 的切線斜率。

答：仿例題 1 的算法，可得切線斜率為 $\dfrac{\alpha}{\varepsilon} = \dfrac{-6xy + 5y^3 + 7}{3x^2 - 15xy^2 + 6}$

9.2　微分與積分的互逆性

　　在圖 9–2 中，假設 $y = f(x)$ 為一個遞增函數 $(OB < PG < DE)$，我們把 y 軸的正向畫向下，而向上是 z 軸的正向。令 $z = A(x)$ 表示曲線 $y = f(x)$ 在 x 軸的區間 $[0, x]$ 上所圍成領域的面積。在 x 軸上選取一點 $D(x_0, 0)$ 及一點 T 使得

$$\overline{DT} = \frac{\overline{DF}}{\overline{DE}} = \frac{A(x_0)}{f(x_0)}$$

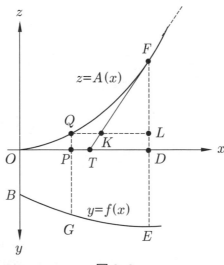

圖 9–2

　　以下巴羅證明：直線 TF 跟曲線 $z = A(x)$ 只交於一點 $F(x_0,\ A(x_0))$。這正是古希臘人對切線的定義。

　　首先注意到，直線 TF 的斜率為

$$\frac{\overline{DF}}{\overline{DT}} = \frac{A(x_0)}{A(x_0)/f(x_0)} = f(x_0)$$

> **定理 1**
>
> 直線 TF 只跟曲線 $z = A(x)$ 交於 $F(x_0,\ A(x_0))$ 這一點，從而 TF 是曲線 $z = A(x)$ 的切線，並且斜率為 $f(x_0)$。

證 在曲線 $z = A(x)$ 上任取一點 $Q(x_1,\ A(x_1))$，其中 $x_1 < x_0$。作水平直線 QL，跟直線 TF 相交於 K 點，參見圖 9–2。我們要證明：K 點位在 Q 點的右方。由 T 點的定義知

$$\frac{\overline{LF}}{\overline{LK}} = \frac{\overline{DF}}{\overline{DT}} = \overline{DE} = f(x_0)$$

於是 $\overline{LF} = \overline{LK} \times \overline{DE}$。因為 $A(x_0) - A(x_1)$ 表示曲線 $y = f(x)$ 在 $[x_1,\ x_0]$ 上所圍成的面積，並且 $f(x)$ 為一個遞增的函數，所以我們有

$$\overline{LF} = \overline{DF} - \overline{DL} = \overline{DF} - \overline{PQ} = A(x_0) - A(x_1) < \overline{DP} \times \overline{DE}$$

於是 $\overline{LK} \times \overline{DE} < \overline{DP} \times \overline{DE}$，從而 $\overline{LK} < \overline{DP} = \overline{LQ}$，這就證明了 K 點位在 Q 點的右方。對於 $x_1 > x_0$ 的情形，同理可證。

因此，直線 TF 只跟曲線 $z = A(x)$ 交於 $F(x_0,\ A(x_0))$ 這一點，故直線 TF 就是曲線 $z = A(x)$ 的切線。至此證畢。

我們採用現代的記號來說明上述的結果：

因為曲線 $z = A(x)$ 在 $F(x_0, A(x_0))$ 點的切線之斜率為 $A'(x_0)$，所以巴羅的結果就是：$A'(x_0) = f(x_0)$。又因為 $A(x) = \displaystyle\int_0^x f(t)dt$ 並且 x_0 是任取的一點，故我們可以將 $A'(x_0) = f(x_0)$ 更一般地表為：

定理 2　微分與積分的互逆性

$$D\int_0^x f(t)dt = f(x)$$

這是最早的關於微積分學根本定理的敘述。因此，巴羅已經看出微分與積分的互逆性的端倪。在當時，微積分可以說已經飄盪在空氣中，呼之欲出了。

巴羅的缺點是：沒有解析式的論述，也沒有發展出方便的系統性演算方法，他完全採用晦澀的幾何論證，更沒有認出定理的重要性。這些都是後來由他的學生牛頓做出來的。

值得注意的是，在那個時代歐氏幾何是數學的正宗主流，牛頓 1687 年的傑作《自然哲學的數學原理》也是採用幾何論述。

9.3　微積分黎明前的等待

現在遙望著微積分聖山，到底還差多遠的距離才攻頂成功呢？還有什麼工作沒有完成呢？歸結起來還有下列五個要點未完成：

1. 沒有看出微分與積分的互逆關係。

2. 對於這個關係的意義與重要性缺乏深刻的洞察。

3. 未認識到這個關係是普遍成立的。

4. 沒有看出「微分法 D」是解決一切析微與致積問題的關鍵。事實上，微分的正算 (D) 解決了求切問題、求極值問題以及一切變化之謎，而微分的逆算（即反微分 $D^{-1} \equiv \int$）解決了求積問題。

5. 缺少適當的記號與系統的演算以有效地統合這一切演算。

　　因此，費瑪、托里切利以及巴羅都不算發明微積分！不過萬事已俱備，只等待牛頓與萊布尼茲來完成攻頂，那就是解決上述五件事，從而創立微積分。微積分史上的偉大時刻就要來臨。

附錄　巴羅求 $\sec\theta$ 的積分

　　在繪製地圖時，出現了一個積分問題：求 $\int_0^\varnothing \sec\theta\, d\theta$。這個問題由巴羅解決，我們採用現代的記號來展示巴羅的解法，這是首度將一個分式分解為部分分式以解決問題。

例題 2

$$\int \sec\theta\, d\theta = \ln\left|\frac{1+\sin\theta}{\cos\theta}\right| + C = \ln|\sec\theta + \tan\theta| + C。$$

解 因為

$$\sec\theta = \frac{1}{\cos\theta} = \frac{\cos\theta}{\cos^2\theta} = \frac{\cos\theta}{1-\sin^2\theta}$$

$$= \frac{\cos\theta}{(1+\sin\theta)(1-\sin\theta)} = \frac{1}{2}\left(\frac{\cos\theta}{1+\sin\theta} + \frac{\cos\theta}{1-\sin\theta}\right)$$

所以

$$\int \sec\theta d\theta = \frac{1}{2}\int(\frac{\cos\theta}{1+\sin\theta}+\frac{\cos\theta}{1-\sin\theta})d\theta$$

$$= \frac{1}{2}\int\frac{\cos\theta}{1+\sin\theta}d\theta + \frac{1}{2}\int\frac{\cos\theta}{1-\sin\theta}d\theta$$

令 $u = 1+\sin\theta$，則 $du = \cos\theta d\theta$。於是

$$\int\frac{\cos\theta}{1+\sin\theta}d\theta = \int\frac{1}{u}du = \ln|u| + C_1 = \ln|1+\sin\theta| + C_1$$

再令 $u = 1-\sin\theta$，則 $du = -\cos\theta d\theta$。於是

$$\int\frac{\cos\theta}{1-\sin\theta}d\theta = -\int\frac{1}{u}du = -\ln|u| + C_2 = \ln|1-\sin\theta| + C_2$$

從而

$$\int\sec\theta d\theta = \frac{1}{2}(\ln|1+\sin\theta| - \ln|1-\sin\theta|) + C$$

$$= \frac{1}{2}\ln\left|\frac{1+\sin\theta}{1-\sin\theta}\right| + C = \frac{1}{2}\ln\left|\frac{(1+\sin\theta)^2}{\cos^2\theta}\right| + C$$

$$= \ln\left|\frac{1+\sin\theta}{\cos\theta}\right| + C = \ln|\sec\theta + \tan\theta| + C \qquad ■$$

🈺 本題也可以一行就算出來：

$$\int\sec\theta d\theta = \int\frac{d(\sec\theta + \tan\theta)}{\sec\theta + \tan\theta} = \ln|\sec\theta + \tan\theta| + C,$$

但是這樣會像魔術師突然從帽子裡抓出小白兔一樣。另外，也可以作三角變數代換：令 $t = \tan\dfrac{\theta}{2}$，則 $\sin\theta = \dfrac{2t}{1+t^2}$，$\cos\theta = \dfrac{1-t^2}{1+t^2}$

例題 3

假設 $\dfrac{-\pi}{2} < \phi < \dfrac{\pi}{2}$，則 $\displaystyle\int_0^\phi \sec\theta\, d\theta = \ln\tan(\dfrac{\pi}{4} + \dfrac{\phi}{2})$。

解 利用二倍角公式

$$\frac{1 + \sin\theta}{\cos\theta} = \frac{1 + 2\sin(\dfrac{\theta}{2})\cos(\dfrac{\theta}{2})}{\cos^2(\dfrac{\theta}{2}) - \sin^2(\dfrac{\theta}{2})}$$

$$= \frac{(\cos\dfrac{\theta}{2} + \sin\dfrac{\theta}{2})^2}{(\cos\dfrac{\theta}{2} + \sin\dfrac{\theta}{2})(\cos\dfrac{\theta}{2} - \sin\dfrac{\theta}{2})}$$

$$= \frac{\cos\dfrac{\theta}{2} + \sin\dfrac{\theta}{2}}{\cos\dfrac{\theta}{2} - \sin\dfrac{\theta}{2}} = \frac{1 + \tan\dfrac{\theta}{2}}{1 - \tan\dfrac{\theta}{2}} = \tan(\dfrac{\pi}{4} + \dfrac{\theta}{2})$$

於是

$$\int_0^\phi \sec\theta\, d\theta = \ln\left|\tan(\dfrac{\pi}{4} + \dfrac{\phi}{2})\right| - \ln\tan\dfrac{\pi}{4}\text{。}$$

因為 $\ln\tan\dfrac{\pi}{4} = \ln 1 = 0$ 並且 $\tan(\dfrac{\pi}{4} + \dfrac{\theta}{2})$ 為正數，所以

$$\int_0^\phi \sec\theta\, d\theta = \ln\tan(\dfrac{\pi}{4} + \dfrac{\phi}{2})$$

Tea Time

有人問牛頓什麼是詩？牛頓回答道：我可以告訴你，我的老師巴羅對詩的看法。他說：

Poetry was a kind of ingenious nonsense.

巴羅細讀過 Milton 的 Paradise Lost（失樂園）後，評論說：

The author had proved nothing.

物理學家 Dirac 評論詩說：

In science you want to say something that nobody knew before, in words which everyone can understand. In poetry you are bound to say...something that everybody knows already in words that nobody can understand.

巴羅編寫的歐氏幾何，牛頓的註解本在 1920 年拍賣了 5 先令，不久該書出現於拍賣商的目錄上，標價是 500 英鎊。

劍橋大學 Cavendish Lab 的入門標語：

The work of the Lord are great sought out of all them that have pleasure therein.

（造物者的傑作鬼斧神工，把它們追尋出來，樂在其中。）

第 10 章

牛頓如何發現微積分?

In mathematics, examples are more useful than rules.
（在數學中，例子比規則有用。）

If I have seen farther than Descartes, it is by standing on the shoulders of giants.
（如果我看得比笛卡兒還要深遠，那是因為我站在許多巨人的肩膀上。）

—牛頓—

現代數學與科學起源於古希臘，一路發展下來，有三條道路：

1. **數學：** Archimedes → Descartes，Fermat → Pascal → Newton

2. **天文學：** Aristotle → Copernicus → Kepler → Newton

3. **力學：** Aristotle → Galileo → Huygens → Newton

對於這三者牛頓都是總其大成：在數學中他發明**微積分**，在天文學中他發現**萬有引力定律**，在力學中他創立**牛頓力學**（三大運動定律）。

牛頓還發展了**光學**，用三稜鏡將白光分解成七色彩虹，提出「光的粒子說」（惠更斯則是提出「光的波動說」）。首次出現光具有「波粒二象性」。

牛頓與萊布尼茲獨立發明微積分：發現微分法 D，看出微分與積分的互逆性，給出演算系統，一舉解決求積與求切這兩類問題。

10.1　二項式定理

牛頓將二項式定理推廣，這是他的第一個數學成就。它一路上幫忙牛頓探求微分與計算積分，從而發展出微積分。二項級數跟多項式一樣，求算微分與積分時，都可以逐項操作。牛頓很幸運，一出道就遇到這麼好的函數。

牛頓為了躲避在歐洲流行的瘟疫（鼠疫，黑死病），在 1665 年的冬天回鄉下老家，直到 1667 年才返回劍橋大學。這段期間是牛頓 22 至 24 歲的時候，正是一生中創造力的最高峰。牛頓在老家讀 Wallis 的書《無窮的算術》（The Arithmetic of Infinites，1655 年），模仿 Wallis 的插值法，發現了一般的二項式定理。

大家都熟知古老的二項式定理（有限項）：

$$(1+x)^n = 1 + C_1^n x + \cdots + C_k^n x^k + \cdots + C_n^n x^n, \quad \forall n \in \mathbb{N}$$

其中組合係數 $C_k^n = \dfrac{n(n-1)\cdots(n-k+1)}{k!}$。牛頓將它推廣到 $(1+x)^{\frac{m}{n}}$ 的展開公式（無限項），叫做**二項級數**，這是一種特殊的冪級數 (power series)，成為往後牛頓的微積分之基礎！

定理 1　推廣的二項式定理，1664–1665 年的冬天發現

假設 m 與 n 為任意整數，且 $n \neq 0$，令 $\alpha = \dfrac{m}{n}$，則函數 $(1+x)^\alpha$ 可以展開為二項級數：

$$(1+x)^\alpha = \sum_{k=0}^{\infty} C_k^\alpha x^k \tag{1}$$

其中 $C_k^\alpha = \dfrac{\alpha(\alpha-1)\cdots(\alpha-k+1)}{k!}$ 在形式上完全跟組合係數相同。

📌 今日我們利用 Taylor 展開，可以證明**廣義的二項式定理**：

對任意實數 $\alpha \in \mathbb{R}$，在 $|x| < 1$ 的範圍，(1)式成立，二項級數收斂到 $(1+x)^\alpha$。

例題 1

求 $\sqrt{c^2 + x^2}$ 的二項級數展開。

解 $\sqrt{c^2 + x^2} = (c^2 + x^2)^{\frac{1}{2}} = c\left(\dfrac{1+x^2}{c^2}\right)^{\frac{1}{2}}$

$$= c + \frac{x^2}{2c} - \frac{x^4}{8c^3} + \frac{x^6}{16c^5} - \frac{5x^8}{128c^7} + \cdots$$

例題 2

求 $\dfrac{1}{\sqrt{1-x^2}}$ 的二項級數展開。

解 因為 $\dfrac{1}{\sqrt{1-x^2}} = (1-x^2)^{-\frac{1}{2}}$，所以在(1)式中令 $\alpha = -\dfrac{1}{2}$ 並且用 $-x^2$

代替(1)式之 x 就得到

$$\dfrac{1}{\sqrt{1-x^2}} = (1-x^2)^{-\frac{1}{2}} = 1 + (-\dfrac{1}{2})(-x^2) + \dfrac{(-\dfrac{1}{2})(-\dfrac{3}{2})}{2\times 1}(-x^2)^2$$

$$+\dfrac{(-\dfrac{1}{2})(-\dfrac{3}{2})(-\dfrac{5}{2})}{3\times 2\times 1}(-x^2)^3$$

$$+\dfrac{(-\dfrac{1}{2})(-\dfrac{3}{2})(-\dfrac{5}{2})(-\dfrac{7}{2})}{4\times 3\times 2\times 1}(-x^2)^4 + \cdots$$

整理後得到

$$\dfrac{1}{\sqrt{1-x^2}} = 1 + \dfrac{1}{2}x^2 + \dfrac{3}{8}x^4 + \dfrac{5}{16}x^6 + \dfrac{35}{128}x^8 + \cdots \qquad (2)$$

10.2　牛頓的流數法

　　牛頓研讀費瑪求極值的著作，精煉出讓微積分大放光明的**流數法** (method of fluxions) $D = \dfrac{d}{dt}$，即是今日的**微分法**。進一步看出，將質點的運動路徑 $x = x(t)$ 作微分，就得到質點的速度 $\dot{x} = \dfrac{dx}{dt}$。微分法是一把鋒利無比的寶劍，它是兩面刃（D 與 D^{-1}，正算與逆算），削金斬泥。牛頓由**運動學**切入他的**流數法**。首先要了解 D 的操作方法。

❖ 甲、流數法

考慮一個質點在直線上作運動，它的路徑為 $x = x(t)$，其中 $x(t)$ 表示 t 時刻質點的位置。把 x 想像成流動的數，簡稱為「**流數**」(fluent)。其次，$\dot{x} = \dot{x}(t)$ 表示質點運動的速度，叫做「**流率**」(fluxions)。

牛頓流數法的兩個基本問題：

(i)**微分問題：** 給流數 x 求流率 $\dot{x}$。

(ii)**積分問題：** 給流率 $\dot{x}$ 求流數 x。

例題3 自由落體運動

積分問題： 伽利略不會微積分，所以採用其它方法，由流率（速度函數）$v = gt$，推導出流數（落距函數）$s = \dfrac{1}{2}gt^2$。事實上，若是採用積分技術，一行就算出來：

$$s(t) = \int_0^t v(s)ds = \int_0^t gsds = \frac{1}{2}gt^2。$$

微分問題： 由落距函數 $s = \dfrac{1}{2}gt^2$ 求速度函數 $\dot{s} = v = gt$。

$$\dot{s} = \frac{ds(t)}{dt} = \frac{s(t+dt) - s(t)}{dt} = \frac{\dfrac{1}{2}g(t+dt)^2 - \dfrac{1}{2}gt^2}{dt}$$

$$= \frac{1}{2}g\frac{t^2 + 2tdt + (dt)^2 - t^2}{dt} = \frac{1}{2}g(2t + dt)$$

$$= gt + \frac{1}{2}gdt = gt = v(t)$$

註 牛頓採用 o 的記號來表示無窮小 dt，表達不等於 0 又等於 0 的概念。

❖ 乙、求切問題

　　另一方面，這也可以解決「**求切線問題**」。考慮平面曲線 $g(x, y)$ $= 0$，牛頓欲求其上一點的切線斜率。他把曲線看作是一個質點作**連續的運動** (continuous motion) 所產生的路徑，並且這個運動是由兩個坐標「流數」$x = x(t)$ 與 $y = y(t)$ 合併而成的，參見圖 10–1。它們的速度（「流率」）為

$$\dot{x} = \frac{dx}{dt} \text{ 與 } \dot{y} = \frac{dy}{dt}$$

於是**切線斜率**為（參見圖 10–2）

$$Dy = \frac{dy}{dx} = \frac{\dot{y}}{\dot{x}}$$

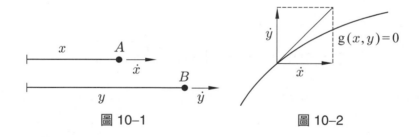

圖 10–1　　　　　　　　圖 10–2

例題 4

考慮笛卡兒的葉形線 (folium) $g(x, y) = x^3 + y^3 - 3xy = 0$，這是一條代數曲線，求其上一點的切線斜率 $\dfrac{\dot{y}}{\dot{x}}$。

解　（方法 1）**牛頓的做法**

　　考慮曲線上無窮地靠近的兩點 (x, y) 與 $(x + \dot{x}o, y + \dot{y}o)$，於是

$$g(x, y) = 0 \text{ 並且 } g(x + \dot{x}o, y + \dot{y}o) = 0$$

展開後者得到

$$(x + \dot{x}o)^3 + (y + \dot{y}o)^3 - 3(x + \dot{x}o)(y + \dot{y}o) = 0$$

消去 $g(x, y) = x^3 + y^3 - 3xy = 0$ 與高階無窮小, 得到

$$3x^2\dot{x}o + 3y^2\dot{y}o - 3x\dot{y}o - 3y\dot{x}o = 0$$

除以 o 得到

$$3x^2\dot{x} + 3y^2\dot{y} - 3x\dot{y} - 3y\dot{x} = 0$$

$$(3x^2 - 3y)\dot{x} + (3y^2 - 3x)\dot{y} = 0$$

求得切線斜率為

$$\frac{dy}{dx} = \frac{\dot{y}}{\dot{x}} = \frac{-(3x^2 - 3y)}{3y^2 - 3x} \tag{3}$$

🈯採用現代觀點來看, 牛頓的記號 o 表示「剎那」或「瞬間」

(moment), 即為無窮小量 dt, 從而 $\dot{x}o = \dfrac{dx}{dt}dt = dx, \dot{y}o = \dfrac{dy}{dt}dt = dy$。

(方法 2) 現代的做法: 採用隱函數的微分法

將 y 看作 x 的函數 (至少局部地), 將 $x^3 + y^3 - 3xy = 0$ 對 x 微分

$$3x^2 + 3y^2\frac{dy}{dx} - 3y - 3x\frac{dy}{dx} = 0$$

於是得到

$$\frac{dy}{dx} = \frac{-(3x^2 - 3y)}{3y^2 - 3x}$$

事實上, (3)式可以利用偏微分的記號寫成下列形式:

$$\frac{dy}{dx} = \frac{\dot{y}}{\dot{x}} = \frac{-\partial g/\partial x}{\partial g/\partial y}$$

而此式對於一般的曲線 $g(x, y) = 0$ 也成立, 不必限於代數曲線。

習題 1

考慮圓 $x^2 + y^2 = a^2$，求通過其上一點 (x, y) 的切線斜率。

習題 2

考慮函數 $y = x^n$，證明其切線斜率為 $\dfrac{dy}{dx} = \dfrac{\dot{y}}{\dot{x}} = nx^{n-1}$。

提示：將 $y = x^n$ 記成 $g(x, y) = y - x^n = 0$，然後利用牛頓的做法。

10.3 連鎖規則

　　微分法中最重要的公式是連鎖規則，這是合成函數的微分公式，牛頓已掌握住這個公式。我們舉一個例子來看他如何計算。

例題 5

設 $y = (1 + x^n)^{\frac{3}{2}}$，求切線斜率 $\dfrac{dy}{dx} = \dfrac{\dot{y}}{\dot{x}}$。

解 牛頓引進新的變數 $u = 1 + x^n$，得到流率

$$\dot{u} = nx^{n-1}\dot{x} \tag{4}$$

今由 $y^2 = u^3$ 得到

$$2y\dot{y} = 3u^2\dot{u} \tag{5}$$

再根據(4)與(5)式就得到

$$\frac{dy}{dx} = \frac{\dot{y}}{\dot{x}} = \frac{\dot{y}/\dot{u}}{\dot{x}/\dot{u}} = \frac{3u^2/2y}{1/nx^{n-1}}$$

$$= \frac{3nx^{n-1}(1 + x^n)^2}{2(1 + x^n)^{\frac{3}{2}}} = \frac{3}{2}nx^{n-1}\sqrt{1 + x^n}$$

習題 3

設 $f(x)$ 為一個多項函數，考慮 $y = [f(x)]^{\frac{m}{n}}$，求 $\dfrac{dy}{dx} = \dfrac{\dot{y}}{\dot{x}}$。

10.4 積分的三條規則

　　關於積分的計算，牛頓在 1669 年已經得到下面三條規則，即三個積分方法。

　　【**規則 1**】簡單曲線的積分：若曲線 $AD\delta$ 為 $y = ax^{\frac{m}{n}}$，其中 a 為常數，m 與 n 為正整數，則領域 ABD 的面積為 $\dfrac{an}{m+n}x^{\frac{(m+n)}{n}}$，見圖 10–3。

註 用現代的術語來說：$A = (0，0)$，$B = (x，0)$，曲線 $AD\delta$ 為 $y = ax^{\frac{m}{n}}$，那麼規則 1 就是積分公式

$$\int_0^x at^{\frac{m}{n}}dt = \frac{a}{(\frac{m}{n})+1}x^{(\frac{m}{n})+1} = \frac{an}{m+n}x^{\frac{(m+n)}{n}}$$

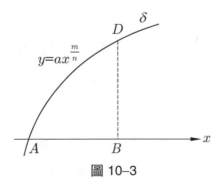

圖 10–3

【規則 2 】由簡單曲線所合成的曲線之積分：假設 $y = f(x)$ 與 $y = g(x)$ 為如規則 1 之簡單曲線，α 與 β 為常數，則有

$$\int_a^b [\alpha f(x) + \beta g(x)]dx = \alpha \int_a^b f(x)dx + \beta \int_a^b g(x)dx$$

【規則 3 】所有其它曲線之積分：若曲線更為複雜，那麼先展開為無窮級數，再按照規則 1 逐項積分，最後把結果全部加起來。

欲證明規則 1 牛頓先證明微分與積分的互逆性。

補題 1

$$D \int_0^x at^{\frac{m}{n}} dt = ax^{\frac{m}{n}}。$$

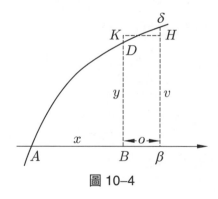

圖 10–4

牛頓的證明：

在 x 軸上，令 β 為 B 附近的點，$B\beta$ 為微小量，記為 o，於是 $A\beta$ 的長度為 $x + o$。再令 $z(x)$ 為 ABD 的面積，因此 $z(x + o)$ 表示曲線下

$A\delta\beta$ 的面積。其次，引入長方形 $B\beta HK$，高為 $v = BK = \beta H$，使得它的面積恰為曲線下 $BD\delta\beta$ 的面積。換言之，$BD\delta\beta$ 的面積為 $o \times v$。從而，$A\delta\beta$ 的面積等於 $z(x) + o \times v$。

接著牛頓說：「從假設的 x 與 z 的關係，我要來探求 y。」他注意到，當 x 的增量為 o 時，面積的增量為 $o \times v$，除以 o，等於 v。但是因為我們可以想像「$B\beta$ 為無窮小，亦即可令 o 為零，從而 $v = y$。」因此，面積的增加率等於縱坐標 y。

現代的證法：

記號 $z(x) = \int_0^x at^{\frac{m}{n}}dt$ 為 ABD 的面積，橫坐標從 x 變化至 $x + \Delta x$，面積的相應變化量為

$$\Delta z = z(x + o) - z(x) = \int_0^{x+\Delta x} at^{\frac{m}{n}}dt - \int_0^x at^{\frac{m}{n}}dt = (\Delta x) \cdot v$$

兩邊除以 Δx 再取極限，令 Δx 趨近於 0，就得到

$$D\int_0^x at^{\frac{m}{n}}dt = \lim_{\Delta x \to 0}\frac{\Delta z}{\Delta x} = \lim_{\Delta x \to 0} v = y = ax^{\frac{m}{n}}$$

註 矩形 $B\beta HK$ 的面積等於曲線下 $B\beta\delta D$ 的面積就是下面的定理：

定理 2　積分的均值定理

假設函數 f 在閉區間 $[a, b]$ 上連續，則存在 $c \in (a, b)$ 使得

$$\int_a^b f(x)dx = f(c)(b - a)$$

補題 2

$$D(\frac{an}{m+n}x^{\frac{(m+n)}{n}}) = ax^{\frac{m}{n}}。$$

牛頓的證明：

令 $z(x) = \dfrac{an}{m+n}x^{\frac{(m+n)}{n}}$，欲求 z 的變化率。為簡便起見，令 $c = \dfrac{an}{(m+n)}$

且 $p = m+n$，於是 $z(x) = cx^{\frac{p}{n}}$ 並且

$$[z(x)]^n = c^n x^p \tag{6}$$

今 $z(x+o)$ 為 $A\delta\beta$ 的面積，它可分割為 ABD 與 $B\beta\delta D$ 的面積之和。如前所述，後者的面積為長方形 $B\beta HK$ 的面積 $o \times v$。因此，$z(x+o) = z(x) + o \times v$。代入(6)式得到

$$[z(x) + o \times v]^n = [z(x+o)]^n = c^n(x+o)^p$$

由二項式定理，得到

$$[z(x)]^n + n[z(x)]^{n-1}(o \times v) + \frac{n(n-1)}{2}[z(x)]^{n-2}(o \times v)^2 + \cdots$$

$$= c^n x^p + c^n p x^{p-1} o + c^n \frac{p(p-1)}{2} x^{p-2} o^2 + \cdots$$

利用(6)式且兩邊同除以 o，得到

$$n[z(x)]^{n-1}v + \frac{n(n-1)}{2}[z(x)]^{n-2}(o \times v)^2 + \cdots$$

$$= c^n p x^{p-1} + c^n \frac{p(p-1)}{2} x^{p-2} o + \cdots$$

此時牛頓說：「想像 o 為無窮小，故含 o 的項皆可棄掉，並且 v 也等於 y。」於是就得到

$$n[z(x)]^{n-1}y = c^n p x^{p-1} \tag{7}$$

代入 $z(x)$，c 以及 p，解得

$$y = \frac{c^n p x^{p-1}}{n[z(x)]^{n-1}} = \frac{[\frac{an}{m+n}]^n (m+n) x^{m+n-1}}{n[\frac{an}{m+n} x^{\frac{(m+n)}{n}}]^{n-1}} = ax^{\frac{m}{n}}$$ ∎

註 在今日，微分公式 $D(\frac{an}{m+n} x^{\frac{(m+n)}{n}}) = ax^{\frac{m}{n}}$ 只是基本規則，並且推導簡易，但對於原創者來說卻是不容易。通常原創者的做法都很繁瑣，後人加以簡化。

結論是：$\int_0^x at^{\frac{m}{n}} dt$ 與 $\frac{an}{m+n} x^{\frac{(m+n)}{n}}$ 的微分相等，都是 $ax^{\frac{m}{n}}$。因此，它們只差個常數（見下面定理 3），顯然這個常數為 0，故 $\int_0^x at^{\frac{m}{n}} dt = \frac{an}{m+n} x^{\frac{(m+n)}{n}}$，這樣牛頓就證明了規則 1。

┃定理 3　微分方程根本補題┃

假設 F 與 G 為兩個函數。如果 $DF(x) = DG(x)$，$\forall x \in [a, b]$，那麼就有 $F(x) = G(x) + C$，$\forall x \in [a, b]$，其中 C 為一個常數。

採用運動學的解釋就明白：兩個質點在直線上運動，F 與 G 分別是它們的位置函數，$DF(x)$ 與 $DG(x)$ 是速度函數，x 解釋為時間。於是 $DF(x) = DG(x)$ 就表示這兩個質點在任何時刻的速度都相同，那麼它們的位置差別只是出發點不同而已，亦即差個常數。

對牛頓來說，規則 2 是顯然的。我們用一個例子來說明規則 3。

例題 6

求積分 $\int_0^x \dfrac{1}{\sqrt{1-t^2}}dt$。

解 利用二項式定理作展開（即(2)式）

$$\frac{1}{\sqrt{1-t^2}} = 1 + \frac{1}{2}t^2 + \frac{3}{8}t^4 + \frac{5}{16}t^6 + \frac{35}{128}t^8 + \cdots$$

兩邊逐項積分就得到

$$\int_0^x \frac{1}{\sqrt{1-t^2}}dt = x + \frac{1}{6}x^3 + \frac{3}{40}x^5 + \frac{5}{112}x^7 + \frac{35}{1152}x^9 + \cdots \tag{8}$$

註 牛頓還證明：(8)式就是反正弦函數 $\sin^{-1} x$ 的級數展開式。

10.5 微積分學根本定理

在上一節中，我們看到牛頓用微分法 D 對各種函數，計算「流率」（導函數），以試驗流數法（微分法）的威力，其實他已經發現了微積分學根本定理。

微積分學根本定理含有兩部分：微分與積分操作的互逆性以及求算積分的 N-L 公式。這被公認為是歐洲思想的里程碑之一。

♣ 甲、微分與積分的互逆性

牛頓說：「在數學中，例子比規則有用。」我們先來觀察兩個例子。

例題 7　自由落體透露的線索

對於自由落體的落速函數 $v = gt$ 作積分，就得到落距函數

$$\int_0^t v(s)ds = \int_0^t gsds = \frac{1}{2}gt^2 = S(t)$$

反過來，對於落距函數 $S = \frac{1}{2}gt^2$ 作微分，就得到落速函數：

$$DS(t) = D(\frac{1}{2}gt^2) = gt$$

這顯示出落距函數與落速函數之間具有密切關係：

$$落距函數 \overset{微分}{\underset{積分}{\rightleftharpoons}} 落速函數$$

例題 8　費瑪積分公式透露的線索

費瑪對於函數 $f(x) = x^n$ 在 $[0，x]$ 上作積分，得到

$$\int_0^x t^n dx = \frac{x^{n+1}}{n+1} \equiv F(x)$$

反過來，對於函數 $F(x) = \dfrac{x^{n+1}}{n+1}$ 作微分，就得到 $DF(x) = x^n = f(x)$。

這也顯示出函數 $F(x)$ 與 $f(x)$ 之間具有密切關係：

$$F(x) = \frac{x^{n+1}}{n+1} \overset{微分}{\underset{積分}{\rightleftharpoons}} f(x) = x^n$$

　　數學家通常都是「**聞一知無窮**」的，由少數幾個特例就飛躍到一般結論，含納無窮多的情況。上述兩個例子啟示牛頓，微分與積分的互逆性對一般情形也成立。何況他的老師巴羅也早就看出這個結果，只是以幾何形式來表現。

> **定理 4　微分與積分的互逆性**
>
> $$D\int_a^x f(t)dt = f(x) \qquad (9)$$

註 此式可用流程圖來表示： $f(t) \to \int_a^x f(t)dt \to D\int_a^x f(t)dt \to f(x)$。

證 **無窮小論證法：**

$$D\int_a^x f(t)dt = \frac{\int_a^{x+dx} f(t)dt - \int_a^x f(t)dt}{dx} = \frac{\int_x^{x+dx} f(t)dt}{dx}$$

$$= \frac{f(x)dx}{dx} = f(x)$$

今日的極限論證法：

$$D\int_a^x f(t)dt = \lim_{\Delta x \to 0} \frac{\int_a^{x+\Delta x} f(t)dt - \int_a^x f(t)dt}{\Delta x} = \lim_{\Delta x \to 0} \frac{\int_x^{x+\Delta x} f(t)dt}{\Delta x}$$

$$= \lim_{\Delta x \to 0} \frac{f(c)\Delta x}{\Delta x} = \lim_{\Delta x \to 0} f(c) = f(x)$$

其中 c 介於 x 與 $x+\Delta x$ 之間（用到 f 的連續性）。　■

　　注意到，(9)式可用流程圖來表示。對一個函數先作積分，再微分就還原：

$$\begin{array}{ccccccc} & \text{積分} & & \text{微分} & & \\ f(t) & \to & \int_a^x f(t)dt & \to & D\int_a^x f(t)dt & \to & f(x) \end{array}$$

另外，對一個函數先作微分，再積分也「差不多」是還原：

$$\overset{\text{微分}}{F(x) \quad \rightarrow \quad DF(x)} \quad \overset{\text{積分}}{\rightarrow \quad \int DF(x)dx} \quad \rightarrow \quad F(x)+C$$

註 加與減，乘與除，指數與對數，開門與關門……，都是互逆。

♣ 乙、N–L 公式

看出微分與積分的互逆性，就是洞穿微積分的秘密，發明了微積分！從而求積分的千古難題：$\int_a^b f(x)dx = ?$ 迎刃而解。

> ▌**定理 5　N–L 公式** ▌─────────────
>
> 若 $DF(x) = f(x)$，$\forall x \in [a,\ b]$，則有 $\int_a^b f(x)dx = F(b)-F(a)$。

證 由定理 4 知 $D\int_a^x f(t)dt = f(x)$，又由假設知 $DF(x) = f(x)$，所以

$F(x)$ 與 $\int_a^x f(t)dt$ 都是 $f(x)$ 的反導函數，它們只差個常數，於是

$$\int_a^x f(t)dt = F(x) + C, \quad \forall x \in [a,\ b]$$

令 $x = a$ 與 $x = b$ 代入，再相減，並且利用 $\int_a^a f(t)dt = 0$，就得證：

$$\int_a^b f(t)dt = F(b) + C$$
$$-)\quad \int_a^a f(t)dt = F(a) + C$$
$$\overline{\int_a^b f(x)dx = F(b) - F(a)}$$

把上述兩個定理結合起來，就得到微積分裡最重要的結果：

定理 6　微積分學根本定理， the Fundamental Theorem of Calculus, FTC ——————————

假設函數 f 在閉區間 $[a, b]$ 上面是連續的。

(i)微分與積分的互逆性：令 $G(x) = \displaystyle\int_a^x f(t)dt$，則

$$DG(x) = f(x), \quad \forall x \in [a, b]$$

(ii) $N\text{-}L$ 公式：若 $DF(x) = f(x), \quad \forall x \in [a, b]$，則

$$\int_a^b f(x)dx = F(b) - F(a)$$

從運動學的觀點來看：考慮一個質點在直線上作運動，假設 $x = x(t)$ 為位置函數，$v = v(t)$ 為速度函數，那麼公式 $\displaystyle\int_a^b v(t)dt = x(b) - x(a)$ 是顯然的，因為速度函數 $v(t)$ 在時段 $[a, b]$ 上作積分，就等於在時段 $[a, b]$ 上質點位移的距離 $x(b) - x(a)$。

牛頓說：「我發現了用微分（反微分）來算積分！」這是悟道的瞬間欣喜。比美於佛陀悟道時說：

> 眼睛生出來了，知識生出來了。
>
> 智慧生出來了，善巧生出來了。
>
> 光明生出來了，喜悅生出來了。

求定積分 $\int_a^b f(x)dx$ 的處方如下：

1.先求函數 $F(x)$ 使得 $DF(x) = f(x)$，我們記

$$\int f(x)dx = F(x) + C \text{ 或 } D^{-1}f(x) = F(x) + C$$

叫做 $f(x)$ 的 **不定積分** (indefinite integral) 或 **反導函數** (anti-derivative)，並且稱 $F(x)$ 為 $f(x)$ 的一個**不定積分**或一個**反導函數**。

2.對 $F(x)$ 代入 $x = a$ 與 $x = b$ 得到 $F(a)$ 與 $F(b)$。

3.後者減去前者 $F(b) - F(a)$ 即為答案 $\int_a^b f(x)dx = F(b) - F(a)$。

求積分 $\int_a^b f(x)dx$ 是個難題，有如千斤重，求反導函數簡單得多，有如四兩重。因此微積分根本定理就是「四兩撥千斤」的功夫，這是數學所能發現的最驚奇的事物之一。微分是「易算難明」，積分是「易明難算」，微積分根本定理在兩者之間搭起一座橋，使它們可以互相為用與互補。

一般而言，有一個**微分公式** $DF(x) = f(x)$，則對應有一個**不定積分公式** $\int f(x)dx = F(x) + C$ 以及一個**定積分公式** $\int_a^b f(x)dx = F(x)\Big|_a^b \equiv F(b) - F(a)$。三者合起來叫做「**微積分的三合一公式**」，其中微分公式是核心。

事實上，微分公式 $DF(x) = f(x)$ 與不定積分公式 $\int f(x)dx = F(x) + C$ 是一體的兩面，同一件事情的兩種等價說法。

例題 9

因為 $D\sin x = \cos x$，所以就有

$$\int \cos x\,dx = \sin x + C \text{ 與 } \int_a^b \cos x\,dx = \sin b - \sin a。$$

10.6　牛頓的生平簡述

牛頓是英國物理學家、數學學家、天文學家、和煉金術士。他在 1687 年出版曠世名著《自然哲學的數學原理》裡，提出**萬有引力定律**和**力學的三大運動定律**，促成了 17 世紀的科學革命。這些成就奠定了往後三個世紀牛頓物理學的機械力學觀：宇宙按照規律在運行，並且地面物體與天上星球的運動都遵循著相同的自然定律。給質點的初期位置與初期速度，根據力學的運動定律就可以寫出運動的微分方程式，從而利用微積分就可以算出質點的運動路徑。微積分變成現代科學與工藝的基礎。

他實際上創造了現代的物理科學、微積分與光學，其結果深刻影響人類文明生活的走向，遠超過人間任何帝國的興亡。有資格評價牛頓的人，都一致推崇他是人類所出產的少數至高智者之一。他跟愛因斯坦同享科學界的盛名，歷久不衰。

圖 10–5　牛頓像

　　牛頓在 1642 年的聖誕節誕生在英國北部林肯郡 (Lincolnshire) 的烏爾索普 (Woolsthorphe) 村的一個農家。這年也恰是伽利略逝世之年。牛頓出生前父親就去世了，3 歲時母親改嫁，他由外祖母撫養長大。他在 1661 年進入劍橋大學三一學院。畢業後留校任教職。他的老師巴羅最清楚牛頓獨特的高超能力，所以在 1669 年把教授職位讓給學生，於是牛頓成為 Lucas 講座的數學教授。從此牛頓在劍橋大學待了 27 年。

　　在 1665 年歐洲爆發鼠疫（黑死病），大學被迫關門，牛頓回到鄉下老家躲避瘟疫，一直待到 1667 年。這兩年孤獨的鄉村生活，正值他 22 到 24 歲，這是他一生創造力的黃金時期，他的偉大發現如海潮般洶湧澎湃，在人類思想史上無與倫比，他的豐收計有：**推廣的二項式定理，微積分學，萬有引力定律，牛頓力學的三大運動定律**，揭開運動的奧秘。在晚年，他回憶年輕時代那段奇蹟般的歲月時，他說：

> 那段日子是我一生中創造力的巔峰期，也是我對數學與哲學最為用心思考的時光。

圖 10–6　牛頓在老家的蘋果樹下思考

　　牛頓是一位表現內向與祕而不宣的人，因為他害怕這可能引來那些無知者的爭論不休。對於他的大部分不朽的發現，他都把它們藏起來。他沒有發表的欲望，他大部分的偉大工作都是透過朋友的勸誘與堅持才從抽屜裡挖出來的。他的數學發現從未以連貫的形式出版過；它們幾乎都是透過對話，以及別人問他問題，他通信回答，才得以片段的方式偶然為人所知。他似乎只是把數學看作是研究科學問題的有力工具，而很少有興趣於為數學而數學。

　　在同一時期，德國的萊布尼茲也獨立地發明微積分；並且勤於跟瑞士的 Bernoulli 家族通訊討論，再加上往後歐拉的工作，所以新分析學的領導權轉移到歐陸，延續了 200 年之久。

　　牛頓的科學研究能量有點像一座活火山，經過長時間的靜默，不時地加重分量，然後幾乎以超人的活動力爆發開來。不可置信地，《自然哲學的數學原理》(Principia) 是牛頓花了完全專注的 18 個月寫成的，當它在 1687 年出版時，立即被公認為是人類心靈的至高成就之一。時至今日，它仍然被視為一個人所能完成的對科學最偉大的貢獻。在這部著作中，他奠下理論力學與流體動力學的基本原理；對於波動現象，給出第一個數學處理；從萬有引力定律推導出 Kepler 行星三大運動定律，並且解釋了彗星的軌道；計算出地球、太陽、行星及其衛星等的質量；解釋地球為何會稍微扁平，以此來說明晝夜平分點的進動；發現潮汐的道理。這些只不過是他驚人工作的一小部分光芒而已。

　　《自然哲學的數學原理》一直都是一本難讀的書，因為它的寫作風格具有非人性的高超和冰冷，這也許適合於偉大的主題。另外，

緊密包裝的數學,用的幾乎都是古典的幾何,在當時較少有此教養,現在更少。在動力學與天體力學中,牛頓所得到的勝利是哥白尼,克卜勒以及伽利略等人為他鋪的路。這個勝利是如此的完備,以至於其後兩百年來在這些領域工作的科學家,基本上都只是在為牛頓的巨大綜合成果作註腳而已。在此脈絡之下,值得我們記住的是,光譜學拓展了我們的天文知識,從太陽系延伸到整個宇宙,它的根源竟是牛頓對太陽光所作的值譜分析。

　　他似乎有某種神秘而直觀的方式,能夠知道許多事物,遠超過他願意或可以驗證,在他寫給朋友的一封信裡,他以神秘的句子說:

　　我從一個泉源獲取我的知識,這對於我來說是稀鬆平常的
　　事,但我不想對別人明示。

不論這個「泉源」是什麼,無疑地,它建基於他的非凡的聚焦能力。當他被問到,他是如何得到那些發現時,他回答說:

　　我只不過是把問題放在心中,不斷地去想它,直到第一道
　　曙光慢慢地出現,然後大放光明。

這看似簡單,但是任何人只要對科學或數學有經驗就會知道,要把一個問題連續地放在心中幾秒鐘或幾分鐘,這已是很困難的事。因為問題會不斷地溜掉,必須用意志力把它拉回來。根據證據顯示,牛頓有辦法聚焦在一個問題上面,幾個小時、幾天或幾個禮拜,甚至偶爾的用餐與睡覺幾乎都不會打斷他專注的心靈。

作為在科學與數學上的原創思想家，他是一位偉大的天才，他對世界的深刻影響，人人都看得見；但是作為一個人，他在每一方面都太怪異了，使得我們普通人很難理解他。也許最精確的方式是採用中世紀的術語描述他：他如神明般，孤獨的，直觀的神秘。對於他來說，科學和數學只是他解讀宇宙之謎的工具。

最後，引述英國詩人華茲華斯 (William Wordsworth，1770～1850) 的一句話來形容牛頓，非常貼切：

Voyaging through strange seas of thought, alone.

（他獨自一個人航行於奇異的思想大海。）

Tea Time

牛頓的佳言欣賞：

1. Nature is pleased with simplicity.（大自然崇尚簡潔。）

2. I do not know what I may appear to the world, but to myself I seem to have been only a boy playing on the seashore, and diverting myself in now and then finding a smoother pebble or a prettier shell than ordinary, whilst the great ocean of truth lay all undiscovered before me.

   （我不知道世人怎樣看我，不過我只覺得自己好像是在海濱嬉戲的男孩，偶爾撿到一顆美麗的貝殼。至於真理的大海，仍然是橫在眼前的神秘未知！）

法國數學家傅立葉 (Fourier，1768～1830) 說：

　　大自然是數學問題的豐富泉源！

方法論大師、近代哲學之父、解析幾何的發明者笛卡兒說：

1. From the consideration of example, one can form a method.

   （由例子的考察，我就可以形成一個方法。）

2. Each problem that I solved became a rule which served afterwards to solve other problems.

   （我每解決一個問題，就形成一個規則，以備將來可以解決其它的問題。）

微積分有詩為證：

> 尋幽探徑欲明道
>
> 分析綜合兩大法
>
> 搏之不得名曰微
>
> 涓滴積成太平洋
>
> 微積分根本定理
>
> 萬流歸宗一理通
>
> 微分積分原一體
>
> 合奏無窮交響曲

註 老子《道德經》的第十四章有言：「視之不見，名曰夷；聽之不聞，名曰希；搏之不得，名曰微。」此地我們採取微積分的觀點來看「搏之不得，名曰微」，把「微」解釋為「無窮小量」，它是促成微積分誕生的小精靈。

第11章

萊布尼茲如何發現微積分?

As God calculates, so the world is made.
當上帝做計算時，世界就創生。

Without mathematics, we cannot penetrate deeply into philosophy.
Without philosophy, we cannot penetrate deeply into mathematics.
Without both, we cannot penetrate deeply into anything.
沒有數學，我們就無法深刻洞穿哲學。
沒有哲學，我們就無法深刻洞穿數學。
沒有兩者，我們就無法深刻洞穿任何事情。

―萊布尼茲―

　　萊布尼茲在 1714 年發表一篇文章叫做「**微分學的歷史與根源**」，簡述他發明微積分的整個歷程，開頭就這樣寫著：

> 對於值得稱頌的發明，了解其發明的真正根源與想法是很有用的，尤其是面對那些並非偶然的，而是經過深思熟慮而得的發明。展示發明的根源不光只是作為歷史來了解或是鼓舞其他人，更重要的是透過漂亮的發明實例，可以增進吾人發明的藝術，並且發明的方法也可公諸於世。當代最珍貴的發明之一就是一門新的數學分析叫做微分學的誕生。它的內涵已有足夠的解說，但是它的根源與動機卻少為人所知悉。它的發明幾乎已經有四十年的歷史了……。

　　然後萊布尼茲說出他發明微積分的根源，就是**差和分學**。在他的一生當中，總是不厭其煩地解釋著這件得意的傑作。差和分與微積分之間的類推關係，恆是萊布尼茲思想的核心。從他的眼光看來，兩者在本質上是相同的。一方面，差和分處理的是離散的有限數列；另一方面，微積分處理的是連續地無窮多個無窮小的量。因此，微積分若少了差和分，就好像莎士比亞的哈姆雷特 (Hamlet) 劇本缺少了丹麥王子一樣。

11.1　生平簡述

　　萊布尼茲在 1646 年誕生於德國的萊比錫 (Leipzig)。他父親是萊比錫大學的法學與道德哲學教授。當他 6 歲時，父親就去世了，因此少年的萊布尼茲在學習的路途上幾乎沒有人指引他。這個小男

孩所擁有的就是父親留給他的一個圖書的世界。這個聰慧而早熟的
孩子，在約 8 歲時就自學拉丁文，12 歲時開始學希臘文，這使得他
沒有什麼困難就可以使用父親遺留下來的豐富的圖書。沉浸在書海
中使他獲得了廣泛的古典作品之知識。他有能力閱讀幾乎所有的書，
閱讀變成終身的興趣，這使他也讀了大量的壞書。後來萊布尼茲寫
道:

> 當我還很年輕時,就開始認真思考各種問題。在 15 歲之前,
> 我常常獨自一個人到森林中去散步，比較並且對照亞里斯
> 多德與 Democritus 的學說。

萊布尼茲在 15 歲時進入萊比錫大學就讀，選讀了宗教、哲學及
初等算術，也聽了歐氏幾何學的課，不過對幾何他並沒有投入。他
試圖自己研讀笛卡兒的解析幾何學，但是對他來說似乎難了一點。
在 17 歲時，他提出一篇哲學論文而得到學士學位。那年夏天他到
Jena 大學參加數學班，然後又回萊比錫大學攻讀邏輯、哲學與法律，
次年就得到碩士學位。20 歲就寫出一篇優秀的組合學論文，但是由
於他太年輕以至於萊比錫大學拒絕頒授博士學位給他。於是他轉到
Nuremberg 的 Altdorf 大學，並且在 1667 年（21 歲）得到哲學博士
學位。

他完成學院工作後，進入政治界，服務於 Mainz 政府。在 1672
年到 1676 年這段期間，由於外交任務的關係，他被派往法國巴黎。
在巴黎他遇到當時歐洲大陸最有學問的惠更斯 (Huygens，1629～
1695)，激起他對數學的熱情，並且創造了微積分，使得在巴黎的四

年成為他一生當中數學原創性的顛峰時期 (the prime age of creation)，媲美於牛頓的 1664～1666 年這段時間。

　　萊布尼茲在 1680 年給朋友的信裡，回憶他在 1673 年於巴黎遇到惠更斯時所受到的啟發，他說：

> 那時我幾乎沒有多少時間研讀幾何學。惠更斯給我一本他剛出版的關於單擺的著作。當時我對於笛卡兒的解析幾何與求面積的無窮小論證法一無所知，我甚至不知道重心的定義。事實上，有一次跟惠更斯討論時，我誤以為通過重心的任何直線必將面積平分為二，因為這對於正方形、圓形、橢圓形以及其它某些圖形顯然都成立。
>
> 聽到我的話，惠更斯開始笑起來，他告訴我沒有什麼東西能夠超越真理的。受到這個啟發，我非常興奮，在未徹底讀過歐氏幾何的情況下，我開始研讀高等幾何……。惠更斯認為我是一位好的幾何學家，比我自估的還要好。他又交給我巴斯卡的著作，要我研讀。從中我學到了無窮小論證法、不可分割法以及重心的求法。

　　巴斯卡的著作給萊布尼茲打開眼界，讓他靈光一閃，突然悟到了一些道理，逐漸經營出他的微積分理論。

　　萊布尼茲在 1676 年回到德國，於 Hanover 地方當政府的顧問與圖書館的館長，長達 40 年之久。雖然他的職業是律師與外交官，但是他多才多藝，對各方面的學問都有極濃厚的興趣，並且以哲學家的身分聞名於世。由於他的極力鼓吹，柏林科學院才得以在 1700 年成立。

圖 11-1　萊布尼茲像

11.2　偉大的夢想

萊布尼茲曾回憶說：

> 我小時候學邏輯，就開始養成對所學的東西作深入的思考
> 習慣。

他一生持久而不變的目標是追尋一種**普遍的語言** (universal language) 與**普遍的方法**，使得可以統合地處理各式各樣的問題。研究萊布尼茲的學者霍夫曼 (J. E. Hofmann，1899～1972) 說：

> 萊布尼茲熱情地、全心全力地收集與吸收能夠到手的所有
> 知識，然後給予新的大綜合 (grand new synthesis)，變成統
> 一的整體。

萊布尼茲說：

> 我有滿腦子的主意 (ideas)，如果能有更厲害的人深入去經
> 營，將他們美妙的心靈與我的勞苦結合起來，將會是很有
> 用的。

他在 1666 年（當時 20 歲）寫出「組合學的藝術」(Art of Combinatorics) 之論文。在前言中他預測這門新知識可以延拓應用到邏輯、歷史、倫理學、形上學，乃至整個科學。他又說：

> 假設我們可以用一些基本的字來表達人類的思想，因此可以想像有一系列的字，各代表了簡單的概念，那麼任何複雜的概念都可以用這些字組合起來。從而奇妙的「發明術」(the Art of invention) 就變成可能了：即所有可能的概念與命題都可以機械地產生。據此我們不但可以探討已知，而且也可以追尋未知，進一步從事更深刻的研究。

這個美麗的夢想在萊布尼茲心中盤據了一輩子。事實上，這只是古希臘哲學家 Democritus 所創立的原子論 (atomism) 的延伸與翻版。Democritus 主張宇宙中的森羅萬象，最終都可以化約成原子及其在虛空中的運動、排列與組合，這是多麼美妙的想像。除了在物理學與化學上產生深遠的影響之外，在方法論 (methodology) 上，也開啟了分析與綜合的方法。追究事物的組成要素就是分析法，反過來由組成要素組合出事物就是綜合法。孫子在他的兵法中，說得更生動：

> 聲不過五，五聲之變，不可勝聽也；
> 色不過五，五色之變，不可勝觀也；
> 味不過五，五味之變，不可勝嘗也；
> 戰勢不過奇正，奇正之變，不可勝窮也；
> 奇正相生，如循環之無端，熟能窮之哉！

萊布尼茲也夢想著要建立一套普遍的數學，使得思想也可以化約成計算。他稱這套數學為 "Characteristica Universalis"。他解釋說：

> 如果有了這樣的數學，那麼我們探討形上學與道德規範時，就可以如同幾何學與分析學之論證推理一般。兩個哲學家萬一發生意見衝突，他們的爭吵就不會嚴重過兩個會計員，這時只需拿起筆，平心靜氣地坐下來，然後說（必要的話可找個證人）：讓我們計算一下。

萊布尼茲對於發明術一直深感興趣，他說：

> 沒有什麼東西比看出發明的根源更重要，我認為這比發明出來的東西更有趣。

他計劃寫一本書來探討發明術，可惜從未實現。發明術也許只是人類永遠無法實現的一個夢想，好像是往昔的煉金術（發財夢）、煉丹術（長生夢）、永動機之夢、預測未來術以及近年來的萃取基因術(algeny) 一樣。人類需要有夢想，今日所證實的，往往就是過去的夢想。煉金術與煉丹術促成了化學的誕生，而發明術呢？它也產生了非常豐富的成果，例如認知科學 (cognitive science)、發明的心理學、人工智慧、大腦的思考機制之研究，Pólya (1888～1985) 關於數學的解題 (problem solving) 與猜測式推理 (plausible reasoning) 之精闢研究，以及近代的科學哲學 (philosophy of science) 一改以往只重視科學知識的邏輯結構與「邏輯驗證」(the logic of justification)，而變成以「發現的理路」(the logic of discovery) 為中心，專注於探討知識的成長與演化問題 (the growth and evolutional problem)、科學革命的結構之研究（例如 Thomas Kuhn 的工作）……等。

　　萊布尼茲認為：

世界上的所有事情，都按數學的規律來發生。

(All things in the whole wide world happen mathematically.)

這種深刻的「自然的數學觀」，媲美於伽利略的名言：「自然之書是
用數學語言來書寫的」，反映著西方的數學與科學的傳統。據此，萊
布尼茲提倡世界的先定和諧論 (pre-established harmony)，並且論證
這個世界是所有可能世界中最好的一個 (the best of all possible
worlds)，這是極值問題的一個應用。愛因斯坦 (Einstein，1879～1955)
說：

渴望窺探這個先定和諧的自然結構，是科學家不竭的毅力
與恆心的泉源。

　　萊布尼茲更有一顆敏銳的「妙悟靈心」，他早年就對這個世界的
存有感到驚奇而問道：

為什麼這個世界是存有而不是沒有呢？

(Why is there something instead of nothing?)

接著再問：

那裡存在的是什麼？ (What is there?)

　　對於這些玄奧飄渺的問題深具興趣，正是哲學心靈的明證。古
人提出了許多答案，例如原子論，畢氏學派的萬有皆數……等。

萊布尼茲也提出了單子論 (the theory of monads)，單子是構成宇宙的至微單位，反映著大千世界，這恰是微積分中無窮小概念的類推與抽象翻版。

在方法論 (methodology) 上，萊布尼茲強調充足理由原理 (the principle of sufficient reason)：沒有東西是沒有理由的 (nothing is without reason)。還有**連續性原理** (the principle of continuity)，他說：

> 沒有東西是突然發生的，自然不作飛躍，這是我的一大信條。

連續性原理有廣泛的解釋，例如從差和分連續化變成微積分就是一個好例子。另外，數學家柯西 (Cauchy，1789～1857) 根據連續性原理宣稱，連續函數列的極限函數仍然是連續的，並且給出了一個錯誤的證明。後人才發現若有「均勻收斂」(uniform convergence，充分條件而不是必要條件) 就能保證極限函數之連續性。

11.3 差和分學: 從巴斯卡三角到萊布尼茲三角

在 1672 年春天，萊布尼茲抵達巴黎，他的第一個數學成就是發現求和可以用求差來計算，即用減法可以求算加法。後來他曾描述他為何會想到差分以及差分的差分（即二階差分）等的概念，並且強調差分演算扮演著他的所有數學思想的主角。在邏輯中，他徹底地分析真理，發現終究可化約成兩件事：定義與恆等語句 (identical truths)。反過來，由恆等語句就可推導出豐碩的結果。他舉數列為例來展示：

由 $A = A$ 或 $A - A = 0$ 出發，可得

$$A - A + B - B + C - C + D - D + E - E = 0$$

亦即

$$A - (A - B) - (B - C) - (C - D) - (D - E) - E = 0$$

現在令 $A - B = K$, $B - C = L$, $C - D = M$, $D - E = N$, 則得

$$A - K - L - M - N - E = 0 \text{ 或 } K + L + M + N = A - E$$

亦即「差之和」等於「第一項與最後一項之差」。

註 萊布尼茲請 0 出來玩和差的遊戲，一路尋幽探徑，玩出美妙的差和分學與微積分學，成果是豐收的。

　換言之，給一個數列 $v = (v_k)$, 考慮接續兩項之間的差：

$$v_{k+1} - v_k \equiv u_k$$

所成的數列 $u = (u_k)$, 叫做 v 的 **(右) 差分數列** (同理可討論左差分的情形，但本書僅限於討論右差分)，那麼作**和分** (即求和)，顯然我們有

$$\sum_{k=1}^{n} u_k = (v_{n+1} - v_n) + (v_n - v_{n-1}) + \cdots + (v_2 - v_1) = v_{n+1} - v_1 \tag{1}$$

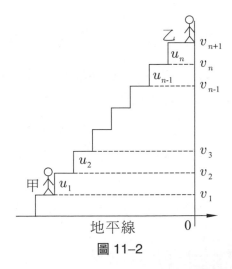

圖 11-2

採用登山的解釋就很明白了：在圖 11-2 中，想像山路鋪成臺階，每一階相對於地面的海拔高度為 v_1, v_2, …, v_{n+1}，而每一階的高度為 u_1, u_2, …, u_n，那麼從甲地登到乙地共升高

$$u_1 + u_2 + \cdots + u_n = \sum_{k=1}^{n} u_k$$

另一方面，這又等於 $v_{n+1} - v_1$，所以(1)式成立。

例題 1

考慮立方數列及其各階的差分數列：

$$0,\ 1,\ 8,\ 27,\ 64,\ 125,\ 216,\ \cdots$$
$$1,\ 7,\ 19,\ 37,\ 61,\ 91,\ \cdots$$
$$6,\ 12,\ 18,\ 24,\ 30,\ \cdots$$
$$6,\ 6,\ 6,\ 6,\ \cdots$$
$$0,\ 0,\ 0,\ \cdots$$

由此我們立即讀出：

$$1 + 7 + 19 + 37 + 61 = 125 - 0 = 125$$
$$7 + 19 + 37 + 61 + 91 = 216 - 1 = 215$$
$$6 + 12 + 18 + 24 + 30 = 91 - 1 = 90$$
$$12 + 18 + 24 + 30 = 91 - 7 = 84$$

　　萊布尼茲發現這個規律，覺得非常新奇、美妙，像小孩子玩積木一樣興奮不已。進一步，他研究**巴斯卡三角**（1654 年，又叫做**楊輝三角**或**算術三角**）。巴斯卡三角是作為開方、二項式展開、排列組合與機率之用，萊布尼茲卻從中玩索出差和分的道理。

下面我們列出巴斯卡三角常見的三種排法：

(i)
$$
\begin{array}{ccccccccccc}
& & & & & 1 & & & & & \\
& & & & 1 & & 1 & & & & \\
& & & 1 & & 2 & & 1 & & & \\
& & 1 & & 3 & & 3 & & 1 & & \\
& 1 & & 4 & & 6 & & 4 & & 1 & \\
1 & & 5 & & 10 & & 10 & & 5 & & 1 \\
\end{array}
$$
....

(ii)
```
1
1  1
1  2  1
1  3  3  1
1  4  6  4  1
1  5  10 10  5  1
```
....

(iii)

1	1	1	1	1	1	.........1是萬數之源
1	2	3	4	5	6	.........自然數
1	3	6	10	15	21	.......三角形數
1	4	10	20	35	56	.......角錐形數
1	5	15	35	70	126	.....
⋮	⋮	⋮	⋮	⋮	⋮	

習題 1

請說明上述巴斯卡三角(i)的構成法。

在(ii)的排列法中，從左下到右上的斜對角線上的數相加，所得到的數恰好構成**費氏數列** (Fibonacci sequence)：

$$1,\ 1,\ 2,\ 3,\ 5,\ 8,\ 13,\ 21,\ \cdots$$

這個數列含有許多美妙的性質，並且涉及大自然的秘密，但本書不預備講述。

在(ⅲ)的排列法中，萊布尼茲立即讀出許多關於行或列求和的結果，例如：

$$3 + 6 + 10 + 15 = (4 - 1) + (10 - 4) + (20 - 10) + (35 - 20)$$
$$= 35 - 1 = 34$$

同理可得

$$10 + 20 + 35 + 56 = 126 - 5 = 121$$

萊布尼茲在巴黎遇到惠更斯時，向惠更斯描述他用求差來求和的結果，惠更斯立即建議他做下面富於挑戰性的問題。

問題　惠更斯問題

求無窮級數之和 $\displaystyle\sum_{k=1}^{\infty} \frac{2}{k(k+1)} = \frac{1}{1} + \frac{1}{3} + \cdots + \frac{1}{\dfrac{k(k+1)}{2}} + \cdots$　　　(2)

這個問題涉及無窮多項的相加，它源自計算某種賭局 (a game of chance) 的機率。這個級數每一項的分母恰是畢氏學派「有形之數」 (figurate numbers) 中的三角形數：

因此，級數(2)式就是三角形數的倒數之和。萊布尼茲立即就求得這個級數之和：因為

$$\frac{2}{k(k+1)} = \frac{2}{k} - \frac{2}{k+1}$$

所以首 n 項之和為

$$S_n = \sum_{k=1}^{n} \frac{2}{k(k+1)} = \sum_{k=1}^{n} \left(\frac{2}{k} - \frac{2}{k+1} \right) = 2 - \frac{2}{n+1}$$

再讓 n 趨近於無窮大, 就得到

$$\sum_{k=1}^{\infty} \frac{2}{k(k+1)} = \lim_{n \to \infty} \left(2 - \frac{2}{n+1} \right) = 2$$

我們在機率史的文獻上查不到惠更斯的機率問題, 不過我們倒有下面相關的例子:一個袋子裝有一個白球以及一個黑球,從中任取一個球,若得到白球就停止;若得到黑球,則再添加一個黑球到袋中,變成兩黑一白, 再任取一球,若得到白球就停止;若又得到黑球,則再添加一個黑球到袋中, 變成三黑一白, 如此繼續下去, 那麼第一回合得到白球的機率為 $\frac{1}{2}$, 第二回合得白球的機率為 $\frac{1}{2} \times \frac{1}{3}$, 第三回合得到白球的機率為 $\frac{1}{2} \times \frac{2}{3} \times \frac{1}{4} = \frac{1}{3} \times \frac{1}{4}$, ……等, 故終究得到白球的機率為

$$\frac{1}{2} + \frac{1}{2 \times 3} + \frac{1}{3 \times 4} + \cdots + \frac{1}{k(k+1)} + \cdots = 1$$

萊布尼茲解決了惠更斯問題後, 進一步模仿巴斯卡三角, 建構一個今日所謂的「**調和三角**」(harmonic triangle) 或**萊布尼茲三角**, 一口氣解決了更多求無窮級數的和之問題。

調和三角是這樣做成的:第一列排上調和數列,第二列依次排上第一列的前項減去後項之差, 例如第二列 $\frac{1}{2} = 1 - \frac{1}{2}$, $\frac{1}{6} = \frac{1}{2} - \frac{1}{3}$, $\frac{1}{12} = \frac{1}{3} - \frac{1}{4}$, ……等, 以後就按此要領做下去, 結果如下:

$$\frac{1}{1} \quad \frac{1}{2} \quad \frac{1}{3} \quad \frac{1}{4} \quad \frac{1}{5} \quad \frac{1}{6} \quad \frac{1}{7} \quad \cdots$$

$$\frac{1}{2} \quad \frac{1}{6} \quad \frac{1}{12} \quad \frac{1}{20} \quad \frac{1}{30} \quad \frac{1}{42} \quad \cdots$$

$$\frac{1}{3} \quad \frac{1}{12} \quad \frac{1}{30} \quad \frac{1}{60} \quad \frac{1}{105} \quad \cdots$$

$$\frac{1}{4} \quad \frac{1}{20} \quad \frac{1}{60} \quad \frac{1}{140} \quad \cdots$$

$$\frac{1}{5} \quad \frac{1}{30} \quad \frac{1}{105} \quad \cdots$$

$$\vdots \quad \vdots \quad \vdots$$

由此調和三角可以讀出

$$\frac{1}{2} + \frac{1}{6} + \frac{1}{12} + \frac{1}{20} + \frac{1}{30} + \frac{1}{42} + \cdots = 1$$

從而 Huygens 問題的答案是

$$\frac{2}{2} + \frac{2}{6} + \frac{2}{12} + \frac{2}{20} + \frac{2}{30} + \frac{2}{42} + \cdots = 2$$

另外我們也可以讀出

$$\frac{1}{3} + \frac{1}{12} + \frac{1}{30} + \frac{1}{60} + \frac{1}{105} + \cdots = \frac{1}{2} \tag{3}$$

$$\frac{1}{4} + \frac{1}{20} + \frac{1}{60} + \frac{1}{140} + \cdots = \frac{1}{3} \tag{4}$$

將(3)式乘以 3 就得到角錐形數的倒數之和:

$$\frac{1}{1} + \frac{1}{4} + \frac{1}{10} + \frac{1}{20} + \frac{1}{35} + \cdots = \frac{3}{2}$$

將(4)式乘以 4 就得到

$$\frac{1}{1} + \frac{1}{5} + \frac{1}{15} + \frac{1}{35} + \cdots = \frac{4}{3}$$

同理也可得

$$\frac{1}{1} + \frac{1}{6} + \frac{1}{21} + \frac{1}{56} + \frac{1}{126} + \cdots = \frac{5}{4}$$

笛卡兒說得好：

From the consideration of an example we can form a rule.

（由一個例子的考察，我們可以抽取出一條規律。）

換言之，一個好的例子往往能夠反映出一般規律，即特殊孕育出普遍，或所謂的「一葉知秋」或「見微知著」的意思。我們由上述的例子可以歸結出下面求和的共通模式 (pattern)。

定理 1　差和分根本定理

給定的一個數列 $u = (u_n)$, $n = 1, 2, 3, \cdots$，如果可以找到另一個數列 $v = (v_n)$，使得

$$u_n = v_{n+1} - v_n, \ n \in \mathbb{N}$$

那麼就有

$$\sum_{n=a}^{b} u_n = v_{b+1} - v_a \tag{5}$$

其中 $a, b \in \mathbb{N}$ 且 $a < b$。

　　遇到重要的事物，最好是引入適當的概念與記號。

定　義

設 $v = (v_n)$ 為一個數列，令數列 Δv 定義為 $(\Delta v)_n = v_{n+1} - v_n$（簡記為 $\Delta v_n = v_{n+1} - v_n$）。我們稱 Δv 為數列 v 的（第一階）差分，Δ 為差分算子。$\sum_{n=a}^{b} v_n$ 叫做數列 v 的定和分，簡稱和分。

因此，定理 1 引出了兩個基本問題：

⒤**差分演算**：研究差分算子 Δ 在運算上的基本性質。

⒥**反差分演算**：已知一個數列 $u=(u_n)$，求另一個數列 $v=(v_n)$

使得 $u=\Delta v$。

第一個問題很容易，在此從略。其次，利用⒤，第二個問題原則上也不難。在 $u=\Delta v$ 中，我們稱 v 為 u 的一個**反差分數列**或一個**不定和分**。事實上，已知數列 $u=(u_k)$，$k=1$，2，3，…，定義一個新數列 $v=(v_n)$ 如下：

$$v_n=\sum_{k=1}^{n-1}u_k \tag{6}$$

則易驗知 $v=(v_n)$ 滿足 $u=\Delta v$。換言之，$v=(v_n)$ 就是 $u=(u_k)$ 的一個不定和分。顯然，u 的不定和分不唯一，可以無窮多個（例如⑹式再加上任意常數都還是 u 的不定和分），但是 u 的任何兩個不定和分只差個常數。

對於這一切作深入而有系統的研究就是**差和分學**的內容（包括差分方程）。差和分的學習對於微積分的了解非常有助益，因為兩者不過是**離散**與**連續**之間的**類推**與觀照而已。離散的差和分簡單明瞭，連續化就得到了微積分。一般微積分教科書往往有如下的缺點：忽略差和分學，或類推與連續化處理得不好。

11.4　差和分到微積分

差分與和分的連續化與無窮化就分別得到微分與積分，反過來，微分與積分的離散化與有窮化就得到差分與和分。這是雙向道。

甲、從差分到微分

考慮函數 $y = F(x)$，$x \in [a, b]$。作區間 $[a, b]$ 的分割：

$$a = x_1 < x_2 < x_3 < \cdots < x_{n+1} = b$$

得到差分 $\Delta x_k = x_{k+1} - x_k$ 與 $\Delta F(x_k) = F(x_{k+1}) - F(x_k)$，$k = 1$，$2$，$3$，$\cdots$，$n$。現在萊布尼茲想像（或根據他的連續性原理），讓分割越來越細密，乃至作無窮步驟的分割，使得每一小段都變成**無窮小量** (infinitesimal)，於是差分 Δx_k 變成微分 dx（希臘字母大寫的 Δ 改為小寫的 δ，再把它稍微拉直，成為 d，並且丟棄指標 k），其中 dx 表示無窮小量，它具有兩個性質：

1. dx 不等於 0，並且
2. 要多小就有多小。

從 而 **差 分** $\Delta F(x) = F(x_{k+1}) - F(x_k)$ 變 成 **微 分** $dF(x) = F(x + dx) - F(x)$，其中 $dF(x)$ 表示獨立變數 x 變化 dx 時，相應函數值的無窮小變化量。換言之，微分是差分來到無窮小的類推。通常又將 $dF(x)$ 簡記為 dF。

習題 2

設 a 為一個實數。若它要多小就有多小，證明 $a = 0$。

因此，在實數系中，「要多小就有多小」與「不等於 0」是矛盾的。這逼使得無窮小量不是實數。它住在「無何有之鄉」。

萊布尼茲在 1684 年首次發表微積分的論文，給出微分的概念與記號，以及如下的演算公式：

例題 2

設 $F(x) = x^n$，則 $dF(x) = nx^{n-1}dx$。

萊布尼茲的論證是這樣的：

$$dF(x) = F(x + dx) - F(x) = (x + dx)^n - x^n$$
$$= nx^{n-1}dx + C_2^n x^{n-2}(dx)^2 + \cdots + C_n^n (dx)^n$$
$$= nx^{n-1}dx$$

因為第二項之後都含有 dx 的高次項，這些都是比 dx 還高階的無窮小量，棄之可也。特別地

$$dx^3 = 3x^2 dx, \quad dx^2 = 2x dx$$

定理 2　微分的規則

設 $u = u(x)$ 與 $v = v(x)$ 為兩個函數，a 與 c 為常數，則有

(i) $d(c) = 0$　（常函數的微分為 0）

(ii) $d(au) = a du$

(iii) $d(u \pm v) = du \pm dv$

(iv) $d(uv) = u dv + v du$

(v) $d(\dfrac{u}{v}) = \dfrac{v du - u dv}{v^2}$

註 上述(iv)今日叫做**微分的萊布尼茲規則**。

例題 3

若 $u(x) = x^{-n}$，則 $du = -nx^{-n-1}dx$；若 $u(x) = x^{\frac{m}{n}}$，則 $du = \dfrac{m}{n}x^{(\frac{m}{n})-1}dx$。

　　只要知道一些基本函數的微分公式，再透過定理 2 就可以求得更複雜函數的微分公式。這就是原子論的「以簡御繁」的方法。微分的演算，在萊布尼茲之前都是個案的處理，之後就有了全盤系統化的處理辦法，這就是進步。

　　萊布尼茲利用微分來求函數 $v = v(x)$ 的極值，其方法是解方程式 $dv = 0$。他也引入二階微分的概念與演算，並且利用二階微分 $ddv \equiv d^2v = 0$ 的條件來求變曲點 (point of infection)。（注意：$d^2v = 0$ 只是變曲點的必要條件。）

乙、從和分到積分

　　數列 $u = (u_k)$，$k \in \mathbb{N}$ 與函數 $y = f(x)$，$x \in [a, b]$，都是「函數」，一個定義在自然數集 $\mathbb{N}$ 上，一個定義在區間 $[a, b]$ 上。因此兩者分別是離散 (discreteness) 與連續 (continuity) 之間的類推。

　　和分 (summation) 探究數列的求和 $\sum_{k=1}^{n} u_k$ 問題，積分探求函數 $y = f(x)$ 的圖形在 $[a, b]$ 上所圍成領域的面積，參見圖 11–3。兩者具有密切的關係。

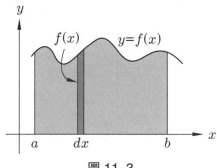

圖 11–3

首先觀察到，和分可以解釋為下面圖 11-4 的柱狀圖之面積。

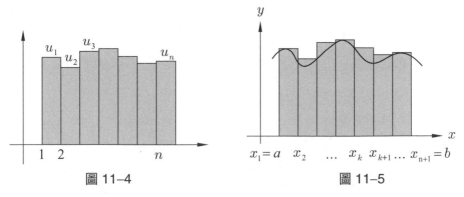

圖 11-4 　　　　　　　　　　　　　　圖 11-5

其次，將函數 $y = f(x)$ 離散化，不妨假設 $f(x)$ 取正值。作區間 $[a, b]$ 的一個分割：

$$a = x_1 < x_2 < x_3 < \cdots < x_{n+1} = b$$

考慮和分 $\sum_{k=1}^{n} f(x_k)\Delta x_k$，其幾何意義就是圖 11-5 諸矩形所形成陰影領域的面積。

現在想像將區間 $[a, b]$ 分割成無窮多段的無窮小段 dx（即微分），想成是差分 $\Delta x_k = x_{k+1} - x_k$ 的極限，然後考慮無窮小矩形的面積 $f(x)dx$（高 × 底），從 $x = a$ 到 $x = b$ 連續地累積。這樣的連續求和與和分有關，但畢竟是不同。為了區別起見，在 1686 年萊布尼茲首度將記號 $\sum$ 改為 $\int$，理由是：S 表示拉丁文 Summa（求和）的第一個字母，再將 S 稍微拉伸，變成 $\int$。因此，他就用美妙的記號 $\int_a^b f(x)dx$ 來表示圖 11-5 陰影領域的面積，說成函數 f 在 $[a, b]$ 上的定積分。換言之，陰影領域的面積就是無窮多個無窮小矩形面積的連續求和，又叫做**定積分** (definite integral)。

11.5 微積分學根本定理

❀ 甲、微分與積分的互逆性

萊布尼茲進一步把積分 $\int$ 看作是微分 d 的逆運算，例如由公式

$$d(\frac{1}{3}x^3) = x^2dx$$

就得到

$$\int x^2dx = \frac{1}{3}x^3$$

一般而言

$$\int dF(x) = F(x)$$

萊布尼茲說：

> 就像開方與乘方、差分與和分之互逆，微分 d 與積分 $\int$ 也是互逆的。

📕今日我們稱 $\int dF(x)$ 或 $\int f(x)dx$ 為**不定積分** (indefinite integral)，並且 $\int x^2dx = \frac{1}{3}x^3 + C$，$\int dF(x) = F(x) + C$，會差個常數。

┃定理 3　微分與積分的互逆性┃────────────

假設 F 為一個函數，則有 $\int \frac{dF(x)}{dx}dx = \int dF(x) = F(x) + C$。

❖ 乙、N–L 公式

如何求算定積分 $\int_a^b f(x)dx$ 呢？

這是一個千古大難題。阿基米德利用窮盡法，並且只會算出簡單特例

$$\int_0^b x^2 dx = \frac{1}{3}b^3$$

Cavalieri 利用不可分割法求得

$$\int_0^b x^n dx = \frac{1}{n+1}b^{n+1}, \quad n = 1, \ 2, \ \cdots, \ 7$$

費瑪利用動態窮盡法求得

$$\int_0^b x^{\frac{m}{n}}dx = \frac{n}{m+n}b^{(\frac{m+n}{n})}$$

這些都是個案解決問題，而且都算得相當辛苦。

萊布尼茲有了微分與積分互逆的觀點，以及差和分根本定理，很快就看出微積分根本定理，利用微分法普遍而系統地解決求積分的難題。這是微積分史，乃至人類文明史上的偉大時刻。萊布尼茲將他的發現在 1693 年發表。

考慮函數 $y = F(x)$，$x \in [a, \ b]$。對 $[a, \ b]$ 作分割：

$$a = x_1 < x_2 < x_3 < \cdots < x_{n+1} = b$$

由差和分根本定理知

$$\sum_{k=1}^n \Delta F(x_k) = F(b) - F(a) \tag{7}$$

現在讓分割不斷加細，使每一小段都變成無窮小，將 Δ 改為 d，$\sum$ 改為 $\int$（記號的變形記），上下限指標改為 b，a，那麼(7)式就變形為

$$\int_a^b dF(x) = F(b) - F(a) \tag{8}$$

從而，欲求 $\int_a^b f(x)dx$，只要找到另一個函數 $y = F(x)$，使得

$$dF(x) = f(x)dx \ 或 \ \frac{dF(x)}{dx} = f(x) \tag{9}$$

那麼就有

$$\int_a^b f(x)dx = \int_a^b dF(x) = F(b) - F(a) \tag{10}$$

Eureka! Eureka! 萊布尼茲得到微積分裡最重要的一個結果：

┃定理 4　　N–L 公式 ┃────────────

給一個函數 f，如果可以找到另一個函數 F 使得

$$dF(x) = f(x)dx \ 或 \ \frac{dF(x)}{dx} = f(x)$$

那麼就有

$$\int_a^b f(x)dx = F(b) - F(a) \equiv F(x)\Big|_a^b \tag{11}$$

　　這個定理完全是定理 1 的平行類推，離散與連續之間的類推！我們稱(11)式為 Newton-Leibniz 公式（簡稱為 N–L 公式），因為牛頓也獨立地發現它。今日我們還要求 f 為連續函數，以保證定積分的存在。

例題 4

因為 $d(\frac{1}{3}x^3) = x^2 dx$，所以

$$\int_0^1 x^2 dx = (\frac{1}{3}x^3)\Big|_0^1 = \frac{1}{3} \times 1^3 - \frac{1}{3} \times 0^3 = \frac{1}{3}$$

註 值得作個比較：採用 N–L 公式，一行就算出來了；但是不論採用阿基米德的「窮盡法」或費瑪的「動態窮盡法」，都相當費事！前後兩者相當於「機器文明」與「手工藝文明」的區別。

例題 5

因為 $D \sin x = \cos x$，所以 $\int_a^b \cos x dx = \sin x \Big|_a^b = \sin b - \sin a$。

把上述兩定理合併在一起，就成為微積分裡最重要的一個定理。

定理 5　微積分學根本定理

假設 F 與 f 為兩個函數，並且 $DF(x) = f(x)$，則有

(i) $D \int f(x)dx = f(x)$，並且

(ii) $\int_a^b f(x)dx = F(b) - F(a) \equiv F(x)\Big|_a^b$

萊布尼茲創造優秀的記號，透過差和分學根本定理，「直觀地」就看出了微積分學根本定理。他說：

It is worth noting that the notation facilitates discovery. This, in a most wonderful way, reduces the mind's labors.

（值得注意的是，優秀的記號幫忙我們發現真理，並且以最令人驚奇的方式減輕了心靈的負荷。）

萊布尼茲一生對記號非常講究。數學家拉普拉斯也說:

　　　　數學的工作有一半是記號的戰爭。

下面將萊布尼茲所創造的記號作個對照表:

離散的差和分	連續的微積分
數列	函數
Δ	d
x_k	x
Δx_k	dx
$\sum$	$\int$
$\sum_k$	$\int_a^b dx$
$\Delta F(x_k)$	$dF(x)$
$\dfrac{\Delta F(x_k)}{\Delta x_k}$	$\dfrac{dF(x)}{dx}$

在定理 3 中,赫然出現了 $DF(x)$ 或 $\dfrac{dF(x)}{dx}$ 之記號,這是微積分裡頭的一個關鍵性概念。它代表什麼意思? 如何定義?

首先讓我們來解釋它的幾何意義。$\dfrac{dF(x)}{dx}$ 是由

$$\frac{\Delta F(x_k)}{\Delta x_k} = \frac{F(x_{k+1}) - F(x_k)}{x_{k+1} - x_k}$$

經過無窮小化 (連續化) 得來的。顯然,它表示代表函數 $y = F(x)$ 的圖形上,通過兩點 $(x_k, F(x_k))$ 與 $(x_{k+1}, F(x_{k+1}))$ 的**割線斜率**。無窮小化後割線變成切線,而 $\dfrac{dF(x)}{dx}$ 就是通過 $P(x, F(x))$ 點的切線斜率,參見圖 11–6。

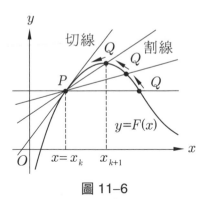

圖 11-6

因此，求積分 $\int_a^b f(x)dx$，從幾何觀點來看，就是找一條新的曲線 $y = F(x)$，使其切線斜率 $\dfrac{dF(x)}{dx}$ 為 $f(x)$，那麼 $\int_a^b f(x)dx$ 的答案就是 $F(b) - F(a)$。據此，萊布尼茲也稱求積分為求反切線的問題 (the inverse tangent problem)。

下面考慮 $\dfrac{dF(x)}{dx}$ 的定義。按照上述的思路，$\dfrac{dF(x)}{dx}$ 當然定義成

$$\frac{dF(x)}{dx} = \frac{F(x + dx) - F(x)}{dx} \qquad （無窮小論述法）$$

或者

$$\frac{dF(x)}{dx} = \lim_{\Delta x \to 0} \frac{\Delta F(x)}{\Delta x} \qquad （極限論述法）$$

其中 dx 代表 x 的「無窮小」變化量，$\Delta F(x) = F(x + \Delta x) - F(x)$。$\lim$ 表示取極限 (limit)。這分別代表「無窮小論述法」與「極限論述法」。後者是「以有涯逐無涯」的論證方式，即由割線斜率來探取切線斜率。有時候 $\dfrac{dF(x)}{dx}$ 也寫成 $DF(x)$ 或 $F'(x)$。

由 $F(x)$ 求出 $\dfrac{dF(x)}{dx}$ 叫做**導微**或**微分**。$\dfrac{dF(x)}{dx}$ 叫做 $F(x)$ 的導函數 (derivative)。已知函數 $f(x)$，欲求另一個函數 $F(x)$ 使得 $\dfrac{dF(x)}{dx}$ = $f(x)$ 是為微分的逆算。我們稱 $F(x)$ 為 $f(x)$ 的一個**反導函數** (anti-derivative)。因此，定理 3 告訴我們，欲求積分 $\displaystyle\int_a^b f(x)dx$，只要找到 $f(x)$ 的反導函數 $F(x)$，那麼 $F(b) - F(a)$ 就是答案了。這就是用微分法解決積分問題。普遍而可行的辦法，要點是求反導函數這並不太難。

如何求函數的反導函數呢? 這必須先從熟悉微分的演算開始。

做微分計算時，若採用無窮小論證法，就要記住無窮小詭譎的雙重性格: 它不等於 0，但是要多小就有多小。這樣看來，無窮小不是死的，而是活生生的小精靈。通常無窮小 dx 可正可負，即正無窮小與負無窮小，這種情形 dx 不等於 0，但其絕對值小於任意正實數。

例題 6

考慮 $F(x) = x^3$，則

$$\frac{dF(x)}{dx} = \frac{F(x + dx) - F(x)}{dx} = \frac{(x + dx)^3 - x^3}{dx}$$

$$= \frac{3x^2 dx + 3x(dx)^2 + (dx)^3}{dx}$$

$$= 3x^2 + 3x\,dx + (dx)^2 = 3x^2$$

因為 dx 可任意小，平方後更小，故後兩項棄之可也。

如果你對「無窮小論述法」感到不自在，那麼我們也可以採用極限論述法，兩種論述法殊途同歸：

$$DF(x) = \lim_{\Delta x \to 0} \frac{F(x + \Delta x) - F(x)}{\Delta x} = \lim_{\Delta x \to 0} \frac{(x + \Delta x)^3 - x^3}{\Delta x}$$

$$= \lim_{\Delta x \to 0} \frac{3x^2 \Delta x + 3x(\Delta x)^2 + (\Delta x)^3}{\Delta x}$$

$$= \lim_{\Delta x \to 0} [3x^2 + 3x\Delta x + (\Delta x)^2] = 3x^2$$

在整個計算過程中，我們的論述是這樣的：由於 $\Delta x \neq 0$，故它可以當分母並且可從分子與分母消去；其次因為 Δx 趨近於 0，故 $3x^2 + 3x\Delta x + (\Delta x)^2$ 趨近於 $3x^2$。這樣的論述其實跟無窮小論述法差不多。目前較通行是極限論述法。

事實上，極限概念有直觀（良知良能）的一面，也有深奧的一面（ε–δ 與 ε–N 的定式），真正要說清楚也是相當費事的。這留給正式微積分課去解說。

我們作一個很重要的觀察：差和分與微積分的**類推**，微積分是差和分的**連續化**，差和分是微積分的**離散化**。

對於離散世界的情形，給兩個數列 $u = (u_k)$ 與 $v = (v_k)$。如果它們滿足 $\Delta v = u$，我們就記為

$$\Delta^{-1}u = \sum u = \sum \Delta v = v$$

而稱 $\sum u$ 為 u 的**不定和分**，$\Delta^{-1}u$ 為**反差分**。不定和分 $\sum$ 與反差分 Δ^{-1} 是同一回事的不同說法，即 $\Delta^{-1} = \sum$。因而差分 Δ 與（不定）和分 $\sum$

互逆。這樣做非常方便，欲求定和分 $\sum\limits_{k=1}^{n} u_k$ 只需對 $v = \Sigma u$ 再附加上下限就好：

$$\sum_{k=1}^{n} u_k = v_k \Big|_1^{n+1} = v_{n+1} - v_1 \qquad （注意右邊的上限要加 1）$$

　　同樣的道理，對於連續世界的情形，給兩個函數 $F(x)$ 與 $f(x)$，如果微分操作 d 將 $F(x)$ 操作成 $f(x)dx$，即滿足下面的微分公式：

$$dF(x) = f(x)dx \text{ 或 } \frac{dF(x)}{dx} = f(x)$$

那麼萊布尼茲記其逆操作 d^{-1} 的作用為

$$d^{-1}(f(x)dx) = \int f(x)dx = \int dF(x) = F(x) \tag{12}$$

並且稱 $\int f(x)dx$ 為 $f(x)$ **不定積分** (indefinite integral)，而稱 $d^{-1}f(x)$ 為**反微分**。不定積分 $\int$ 與反微分 d^{-1} 是同一回事的不同說法，即 $d^{-1} = \int$。因而微分 d 與（不定）積分 $\int$ 互逆。再把上下限套上(12)式就得到 N–L 公式：

$$\int_a^b f(x)dx = F(x) \Big|_a^b \equiv F(b) - F(x)$$

我們列出類推對照表:

差和分 (離散)	微積分 (連續)
數列 　　$u = (u_n)$ 　　$v = (v_n)$	函數 　　$f(x)$ 　　$F(x)$
差分 　　$\Delta v = u$	微分 　　$dF(x) = f(x)dx$
反差分 　　$\Delta^{-1} u = v$	反微分 　　$d^{-1}(f(x)dx) = F(x)$
不定和分 　　$\Delta^{-1} = \sum$ 　　$\sum u = v$	不定積分 　　$d^{-1} = \int$ 　　$\int f(x)dx = F(x)$
附加上下限 　　$\sum\limits_{k=1}^{n} u_k = v_k \Big\|_1^{n+1}$	附加上下限,得到 N–L 公式 　　$\int_a^b f(x)dx = F(x)\Big\|_a^b$
Δ 與 $\sum$ 的互逆性 　　$\Delta \sum u = u$ 　　$\sum \Delta u = u$	d 與 $\int$ 的互逆性 　　$d\int f(x)dx = f(x)dx$ 　　$\int dF(x) = F(x)$

註 從現代微積分來看,上述的不定積分公式 $\int f(x)dx = F(x)$ 少了一個不定積分常數, 正確的公式是 $\int f(x)dx = F(x) + C$。然而, 這並不影響定積分的計算。只有在解微分方程時, 不定積分的常數才變得重要。

我們再圖解 d 與 D 的作用與對應關係如下：

(i)萊布尼茲的微分 d 之正算與逆算：

$$F(x) \rightarrow \boxed{}^{\overset{d}{}} \rightarrow dF(x) = f(x)dx$$

$$F(x) = d^{-1}(f(x)dx) \leftarrow \boxed{}^{\overset{d^{-1}}{}} \leftarrow f(x)dx$$

$$d^{-1}(f(x)dx) = \int f(x)dx = d^{-1}(dF(x)) = F(x)$$

(ii)現代的微分算子 D 之正算與逆算：

$$F(x) \rightarrow \boxed{}^{\overset{D=\frac{d}{dx}}{}} \rightarrow DF(x) = f(x)$$

$$F(x) + C = D^{-1}f(x) \leftarrow \boxed{}^{\overset{D^{-1}}{}} \leftarrow f(x)$$

$$D^{-1}f(x) = \int f(x)dx = \int dF(x) = F(x) + C$$

　　總之，微積分就是利用極限或無窮小來建立微分與積分，再透過微分的逆向運算 d^{-1} 來算積分，求得面積、體積、表面積、曲線長、重心以及里程等，而微分的正向運算 d 又可掌握住求切線、速度、密度、變化率及極值問題，甚至揭開了函數的結構之謎（Taylor 分析）。

　　微分法是非常鋒利的兩面刃，是人類破天荒的成就。S. Bochner 說得好：

> 微分是一個偉大的概念，它不但是分析學而且也是人類認知活動中最具創意的概念。沒有它，就沒有速度或加速度或動量，也沒有密度或電荷或任何其它密度，沒有位勢函數的梯度，從而沒有物理學中的位勢概念，沒有波動方程；沒有力學，沒有物理，沒有科技，什麼都沒有。

11.6 牛頓與萊布尼茲的比較

牛頓與萊布尼茲獨立發明微積分，牛頓由**運動學**切入微積分，而萊布尼茲由差和分的連續化得到微積分。雖然是殊途同歸，但基本思想還是有所差異。我們從幾個觀點來比較兩人的微積分工作。

❖ 甲、記號觀

創造適當的記號，使用記號，是掌握數學的要訣。好的記號可以抓住事物的本質。萊布尼茲全心注重這件事情，創造了美麗的記號 d 與 $\int$，一直沿用到今日。牛頓對於記號就不太講究，他創造的記號不但沒有啟發性，而且也不融貫，現在只剩下 $\dot{x}, \dot{y}, \ddot{x}, \ddot{y}$ 在物理的書裡偶爾還可以看得到，代表速度與加速度。

我們聽萊布尼茲的說法：

In symbols one observes an advantage in discovery which is greatest when they express the exact nature of a thing briefly and, as it were, picture it; then indeed the labor of thought is wonderfully diminished.

（我們看到，當記號準確掌握住事物的本質時，給它具象化，就可達到發現的最大好處，然後思想的勞力就消失了。）

羅素 (Bertrand Russell) 也說得好：

A good notation has a subtlety and suggestiveness which at times make it seem almost like a live teacher.

（一個好的記號具有微妙性與啟發性，有時就像一位活生生的老師。）

❧ 乙、方法論

萊布尼茲是哲學家的心靈，對於數學的形式與想像力敏銳。他永遠追求普遍方法與算則 (algorithms)，使得能夠統合地處理各類問題。基本上，牛頓是科學家，他也隱藏追求普遍方法，但是他更熱衷於解決特殊問題。兩人強調的重點不同，萊布尼茲強調普遍方法，用它來解決特殊問題；牛頓強調可以作推廣的特殊結果。

牛頓從大自然的運動現象，找到微分與積分互逆的模式；萊布尼茲將離散的差和分無窮小化，發現微積分學根本定理。

英國哲學家兼數學家 A. N. Whitehead（羅素的老師）說：

論證的基本道理是，把特殊情形作推廣，然後再把一般情形作特殊化。沒有推廣就沒有論證，沒有具體特例就沒有了重要性。

❧ 丙、無窮小量

牛頓與萊布尼茲同樣都使用無窮小量來當計算工具，也都知道在一般世界中這個概念具有矛盾性，不過兩人都無法解決這個困境。

　　19 世紀之後經由柯西，Weierstrass 等人的努力，提出嚴格的極限定義，把微積分整個建立在極限的論證上面，丟棄無窮小量。然而，無窮小量美妙且好用，它之於微積分就像「原子」之於物理學與化學。數學家無法忘懷，經常用無窮小量在思考，而用極限來書寫。

圖 11–7　　Abraham Robinson (1918～1974)

　　大約經過三百年後的 1960 年，才由邏輯家 Abraham Robinson 給無窮小的概念完成邏輯基礎，發展出「**非標準分析學**」(Non-Standard Analysis)，把微積分建基於無窮小論證法。這是 20 世紀數學界的重大成就之一。相對地，傳統採用極限論證法的分析學，叫做「標準分析學」(Standard Analysis)。兩者是殊途同歸。

　　以微積分為核心基礎所發展出來的一門數學分支叫做「分析學」(Analysis)，它跟代數學 (Algebra) 與幾何學 (Geometry) 形成數學的三足鼎立。

丁、變量的概念

牛頓與萊布尼茲兩個人都研究**變量** (variables)，牛頓把它們視為隨著時間作連續運動的量，但萊布尼茲卻視為一個數列，接續兩項之間是無窮地靠近。這導致兩人對微積分看法的差異：牛頓的基本概念是「**流率**」(fluxions)，即變量相對於時間的變化率或有限速度；而萊布尼茲的基本概念是「**微分**」(differential)，即數列中接續兩項的無窮小之差。

兩人對於**積分**概念及其在微積分根本定理中所扮演的角色，看法也不同。對於牛頓來說，給流率求得的流量 (fluent) 就是積分；因此他的根本定理只不過是透過積分的定義就看出來了。萊布尼茲則視積分為求和，他的微積分根本定理無法由積分的定義看出來，而是透過求和與求差是互逆的運算洞察出來的。

一般而言，萊布尼茲的微積分是解析的，把微分 d 與積分 $\int$ 看作是算子 (operators)。牛頓的微積分偏向幾何與物理的圖像。

值得注意的是，現代微積分的主角是**函數**，而不是變數。函數一詞是萊布尼茲首度引進來的。雖然我們仍然可以看見，在現代機率論中，還保留著「隨機變數」的古名，但它其實是一種特別的函數。

戊、微積分的優先權之爭

牛頓與萊布尼茲原本是好朋友，並且互相尊敬。萊布尼茲曾稱讚牛頓說：

> 從世界開始到牛頓時代為止的全部數學，牛頓的貢獻超過了一半。

　　但是後來為了「到底誰先發明微積分」的問題，引起兩人，甚至是兩國（英國與德國）之間有關微積分優先權的爭執。開啟了數學史上最長的、最惡毒的、最具破壞性的爭吵。

　　萊布尼茲在 1684 年發表第一篇微分論文，提出微分的概念，並且引進微分的記號 dx, dy。1686 年他又發表積分論文，討論微分與積分的關係，引進積分符號 $\int$。根據萊布尼茲的筆記本，1675 年 11 月 11 日他已經完成一套完整的微積分學。

　　牛頓比萊布尼茲早發現微積分，1666 年就寫好「流數論」，但是放在抽屜裡從未發表。1669 年寫的「分析論」(De Analysi) 直到 1711 年才出版，1693 年寫的「曲線的積分」，直到 1704 年才出版。

　　然而在 1695 年英國學者 Wallis 宣稱：微積分的發明權屬於牛頓。1699 年又主張：牛頓是微積分的「第一發明人」。這挑起了牛頓和萊布尼茲的戰爭。

　　剛開始的時候，只是溫和的間接諷刺，很快雙方就升高為直接互相指控對方抄襲。在追隨者的慫恿下，都熱切希望己方勝利，以保住盛名。雖然牛頓從不在公共場合露面，但是大部分的控訴文件都是他親手寫的，並且用他手下年輕人的名字發表。

　　牛頓在 1703 年當上英國皇家協會的主席，在 1712 年成立了一個所謂的「公正」委員會，來調查此案，他秘密寫了一份官方的調查報告，由皇家協會在 1712 年出版，1713 年初發布公告：「確認牛頓先發明微積分。」另一方面又經過牛頓以匿名的方式審查，然後發表在哲學會報 (Philosophical Transactions) 的期刊上面。即使萊布尼茲死了，也無法緩和牛頓的怒氣。

　　萊布尼茲直至去世後的幾年都受到了冷遇。由於英國學者對牛頓盲目崇拜，長期固守於牛頓的流數論。當英國把爭吵變成是愛國忠誠時，這使得英國堅持只用牛頓煩瑣的幾何方法與笨拙的微積分記號，並且瞧不起歐陸的先進發展，更不屑採用萊布尼茲的優秀記號，讓英國的科學與數學停滯，脫離了數學發展的主流。

　　在歐陸，採用萊布尼茲的優越符號，數學蓬勃發展。萊布尼茲的解析方法被證明為是更加好用，他的追隨者共同推動著數學史上最輝煌的一段發展。在英國所謂的「偉大的憤怒」仍然持續著，英國人拒絕讀歐陸的 Bernoulli 家族、歐拉、拉格朗日、拉普拉斯、高斯、Riemann 等這些人所寫的東西；這導致英國的數學沉淪為無能且變成無關緊要，只能插進標點符號的境地，這種狀態幾乎持續了整個 18 世紀。

　　直到 19 世紀初，劍橋大學有一群年輕數學學者驚醒了，在 1812 年成立「解析學會」(Analytical Society)。領導者之一的 Chales Babbage (1792～1871)，提出學會的宗旨是：

　　促進純 d 主義，並且反對大學長期的純·(dot) 主義。

挑明鼓吹萊布尼茲的微分記號，放棄牛頓流數論的記號（在 x, y 上方加一個點或兩個點），並且改革微積分的教學，要迎頭趕上歐陸的數學。這啟示我們，優秀的記號實在太重要了。

　　旁觀者清，現在我們都公認，微積分是牛頓與萊布尼茲兩個人各自以不同的方式獨立地發展出來的。牛頓早於萊布尼茲 8 或 10 年得到，但是沒有出版，而萊布尼茲在 1684 年與 1686 年的論文是微積分最早出版的文獻。然而，現在看起來很單純的事實，在當時就不單純，當局者迷。

微積分的聯想

如果你到花蓮看見太平洋的壯觀與美麗，那麼微積分更超過千萬倍! 因為太平洋的水分子個數雖多，但是，終究是有限; 而微積分是道地的無窮之學:由無窮小和無窮大演奏的交響曲，並且發出的是理性的音樂。請你駐足傾聽!

從古希臘時代開始，微積分歷經人類一流天才參悟兩千多年，最後，牛頓與萊布尼茲悟道，他們異口同聲地說:「Aha! Eureka, Eureka! 我發現了微分 d（或 $D = \dfrac{d}{dt}$）這把千古的寶劍，能夠測量萬物的變化，並且給予定名。大千起於微塵，微塵映照大千，一切析微、致積與變化之謎，都蘊藏在當下飛逝的瞬間（即微分）。」

永恆含容剎那，剎那洞明永恆;給純美立標竿，給真理以證明。將任何量 Q 析微成為無窮多個無窮小量 dQ，再將無窮多個無窮小量致積起來就復得原量:

$$\int dQ = Q \quad \text{或} \quad \int_a^b dQ = Q(b) - Q(a)$$

真理是這麼簡潔、清晰又漂亮! 微積分深奧美妙，有如燦爛的星空。每一條公式都是一顆星，閃閃發光。每一則定理都是一首詩，無窮晶瑩。微積分的星空，非常希臘。請你駐足欣賞。

萊布尼茲的嘉言：

The art of discovering the causes of phenomena, or true hypothesis, is like the art of deciphering, in which an ingenious conjecture greatly shortens the road.

（發現事物的原因或提出真正的假說之藝術，就像解開密碼的藝術，一個高明的猜測可以大大地縮短通到發現的路徑。）

Although the whole of this life were said to be nothing but a dream and the physical world nothing but a phantasm, I should call this dream or phantasm real enough, if, using reason well, we were never deceived by it.

（雖然人生如夢，物理世界如幻影，如果我們好好利用理性，它們就永遠無法欺騙我們，那麼我必須說，這個夢或幻影是如此的真實。）

第12章

微分三角形的魅力

> 人不過是如蘆葦,在自然界中最脆弱,但他是會思考的蘆葦。人因思想而偉大,而獲得尊嚴。
>
> —巴斯卡《沉思錄》—

　　微分三角形 (differential triangle) 在微積分發展史上扮演一個很關鍵性的角色，這是巴斯卡 (Pascal，1623～1662) 在 1659 年研究有關於圓的求積時所發現的。

　　在 1660 年代巴羅也利用微分三角形，搭配無窮小論證法 (infinitesimal argument)，來求切線斜率，這是一種幾何式的微分法（參見第 9 章第 1 節）。

　　萊布尼茲在 1670 年代把巴斯卡的方法，從圓推廣到一般曲線的情形，發展成為他獨特的「**轉換方法**」(transmutation method)，變成很有效的積分技巧。

　　微分三角形是個「**無窮小的直角三角形**」，因此可以使用歐氏幾何的畢氏定理與相似三角形基本定理，這些都是很方便的計算工具。

12.1　什麼是微分三角形？

　　人站立在空無與無窮之間：面對無窮，他是空無；面對空無，他是無窮。人可以有兩個方向的想像：往大的方向與往小的方向。

　　例如，往小的方向：給一直角三角形，想像它越縮越小，縮至無窮小的直角三角形，畢氏定理永遠適用。特別地，在坐標平面上，如果這個無窮小直角三角形跟曲線有關時，斜邊是曲線的小段，而兩股分別在 x, y 方向，它就可以揭開曲線的變化秘密，這是巴斯卡的偉大創見。

　　詳言之，在圖 12–1 中，給一條曲線 $F(x, y) = 0$，在圖形上取一點 $P(x, y)$，再取無限靠近的一點 $Q(x + dx, y + dy)$，因此通過 P 與 Q 的直線就是原曲線，也是切線的小段。在無窮小的範圍來看，曲線與切線可視為合一。

再以線段 PQ 為斜邊作一個無窮小的直角三角形 $\triangle PQR$，那麼
$\triangle PQR$ 就叫做**微分三角形**，又叫做**特徵三角形**。它的斜邊為 ds，底
為 dx，高為 dy。本來無窮小的微分三角形幾乎是一個點而已，是看
不到的，但是在圖 12–1 中我們作出的是一個放大的微分三角形。

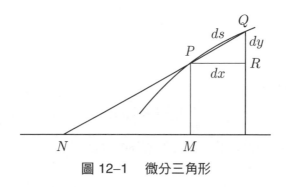

圖 12–1　　微分三角形

12.2　巴斯卡首創微分三角形

回到歷史的根源，我們看巴斯卡如何首度使用微分三角形來解
求積的問題。在圖 12–2 中，曲線 CDB 是四分之一圓，A 點為圓心，
$\overline{DA} = a$ 為半徑，$\triangle EFK$ 為微分三角形（放大來看），$\overline{EK} = dx$，$\overline{FK}$
$= dy$，$\overline{EF} = ds$，$\overline{DG} = y$。

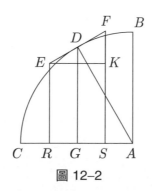

圖 12–2

例題 1

半徑為 a 的球，它的表面積為 $4\pi a^2$。

解 在圖 12–2 中，$\triangle EFK$ 與 $\triangle DAG$ 相似，所以

$$\frac{ds}{a} = \frac{dx}{y}$$

從而

$$yds = adx \tag{1}$$

作積分得到

$$\int yds = \int adx \tag{2}$$

將(1)式兩邊同乘以 2π，再作積分就得到

$$\int_0^{\frac{\pi a}{2}} 2\pi yds = \int_0^a 2\pi adx = 2\pi a\int_0^a dx = 2\pi a^2 \tag{3}$$

因為積分 $\int_a^b 2\pi yds$ 表示旋轉體的側表面積，所以(3)式是半球的表面積。因此，球的表面積為 $4\pi a^2$。

註 上面(2)式的意義是，將左端難算的積分轉換成右端易算的積分，這是一種「以簡御繁」的功夫。數學中的許多公式都有這種意涵。

習題 1

利用(2)式，並且考慮圖 12–2 裡的圓相應於圓心角 θ 在 $\alpha \leq \theta \leq \beta$ 的弧段，證明積分公式：

$$\int_\alpha^\beta \sin\theta d\theta = \cos\alpha - \cos\beta$$

　　值得注意的是，利用微分三角形來求算積分，可以暗示求切線與求面積的互逆性。但是巴斯卡似乎無意於探索求切線問題，所以他喪失掉一次偉大發現的機會。萊布尼茲後來曾指出：「巴斯卡的眼界有侷限」。另外，巴斯卡也沒有認真學習 Viète 與笛卡兒的代數學，因此無法從符號上得到發現的啟示。這千載難逢的機會被萊布尼茲抓住了。

12.3　萊布尼茲的特徵三角形

　　萊布尼茲在 1673 年經由惠更斯的介紹，讀到了巴斯卡的著作，讓他突然「大放光明」(burst of light)。他洞察到巴斯卡的無窮小微分三角形的求積方法可以推廣到一般的曲線，並且將此三角形重新命名為「**特徵三角形**」(characteristic triangle)。萊布尼茲「聞一知無窮」，這幾乎是數學家經常做的工作，並且樂在其中。

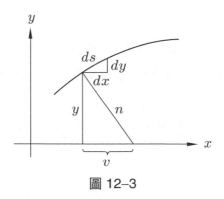

圖 12–3

　　在圖 12–3 中，考慮一般的曲線，並且用法向的線段 n 取代圖 12–2 中的圓之半徑 $\overline{DA}$，同樣利用相似三角形基本定理，於是

$$\frac{ds}{n} = \frac{dx}{y} \text{ 或 } yds = ndx$$

作積分得到

$$\int y ds = \int n dx \tag{4}$$

從而

$$\int 2\pi y ds = \int 2\pi n dx \tag{5}$$

習題 2

考慮拋物線 $y = \sqrt{x}$，$0 \le x \le a$。假設已知 $\dfrac{dy}{dx} = \dfrac{1}{2\sqrt{x}}$，證明拋物線的

法向的線段為 $n = \dfrac{1}{2}\sqrt{4x+1}$。再利用(5)式證明拋物線繞 x 軸旋轉

所得拋物面的側表面積為

$$A = \int 2\pi y ds = \int_0^a 2\pi n dx = \pi \int_0^a \sqrt{4x+1}\,dx = \frac{\pi}{6}[(4a+1)^{\frac{3}{2}} - 1]$$

習題 3

求拋物線 $y = x^2$，$0 \le x \le a$，繞 x 軸旋轉所得旋轉體的側表面積。

　　事實上，(5)式並不新，當萊布尼茲把它告訴惠更斯時，惠更斯說，他早在 1657 年就已用它來求算拋物線旋轉體的表面積了。

12.4　萊布尼茲的轉換法

　　然而，萊布尼茲厲害的地方是，他進一步發展出「**轉換方法**」(transmutation method)，走入更豐富的求積世界，得到今日所謂的「**分部積分公式**」(integration by parts)，這是積分兩大技巧之一，另一個是「**變數代換公式**」。

甲、什麼是積分?

在圖 12–4 裡，考慮函數 $y = y(x)$ 在區間 $[a, b]$ 上所圍成領域的面積。萊布尼茲想像這個領域是由無窮多個以 y 為高，以無窮小 dx 為底的「無窮小長方形」(infinitesimal rectangles) 面積 ydx 累積而成的。當時對於 dx 的認知是要多小就有多小，小到不可再分割，但不為 0 的長度，雖然沒有嚴謹的定義，但是萊布尼茲認為這已經足夠表達，而直接拿來使用，他把定義的工作留給後人。

現在將無窮多個「無窮小長方形」的面積為 ydx 連續累積起來，就得到所要的面積 $\int_a^b ydx$，這就是我們現在所使用的定積分記號。

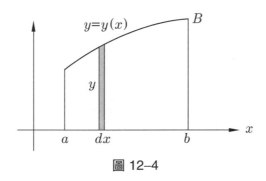

圖 12–4

乙、如何求積分 $\int_a^b ydx$?

用適當的符號表現面積之後，萊布尼茲重新思考到底要如何求 $\int_a^b ydx$?

在圖 12–5 中，他先在曲線上隨意取一點 $P(x, y)$，並且通過它作切線 t，令切線與 x 軸交於 $T(0, z)$，他把切線視同為「在曲線上兩個無窮靠近的點所連成的直線」。因此，切線 t 通過跟 P 無窮靠近的 Q 點。

其次萊布尼茲作出特徵三角形 $\triangle PQR$，令 $\overline{PQ} = ds$，$\overline{PR} = dx$，$\overline{QR} = dy$。接著再作出一個跟特徵三角形相似的三角形：先從 T 點對 P 的 y 分量作垂線，得到 $\triangle TPD \sim \triangle PQR$，因此

$$\frac{dy}{dx} = \frac{\overline{PD}}{\overline{TD}} = \frac{y - z}{x}$$

解得

$$z = y - x\frac{dy}{dx} \tag{6}$$

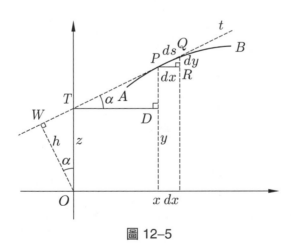

圖 12–5

他再從原點 O 出發，對切線 t 作垂線交於 W，因為 $\angle PTD$ 與 $\angle WTO$ 互餘的關係可以知道 $\triangle OWT \sim \triangle TDP \sim \triangle PRQ$。我們用另

一個跟特徵三角形相似的三角形 $\triangle OWT$，得到另一個比例式：

$$\frac{ds}{dx} = \frac{z}{h} \ \text{或} \ hds = zdx \qquad (7)$$

　　有了這些準備工作，我們就可以來介紹萊布尼茲獨創的求算積分的轉換定理 (Transmutation Theorem)。

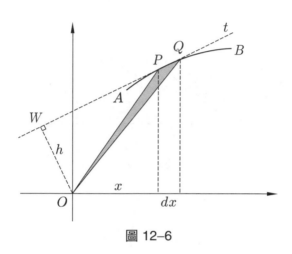

圖 12–6

❖ 丙、轉換定理

　　萊布尼茲重新作了一個新的三角形，參見圖 12–6。他把 P，Q 連到 O 點，形成了 $\triangle OPQ$ 的無窮小三角形 (infinitesimal triangle)。這個三角形是萊布尼茲發展轉換定理的關鍵核心，由圖 12–6 與(7)式可以看出 $\triangle OPQ$ 的面積為

$$\frac{1}{2}hds = \frac{1}{2}zdx$$

　　接下來他想像在曲線 $APQB$ 上作出無限多個這樣的三角形，見圖 12–7，相加起來就得到由線段 AO、曲線 $APQB$、以及線段 BO 所圍成領域的面積。

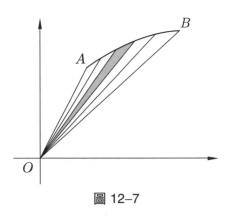

圖 12–7

　　因此，類似扇形 AOB 的面積為

$$\int \frac{1}{2} h ds = \frac{1}{2} \int z dx \tag{8}$$

　　當然，萊布尼茲欲求的並不是這個面積，而是曲線 $APQB$ 下面所圍領域的面積 $\int_a^b y dx$。由圖 12–8 可以得到：

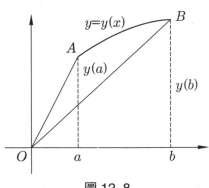

圖 12–8

$$\int_a^b ydx = AOB \text{ 的面積} + \triangle BOb \text{ 的面積} - \triangle AOa \text{ 的面積}$$

$$= \frac{1}{2}\int_a^b zdx + \frac{1}{2}b \cdot y(a) - \frac{1}{2}a \cdot y(a) \qquad (9)$$

定理　萊布尼茲的轉換定理，1674 年

$$\int_a^b ydx = \frac{1}{2}\int_a^b zdx + \frac{1}{2}(xy)\Big|_a^b \qquad (10)$$

　　萊布尼茲為什麼要把它取名為轉換定理呢？此式顯示，原積分 $\int_a^b ydx$ 轉換成另外一個積分 $\frac{1}{2}\int_a^b zdx$ 加上一個常數 $\frac{1}{2}b \cdot y(b)$ $- \frac{1}{2}a \cdot y(a)$。不過我們也很清楚知道，這樣的轉換並沒有立即給我們答案，反而好像是給了我們另一道積分問題，如果這道新的積分問題不容易計算，那麼這樣轉換就失去了意義，所以要讓這個轉換有使用的價值，唯一的可能就是新的積分要比原來的積分容易求算，或者更好的情形就是，得到一個可以利用現有的積分公式做出來的積分。當時的數學家把這個新的積分中的新曲線方程式 z 稱為積分輔助曲線 (quardratrix)，意思就是簡化求積分的一種工具。

❖ 丁、分部積分公式

　　回到(6)式：$z = y - x\dfrac{dy}{dx}$。兩邊乘上 dx 得到 $zdx = ydx - xdy$，代回(9)式，得到

$$\int_a^b ydx = \frac{1}{2}\int_a^b zdx + \frac{1}{2}b \cdot y(b) - \frac{1}{2}a \cdot y(a)$$

$$= \frac{1}{2}\int_a^b ydx - \frac{1}{2}\int_{y(a)}^{y(b)} xdy + \frac{1}{2}b \cdot y(b) - \frac{1}{2}a \cdot y(a)$$

把 $\dfrac{1}{2}\displaystyle\int_a^b ydx$ 移項，整理一下，就得到

$$\int_a^b ydx = (xy)\Big|_a^b - \int_{y(a)}^{y(b)} xdy \tag{11}$$

這是分部積分公式的特例。

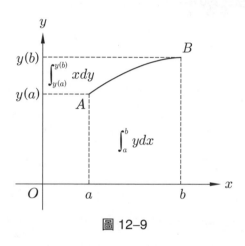

圖 12–9

　　這個公式的幾何意義可以用圖 12–9 來說明：$\displaystyle\int_a^b ydx$ 就是曲線

$y = y(x)$ 下的面積，而 $\displaystyle\int_{y(a)}^{y(b)} xdy$ 就是曲線 $y = y(x)$ 往水平方向與 y 軸

圍成的面積，這兩塊面積相加起來正好就是大長方形面積 $b \cdot y(b)$ 減

掉小長方形面積 $a \cdot y(a)$，也就是 $\displaystyle\int_a^b ydx + \int_{y(a)}^{y(b)} xdy = b \cdot y(b) - a \cdot y(a)$，

即為(11)式。

　　推廣之，如果我們分別讓 x，y 代表不同的兩個函數，也就是令

$$x = f(u), \quad y = g(u), \quad u \in [a, \; b]$$

再代入⑾式重新整理一下可以得到一個重要的結果:

$$\int_a^b f(u)g'(u)du = [f(u)g(u)]\Big|_a^b - \int_a^b g(u)f'(u)du \qquad (12)$$

叫做**分部積分公式** (integration by parts)。

12.5 萊布尼茲的級數

　　轉換定理的一個最佳應用是, 萊布尼茲把它應用到四分之一圓弧的曲線, 得到著名的萊布尼茲級數:

$$1 - \frac{1}{3} + \frac{1}{5} - \frac{1}{7} + \cdots + (-1)^{k+1}\frac{1}{2k-1} + \cdots = \frac{\pi}{4}$$

　　下面我們就來看萊布尼茲如何做成這件事情。考慮函數 $y = \sqrt{2x-x^2}$, 這是以 $(0, 1)$ 為圓心, 半徑為 1 的單位圓 $(x-1)^2 + y^2 = 1$。首先他考慮 x 從 0 到 1 的四分之一圓之面積。參見圖 12–10, 在他那個時代當然知道答案是 $\frac{\pi}{4}$, 因此, 由轉換定理, 即⑽式與⑹式得到

$$\frac{\pi}{4} = \int_0^1 ydx = \frac{1}{2}(xy)\Big|_0^1 + \frac{1}{2}\int_0^1 zdx, \quad 其中 z = y - x\frac{dy}{dx}$$

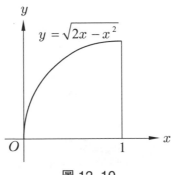

圖 12–10

現在的困難是計算積分 $\int_0^1 zdx$，萊布尼茲的辦法如下：圓的方程式 $(x-1)^2 + y^2 = 1$ 可以寫成 $x^2 + y^2 = 2x$，萊布尼茲先對它作微分得到 $2xdx + 2ydy = 2dx$，從而 $\dfrac{dy}{dx} = \dfrac{1-x}{y}$。接著把這些代入 $z = y - x\dfrac{dy}{dx}$ 得到

$$z = y - x(\frac{1-x}{y}) = \frac{y^2 - x + x^2}{y} = \frac{x}{y}$$

於是

$$z^2 = \frac{x^2}{y^2} = \frac{x^2}{2x - x^2} = \frac{x}{2-x}$$

從而

$$z = \sqrt{\frac{x}{2-x}}, \quad x = \frac{2z^2}{1+z^2}$$

現在欲求 $\int_0^1 zdx$，這是求圖 12–11 裡陰影領域的面積。萊布尼茲又採用轉換法，把問題轉化為求對偶的 $\int_0^1 xdz$，參見圖 12–11：

$$\int_0^1 zdx = \text{正方形的面積} - \int_0^1 xdz = 1 - \int_0^1 xdz$$

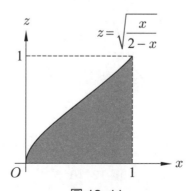

圖 12–11

他把觀察到的結果代回上面的式子得到

$$\frac{\pi}{4} = \frac{1}{2}(xy)\Big|_0^1 + \frac{1}{2}\int_0^1 z\,dx = \frac{1}{2} + \frac{1}{2}(1 - \int_0^1 x\,dz)$$

$$= 1 - \frac{1}{2}\int_0^1 \frac{2z^2}{1+z^2}dz = 1 - \int_0^1 \frac{z^2}{1+z^2}dz$$

被積分項 $\dfrac{z^2}{1+z^2}$ 正好是首項為 z^2，公比為 $-z^2$ 的無窮等比級數，故

$$\frac{z^2}{1+z^2} = z^2 - z^4 + z^6 - z^8 + \cdots$$

代入上式就得到

$$\frac{\pi}{4} = 1 - \int_0^1 (z^2 - z^4 + z^6 - z^8 + \cdots)dz$$

$$= 1 - (\frac{z^3}{3} - \frac{z^5}{5} + \frac{z^7}{7} - \frac{z^9}{9} + \cdots)\Big|_0^1$$

從而得到著名的**萊布尼茲級數**（1674 年）：

$$1 - \frac{1}{3} + \frac{1}{5} - \frac{1}{7} + \cdots + (-1)^{k+1}\frac{1}{2k-1} + \cdots = \frac{\pi}{4} \qquad (13)$$

他欣喜得脫口而出說：「上帝喜愛奇數!」（God delights in odd numbers.）

　　當萊布尼茲第一次把這個結果拿給惠更斯看的時候，惠更斯稱讚不已，並且對他說：「這個級數將會永遠存留在數學家們的腦海裡。」他也說出這個發現的意義：「這是第一個將圓的面積 (π) 表為有理數所形成的級數。」

🈂 英國數學家 James Gregory 在 1671 年，發現了 $\tan^{-1} x$ 的展開式

$$\tan^{-1} x = x - \frac{x^3}{3} + \frac{x^5}{5} - \frac{x^7}{7} + \cdots$$

再以 $x = 1$ 代入，也發現了(13)式。

12.6　牛頓求曲線的長度

考慮函數 $y = f(x)$ 在 $(x, f(x))$ 點處的微分三角形，參見圖 12–12。我們立即就有下面兩個有用的公式：

$$dy = f'(x)dx$$

以及

$$(ds)^2 = (dx)^2 + (dy)^2 \qquad （畢氏定理） \tag{14}$$

圖 12–13 是將微分三角形單獨取下來，放大以方便觀察。

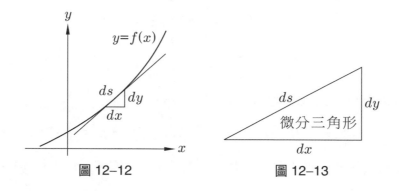

圖 12–12　　　　　　　　圖 12–13

牛頓由(14)式得到

$$ds = \sqrt{(dx)^2 + (dy)^2} \tag{15}$$

進一步，若曲線給的是參數式

$$\begin{cases} x = x(t) \\ y = y(t) \end{cases}, \quad t \in [a, b]$$

就得到**曲線的長度公式**：

$$L = \int_a^b ds = \int_a^b \sqrt{\left(\frac{dx}{dt}\right)^2 + \left(\frac{dy}{dt}\right)^2}\, dt \tag{16}$$

若給的是函數式 $y = f(x)$，$x \in [a,\ b]$，那麼曲線的長度公式就是：

$$L = \int_a^b \sqrt{1 + (\frac{dy}{dx})^2} \, dx \qquad (17)$$

這就是在目前的微積分教科書中，所呈現的曲線長度公式，這是微分三角形的一種應用。

例題 2

考慮拋物線 $y = x^2$，我們有 $y' = 2x$。那麼從 $x = 0$ 到 $x = 1$，拋物曲線的長度為

$$L = \int_0^1 \sqrt{1 + 4x^2} \, dx = \{ \frac{1}{2} x \sqrt{1 + 4x^2} + \frac{1}{4} \ln(2x + \sqrt{1 + 4x^2}) \} \Big|_0^1$$

$$= \frac{\sqrt{5}}{2} + \frac{1}{4} \ln(2 + \sqrt{5})$$

習題 4

求下列曲線的長度：

(i) 星形線 (astroid) $x = \cos^3 t$，$y = \sin^3 t$，$0 \le t \le 2\pi$。參見圖 12–14。

(ii) $y = 2x^{\frac{3}{2}}$，$0 \le x \le 2$。

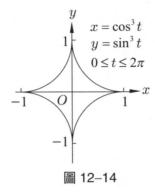

$$x = \cos^3 t$$
$$y = \sin^3 t$$
$$0 \le t \le 2\pi$$

圖 12–14

答：(i) 6；(ii) $\frac{2}{27}(19\sqrt{19} - 1)$。

☕ *Tea Time*

❖ 甲、萊布尼茲的六個夢想

1. 差和分學

2. 微分三角形

3. 單子論 (Monadology)

4. 普遍語言

5. 位置解析學（Analysis Situs，即今日的拓樸學）

6. 發明術

　　其中第 4～6 個沒有實現，而第 3 個是他的哲學。第 4 個是萊布尼茲在 1679 年提出的。他夢想著有一種幾何學的研究，只探討幾何圖形的相對位置，而跟大小與形狀無關。三百餘年後，在 20 世紀上半葉果然發展出「位置解析學」，今日稱為拓樸學 (topology)，這是一門美麗又有用的抽象數學。

❖ 乙、巴斯卡《沉思錄》

　　巴斯卡是數學家又是哲學家，他是第一位有系統地且深刻地思考「人的終極處境」的人，他的思想曾影響德國哲學家海德格 (M. Heidegger，1889～1976)，而海德格是存在主義之父，是精神的神秘之國王。因此巴斯卡可以說是存在主義的祖師爺。我們從他的《沉思錄》中讀幾個片段：

　　人面對一隻跳蚤，牠小小的軀體有著小小的肢節，肢節裡有血管，血管裡有血，血裡有體液，體液裡有滴，滴裡有點，⋯⋯，最後是「空無」(nothingness)，這是「無窮的過程」(infinite process)，讓人看到「無窮的深淵」(infinite abyss)，產生驚奇、恐怖、甚至絕望之情。(按此想像力，很自然就可以得到「無窮小」以及「微分三角形」的概念。)

　　人被懸在空無與無窮這兩個極端的深淵之間。人和無窮相比，是空無；和空無相比，是一切。這就是人間條件！人對於兩個極端幾乎一無所知，它們都深藏在穿不透的神秘之中。人既看不到他所由出的空無，也看不到將他吞噬的無窮。人只能感知微小的中間部分之表象。無限空間的永恆沉默讓我戰慄。

　　對於人而言，他自己是自然界中最為奇異的東西：因為他不能了解肉體是什麼，也不能了解心靈是什麼，更不能了解肉體怎麼會和心靈結合在一起。這是他的一切難題的根源，而這又正是他的生命本身。

第 *13* 章
圖解微積分學根本定理

永勿懼怕「瞬息」，那是永恆唱出的歌聲。

—Tagore (1861～1941)，印度哲學家詩人—

一個重要定理往往具有多面性，值得從不同的角度來加以觀察。牛頓與萊布尼茲分別從不同的角度看出微積分根本定理，這一章我們改採圖解的方式來看它，希望讀者能夠對微積分有一個直觀的了解，讓鮮明的圖像來解說微分與積分的秘密。

我們要利用無窮小的論證法與微分三角形 (differential triangle)，並且模仿巴羅的圖形（參見第 9 章的圖 9–2），來表現一個深刻的定理。

13.1　微分與積分的互逆性

考慮一個連續函數 $y = g(x)$，令 $G(x) = \int_a^x g(t)dt$，這表示在圖 13–1 裡陰影部分的面積，首先我們要來圖解 $D\int_a^x g(t)dt = g(x)$。我們把陰影部分想像成一塊窗簾布，遮住了一扇窗，從這扇窗我們可以看出微分與積分的互逆性。

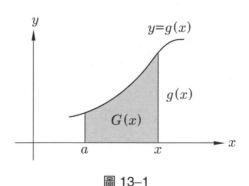

圖 13–1

在圖 13–2 中，假設陰影部分的左邊線段固定，右邊線段可向左右平行拉動，而導致面積產生變動。現在拉動窗簾布，讓 x 變化無窮小量 dx，則面積 $G(x)$ 的變化量就是陰影部分的面積：

$$dG(x) = G(x + dx) - G(x)$$

因為 dx 為無窮小，所以這個陰影部分為無窮小的長方形，底為無窮小 dx，而高為 $g(x)$，故其面積為 $g(x)dx$。從而

$$dG(x) = G(x + dx) - G(x) = g(x)dx \tag{1}$$

兩邊同除以 dx，就得到

$$\frac{dG(x)}{dx} = g(x) \text{ 或 } D\int_a^x g(t)dt = g(x) \tag{2}$$

這表示窗簾布的面積 $G(x)$ 之變化率為 $g(x)$。這就是**微分與積分的互逆性**。由圖 13–2，我們看出了這個重要結果。

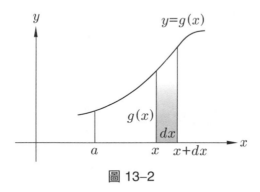

圖 13–2

注意到，在上面圖 13–2 裡，陰影部分的領域幾乎就只是一條線而已，但是為了視覺的方便，我們把 dx 放大。因此，圖 13–2 並不正確，但方便於觀察。

13.2　微分三角形的應用

在圖 13–3 中，給一個函數 $y = F(x)$，其圖形想像成微積分大山，在圖形上取一點 $P(x, y)$，再取無限靠近的一點 $Q(x + dx, y + dy)$，因此通過 P 與 Q 的直線就是 $y = F(x)$ 的切線。

以線段 PQ 為斜邊作一個無窮小的直角三角形 PQR，那麼 $\triangle PQR$ 就是**微分三角形**，又叫做**特徵三角形** (characteristic triangle)。本來無窮小的微分三角形幾乎是一個點而已，是看不到的，但是在圖 13–3 中我們作的是一個放大的微分三角形。

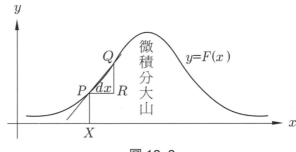

圖 13–3

我們再將圖 13–3 中的微分三角形，單獨取下來，放大，變成圖 13–4。底邊 $\overline{PR}$ 的長度為 dx，斜邊 $\overline{PQ}$ 的斜率為 $F'(x)$。今已知

$$斜率\ F'(x) = \frac{高}{底} = \frac{\overline{QR}}{\overline{PR}} = \frac{\overline{QR}}{dx}$$

所以

$$\overline{QR} = F'(x)dx$$

在微積分發展史上，微分三角形扮演著關鍵性角色，巴斯卡、巴羅、萊布尼茲等人都曾透過它而窺見了微積分。

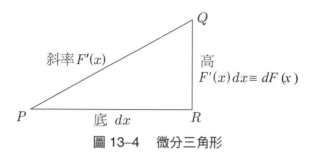

圖 13–4　微分三角形

13.3　N–L 公式的圖解

　　考慮兩個函數 $y = F(x)$ 及其導函數 $y = F'(x) \equiv f(x)$。我們模仿巴羅的辦法，將這兩個函數的圖形同時圖解於同一個坐標平面上：上方是 $y = F(x)$ 的圖形，下方是 $y = f(x)$ 的圖形，參見圖 13–5。

　　在 $y = F(x)$ 圖形上取無窮靠近的兩點 $P(x,\ y)$ 與 $Q(x + dx,\ y + dy)$，這相當於讓獨立變數 x 變化無窮小量 dx。

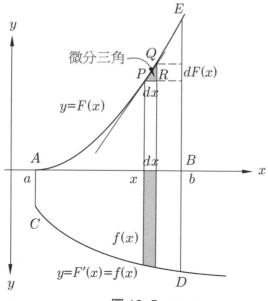

圖 13–5

先觀察 x 軸上方的圖。在 $y = F(x)$ 的圖形上無窮小弧段 PQ 可看成是直線段。$\triangle PQR$ 為微分三角形，底為 dx，斜邊的斜率為 $F'(x)$，於是高為

$$\overline{QR} = F'(x)dx = f(x)dx \tag{3}$$

再觀察 x 軸下方 $y = f(x)$ 的圖形。圖中陰影部分為無窮小的長方形，其面積為

$$f(x)dx = F'(x)dx \tag{4}$$

因為 $F'(x) = f(x)$，兩邊同乘以無窮小的底 dx，就得到 $F'(x)dx = f(x)dx$。這是同一個量的兩種表現，具有兩種詮釋：

$$QR \text{ 的高度 } F'(x)dx = \text{陰影部分的面積 } f(x)dx \tag{5}$$

這是一個神奇的公式！自局部觀之，兩個無窮小相等，故對全局積分起來也相等。

今對(3)式作積分，得到 $\displaystyle\int_a^b F'(x)dx = F(b) - F(a)$。再對(4)式作積分，得到 $\displaystyle\int_a^b f(x)dx$。兩者相等，因此就得到 N–L 公式：

$$\int_a^b f(x)dx = F(b) - F(a) = F(x)\Big|_a^b \tag{6}$$

我們由圖 13–5 就看出了這個重要結果。

13.4 一張圖值千言萬語

圖 13–5 真是太神奇了，一張圖值千言萬語！

在函數 $y = F(x)$ 的圖形上，選取**無窮靠近**的兩個點 P 與 Q，連結成一條通過 P 點的**切線**，引出一個神奇的**微分三角形** $\triangle PQR$，由此揭開了千古的求積分謎題，透過求切線來求積分，這真是美妙，

但是人類花了大約兩千年才得到這個洞識！

　　總之，有一個微分公式 $F'(x) = f(x)$ 就對應兩個積分公式：

一個**不定積分公式**

$$\int f(x)dx = F(x) + C \tag{7}$$

以及一個**定積分公式**

$$\int_a^b f(x)dx = F(b) - F(a) = F(x)\Big|_a^b \tag{8}$$

注意到，(7)式的不定積分記號是美妙的且適切的，只要在它的兩邊加上積分的上限與下限就得到(8)式。

　　在一點上局部無窮小的變化率，透過微分三角形，揭開了運動與變化之謎，從而解決微積分的四類問題。這是微積分提供給我們的微分法，即**局部化方法**。

　　每一個記號都是活生生的，凝聚著「無窮」，都在對我們說話，訴說著一首兩千多年來人類探險「無窮」的史詩。誠摯邀請你，進入微積分之門。

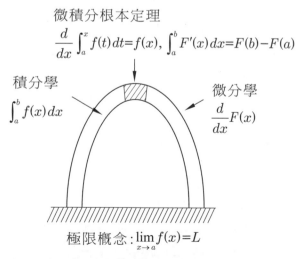

圖 13–6　微積分之門

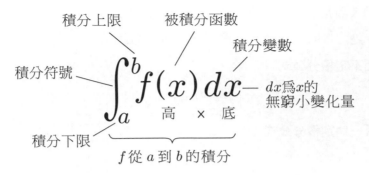

圖 13–7　積分記號裡各部分的意義

Tea Time

　　俄國文學家托爾斯泰 (Tolstoy, 1828 – 1920) 在《戰爭與和平》(*War and Peace*) 這本名著裡，有下面三段話，跟微積分有密切關係:

　　A modern branch of mathematics, having achieved the art of dealing with the infinitely small, can now yield solutions in other more complex problems of motion, which used to appear insoluble. This modern branch of mathematics, unknown to the ancients, when dealing with problems of motion, admits the conception of the infinitely small, and so conforms to the chief condition of motion(absolute continuity)and thereby corrects the inevitable error which the human mind cannot avoid when dealing with separate elements of motion instead of examining continuous motion.

　　In seeking the laws of historical movement just the same thing happens. The movement of humanity, arising as it does from innumerable human wills, is continuous. To understand the laws of this continuous movement is the aim of history.

　　Only by taking an infinitesimally small unit for observation (the differential of history, that is, the individual tendencies of man) and attaining to the art of integrating them (that is, finding the sum of these infinitesimals) can we hope to arrive at the laws of history.

大意是：微積分利用無窮小量來研究自然界的運動與變化現象，相當成功，讓懂得微積分的托爾斯泰把微積分的想法應用到人類的歷史洪流。這個歷史洪流是由許多無窮小的個人意向組成的。上述三段話表達的就是微積分學根本定理，採用微積分的記號來表現就是：

$$d（歷史洪流）＝無窮小的個人意向$$

$$\int 無窮小的個人意向＝歷史洪流（歷史定律）$$

愛因斯坦說：

God does not care about our mathematical difficulties; He integrates empirically.

（上帝才不在乎我們的數學困難；他老練地用積分在行事。）

這句話也有異曲同工之妙。這個世界每一瞬間都在作無窮小量的變化，這是世界的微分；反過來是積分，把無窮小量的變化從過去到現在積分起來，就得到現在世界的樣貌。因此說「上帝老練地用積分在世界上行事。」

第14章

牛頓的定命性原理

難得一片落葉飛翔
玩弄著永恆的時空

—日本・三好達治—

　　古希臘人已經認識到大自然到處都是運動與變化現象。月落星沉，飛沙走石，落葉飄花，無一不是運動現象。哲學家 Heraclitus（約西元前 460～370 年）說：

> Everything is in flux and nothing is at rest.
>
> （萬有皆流變，沒有東西是靜止不動的。）

他們夢想要研究運動現象，但是因為數學程度尚淺，所以無能為力。

　　等到兩千年後，牛頓與萊布尼茲發明微積分，掌握住運動與變化現象，夢想才得以實現並且思想開始起飛。從此，人類對大自然才有了真實的理解，並且越來越加深拓廣。

　　有微積分就順理成章有微分方程，透過微分方程來掌握流變現象，其中微積分學根本定理的 N–L 公式

$$x(t) = x(a) + \int_a^t x'(s)ds$$

扮演著關鍵性的角色。它是 Taylor 分析的出發點，也是建構牛頓定命世界觀 (deterministic world view) 的數學工具。後者就是本章所要討論的主題。

14.1　有秩序的宇宙

　　古希臘文明最重要的成果是，創建了歐氏幾何、邏輯、哲學與民主，背後的力量是創造想像力以及思想的轉變，從古老的神話觀 (mythos) 轉變成理性論證的科學觀，並且提倡「用自然的原因來解釋自然現象」。

他們的宇宙 (cosmos) 是有秩序的，按照一定的規律 (logos) 在運轉，所謂「天地有理氣，雜然賦流形」。他們更相信這個「理氣」可以而且必須用數學來表現，這就是畢氏學派推展的「萬有皆數」的思想運動。他們甚至領悟到，這是一個調和的音樂宇宙，連星球運行時，都演奏著「星球的音樂」(the music of the spheres)。所有這些都變成了西方文明的根源與傳統。

文藝復興之後，現代哲學之父、方法論大師、解析幾何的發明者——笛卡兒，在 1644 年出版《**哲學原理**》(The Principles of Philosophy) 這本影響深遠的經典名著，提出**機械觀的哲學** (Mechanical philosophy)：

> 宇宙像一部巨大的機器，按照一定的規律，透過粒子的碰撞與運動而運轉。

笛卡兒寫此書完全是受到歐氏幾何的啟發，他嘗試為宇宙的運轉提出定律。此書雖然是以演繹的方式來鋪展，但是只作文字上的敘述，基本上沒有數學。

圖 14–1　笛卡兒

　　牛頓讀到此書後深受其影響，但是不滿意其缺乏數學的內涵。因此，他嘗試建構自己的宇宙體系，終於在 1687 年出版曠古名著《**自然哲學的數學原理**》(The Mathematical Principles of Natural Philosophy)，大大超越笛卡兒。牛頓對運動現象的研究，提出了**萬有引力定律**與**三大運動定律**，使得可以統合地處理地面上的物體與天上的星球之運動，給出精細的數學內容，以及嚴謹的計算與推演。

　　自古以來，物理（大自然）是數學問題的泉源。數學的發展循著如下的順序來進展：

$$數（算術）\rightarrow 變數（代數）\rightarrow 函數（微積分）$$

不斷地提升與拓廣，更上一層樓，從「個別」到達可以談論「普遍」，可以掌握大自然的變化與運動現象。函數是微積分的主角。從寬廣的眼光來看，每一個函數 $y = f(x)$ 都代表著一條自然律，實際的或虛擬的，表現兩個變量 x，y 之間的因果關係。

　　由微積分進一步發展出微分方程。微分方程捆住了函數，故它可以看作是捆住**自然律** (laws of nature) 的繩索，或是自然律本身，或是為運動現象所建立的**數學模型**。微分方程佔有「分析學之心」(The heart of Analysis) 的地位。

　　用微分法掌握住每一瞬的變化，建立微分方程（又叫做運動方程），再給現在當下狀態（初位置與初速度），然後利用微積分就可以解出微分方程，算出質點的運動從過去到未來的路徑，從而知道質點的過去，也預知其未來，例如對於太陽系，牛頓相當成功地掌握星球運行的軌道。牛頓用微積分實現了笛卡兒的機械觀哲學，世

界展現在陽光下，準確清晰，後人把這個世界圖像尊稱為**牛頓的定命世界觀** (Newton's deterministic world view)。

　　了解現況、探索未知與預測未來，是人類的夢想，只有透過研究學問與生活實踐才是平實之路。物理學家為大自然建立物理理論，就是要適配 (fit) 既知，預測未知。從亞里斯多德的物理學到牛頓的物理學，再到相對論與量子論，以及今日正在建構的超弦理論 (Super String Theory)，一路發展下來，數學都扮演著中心的角色。

14.2 演化問題

　　所謂運動現象或演化現象就是：

　　一個質點 (particle) 在狀態空間 (state space) 中，在時間 (time) 的推移下，按照某種機制 (mechanism) 作運動，得到一條路徑 (path)。

因此，要描述一個質點的運動現象牽涉到五個要件：

　　質點、狀態空間、時軸 (time axis)、運動機制與路徑。

注意到：質點與狀態都可以是抽象的，例如股票價格的波動，我們可以想像有一個「股票質點」在做運動，它的狀態就是「股價」，不過這會涉及**機運** (chance)。本書只探討跟機運無關的運動現象，例如蘋果落地與星球運行。

　　我們再將時軸分成**離散** (discrete) 與**連續** (continuous) 兩種範疇。所謂離散的範疇是指時間 $n = 0$，1，2，3，…，而連續的範疇是指時間 t 在實數系的某個區間中變動。

令數列 (x_n) 或函數 $x = x(t)$ 表示質點在時刻 n 或時刻 t 的狀態（通常是指位置）。對於運動現象，我們最關切的核心問題是，要掌握住整個演化過程 (evolution process)，求得運動路徑。

我們必須略懂一些演化過程。大自然不會顯露她的秘密，也不會故意隱藏，她會透露一些線索，讓我們循著線索來探求其秘密。

（問　題）

對於 (x_n) 與 $x = x(t)$，大自然透露什麼訊息呢?

14.3　一階差分方程

先從最簡單的一維離散運動開始思考。我們的基本問題是: 如何確立質點的運動路徑 (x_n)?

路是人走出來的，從某處出發，一步一步走下去，一步一腳印，就走出一條路徑 (x_n)。因此，合乎自然理氣，我們能夠知道下面兩個訊息:

(i) 出發點 x_0，以及

(ii) 往後每一步的步幅 Δx_n，$n = 0$，1，2，$\cdots$。

❖ 甲、一階差分方程

假設已知質點的出發點為 x_0，步幅為 (b_n)，那麼質點的運動路徑 (x_n) 就滿足一階差分方程:

$$\begin{cases} \Delta x_n = b_n, \ n = 0, \ 1, \ 2, \ \cdots \\ x_0 = a_0 \end{cases} \tag{1}$$

前式叫做**運動方程** (equation of motion)，後式叫做**初始條件** (initial condition)。在此我們視 (x_n) 為未知，我們要來求解此差分方程。

根據差和分公式，我們就得到：

▌定理 1　一階差分方程的存在與唯一定理 ▌─────────

上述(1)式的一階差分方程之解答存在且唯一，並且解答為

$$x_n = a_0 + \sum_{k=0}^{n-1} b_k, \quad n = 0, 1, 2, 3, \cdots \tag{2}$$

❖ 乙、數學歸納法

本質上，(1)式的兩個條件對應**數學歸納法**的兩個步驟。

考慮自然數系 $\mathbb{N} = \{0, 1, 2, 3, 4, 5, \cdots\}$，為方便起見我們也把 0 包括進來。今假設 $A \subset \mathbb{N}$。**數學歸納法的原理**是說：如果下面兩個步驟成立

（i）$0 \in A$

（ii）$k \in A \Rightarrow k + 1 \in A$

那麼我們就有 $A = \mathbb{N}$。

我們要證明一數列的敘述：$P(n)$，$n = 0, 1, 2, \cdots$ 全都成立。我們不可能一個一個去驗證，因為自然數有無窮多個，永遠驗證不完。數學歸納法告訴我們，只要驗證下列兩個步驟：

　1.**出發點：** $P(0)$ 成立；

　2.**往後傳遞的機制：** 對於任意 n，假設 $P(n)$ 成立，可以推導出下一個 $P(n+1)$ 也成立。

那麼對所有的 $n = 0, 1, 2, \cdots$，敘述 $P(n)$ 都成立。

自然數雖然有無窮多個，但是這個「無窮」並不可怕，因為自然數系有一個基本性質：由 0 出發，透過不斷地加 1 的「接續過程」，就可以窮盡所有的自然數。E. H. Grassmann 說：

The whole of arithmetic follows from the process of succession.　（整個算術就是從接續過程衍生出來的。）

數學歸納法就是有個出發點以及「接續過程」，利用這兩步驟就可以征服無窮，它們缺一不可！

❖ 丙、離散的牛頓定命原理

一階差分方程的存在與唯一定理，換個方式來說，就是：

【離散的牛頓定命原理】 (Newton's principle of determinacy, discrete case)

對於一維的運動，如果知道「出發點」與「往後每一步的步幅」，那麼質點的運動路徑就存在且唯一確定。通俗地說，「出發點」就決定了質點一生的命運。

離散的牛頓定命原理等價於數學歸納法，也等價於存在與唯一定理。

定理 2

若要確立一個數列 (x_n)，$n = 0,\ 1,\ 2,\ \cdots$，那麼下列三者皆互相等價：

(i) 數學歸納法，

(ii) 離散的牛頓定命性原理，

(iii) 一階差分方程的存在與唯一定理。

例題 1 馬爾薩斯的人口論，在 1798 年以匿名發表 ─────

馬爾薩斯 (Malthus) 的主要結論是：糧食的成長呈算術數列（即等差數列），人口的成長呈幾何數列（即等比數列），而幾何數列的增長快過算術數列，所以人類的前景是悲慘的。要抑制人口的成長，只有靠戰爭、禁慾與節育。

　　設 (x_n) 表示糧食產量的數列，那麼糧食的生長模型為

$$\begin{cases} \Delta x_n = a, \quad n = 0, \ 1, \ 2, \ \cdots \\ x_0 = a_0 \end{cases} \tag{3}$$

解此差分方程得到

$$x_n = x_0 + \sum_{k=0}^{n-1} \Delta x_k = a_0 + na \tag{4}$$

　　其次，設 (y_n) 表示人口數量的數列，那麼人口的生長模型為

$$\begin{cases} \Delta y_n = \alpha y_{n-1}, \quad n = 0, \ 1, \ 2, \ \cdots \\ y_0 = b_0 \end{cases} \tag{5}$$

其中 $\alpha > 0$。解此差分方程得到

$$y_n = b_0 (1 + \alpha)^n \tag{6}$$

習題 1

證明：只要 n 夠大，y_n 終究要大於 x_n。這就是馬爾薩斯的結論。

14.4　一階常微分方程

　　離散的差和分與差分方程之連續化，就分別得到微積分與微分方程。我們討論過離散運動的路徑，接著就來探討連續運動的情形。

❖ 甲、離散化

首先對於連續的一維運動路徑 $x = x(t)$ 作離散化。所謂**離散化** (discretization) 是指: 我們採取有限的時間間隔 Δt 來觀察質點的運動。假設從時刻 $t = 0$ 開始觀察起, 於是得到質點的位置:

$$x(0), \ x(\Delta t), \ x(2\Delta t), \ x(3\Delta t), \ \cdots$$

那麼差分

$$\Delta x(k\Delta t) \equiv x((k+1)\Delta t) - x(k\Delta t) \tag{7}$$

表示第 $k+1$ 步的步幅。利用和分可以表達出質點的位置:

$$x(n\Delta t) = x(0) + \sum_{k=0}^{n-1} \Delta x(k\Delta t) \tag{8}$$

❖ 乙、再連續化

所謂**連續化**是指: 讓時間間隔 Δt 越來越小, 終究變成「無窮小」 dt。從而步幅 Δx 也變成無窮小 dx。

因此, ⑻式變成

$$dx(t) = x(t + dt) - x(t) \tag{9}$$

這叫做位置函數 $x = x(t)$ 在 t 時刻的**微分**, 表示質點在 t 時刻的 (瞬間) 微步。想像「無窮小的小精靈」以無窮小的時間的間隔 dt, 以及無窮小的微步 dx 作連續的運動, 得到運動路徑 $x = x(t)$。

同樣地, ⑻式變成

$$x(t) = x(0) + \int_0^t dx(s) \tag{10}$$

此式表示: 質點由 $x(0)$ 出發, 把無窮多步的無窮小的微步 $dx(s)$, 從 $t = 0$ 到 t 作積分, 就得到質點在 t 時刻的位置 $x(t)$。

現在我們想像函數 $x = x(t)$ 為質點在一維直線上的運動的位置函數。根據上述，整個問題的關鍵在於掌握：出發點 $x(0)$ 與往後每一時刻 t 的瞬間「無窮小的微步 $dx(t)$」；那麼根據完美的積分公式，我們就得到質點的運動路徑：

$$x(t) = x(0) + \int_0^t dx(s) \tag{11}$$

因此，若要用微積分來為運動現象建立數學模型，我們總是要問：

質點在 t 時刻的無窮小瞬間 dt 的無窮小微步 $dx(t) = ?$

通常它跟 t，x，dt 有關，我們記成 $dx(t) = F(t, x, dt)$，這是**一階微分方程**。

至於 $F(t, x, dt)$ 是什麼形式，這由大自然的「物之理」來提供。因此，在這個地方數學跟大自然接軌。利用微積分透過(11)式，就可以「用一瞬來窺永恆」，這既神奇又美妙！

❖ 丙、三種情況

最常見的無窮小微步之步幅有下列三種情況：

(i)**當 $F(t, x, dt) = f(t)dt$ 的情形**

此時一階微分方程為

$$\begin{cases} dx(t) = f(t)dt \\ x(0) = x_0 \end{cases} \tag{12}$$

欲求 $x = x(t)$，這只是不定積分的問題，答案是

$$x(t) = x_0 + \int_0^t f(s)ds \tag{13}$$

(ii)**當 $F(t,\ x,\ dt) = f(x)dt$ 的情形**

此時一階微分方程為

$$\begin{cases} dx(t) = f(x)dt \\ x(0) = x_0 \end{cases} \tag{14}$$

其中因為函數 f 不明含 t，所以我們就稱(14)式為 **自律系統**
(Autonomous system)。在此系統的運動過程中，質點走到 x 點時，
就由 x 點的速度 $f(x)$ 決定下一個微步 $f(x)dt$，這正是「自律」的
意義。換言之，在狀態空間中有個不隨著時間改變的穩定速度場。

(iii)**當 $F(t,\ x,\ dt) = f(t,\ x)dt$ 的情形**

這是「非自律系統」(non-autonomous system) 的情形。已知質點
運動的出發點為 $x(0) = x_0$，並且 t 時刻的瞬間無窮小微步為
$f(t,\ x(t))dt$，那麼運動路徑 $x = x(t)$ 滿足下列的一階常微分方
程：

$$\begin{cases} dx(t) = f(t,\ x(t))dt \\ x(0) = x_0 \end{cases} \tag{15}$$

積分上式就得到：

$$x(t) = x_0 + \int_0^t f(s,\ x(s))ds \tag{16}$$

此式自含玄機，因為 $x(t)$ 是自己含有自己。要從中求出 $x(t)$ 以及
(15)式解答的存在與唯一，都稍有深度，我們留待第 5 節論述。

　　配合著差和分的連續化為微積分，那麼離散的牛頓定命性原理
也可連續化，再推展到二階微分方程的情形，這些就成為「**連續型
的牛頓定命性原理**」，深深觸及微積分與牛頓力學的核心。這是令人
激賞與驚奇的一個美麗結果。參見後面第 5 節。

❖ 丁、消長現象

我們舉一個例子來展現微分方程的整個運作過程：從建立模型，解微分方程，以及其應用。

例題 2 消長現象：例如人口與菌口的成長、放射性物質的衰變

令 $x(t)$ 表示消長現象在 t 時刻的量，假設在 t 時刻的變化率跟該時刻的量成正比並且初始量為 x_0，那麼就有微分方程初期值問題的數學模型：

$$\begin{cases} dx(t) = \alpha x(t)dt \\ x(0) = x_0 \end{cases} \tag{17}$$

當比例常數 $\alpha > 0$ 時，這是成長現象；當 $\alpha < 0$ 時，這是消退現象；當 $\alpha = 0$ 時，這是恆常不變的現象。我們稱(17)式為**消長方程式**。

利用微積分工具解得

$$x(t) = x_0 e^{\alpha t} \tag{18}$$

習題 2

請寫出詳細的求解過程。

微分方程根本補題除了可用來證明 N–L 公式之外，還有一個妙用是用來確定消長方程解答的形式，因而得到「微分方程根本補題」的美名。

定理 3

$x' = \alpha x$ 的解答必形如 $x = ce^{\alpha t}$。

證 設 $x(t)$ 為任意解答，則 $x'(t) = \alpha x(t)$。欲證 $x(t) = ce^{\alpha t}$，即證 $e^{-\alpha t}$ $x(t)$ 為一個常函數。對 $e^{-\alpha t}x(t)$ 作微分

$$D(e^{-\alpha t}x(t)) = -\alpha e^{-\alpha t}x + e^{-\alpha t}x'(t) = e^{-\alpha t}(x' - \alpha x) = 0$$

故 $e^{-\alpha t}x(t)$ 為常函數，立得(18)式。∎

例題 3

求半衰期 T。

解 根據半衰期 T 的定義知 $\dfrac{x_0}{2} = x_0 e^{-cT}$，解得

$$T = \frac{1}{c}\ln 2 \tag{19}$$

∎

　　由 c 或 T 的任何一個就可求出另一個。例如，c 可用實驗觀測來決定：在某個時刻 $t_1 > 0$，測得 $x(t_1)$，亦即

$$x(t_1) = x_0 e^{-ct_1}$$

解得

$$c = \frac{1}{t_1}\ln(\frac{x_0}{x(t_1)}) \tag{20}$$

從而，利用(19)式就可以求得半衰期 T。我們知道，放射性碳 C^{14} 的半衰期 $T = 5568$ 年，鈾 238 的 $T = 4.51 \times 10^9$ 年（約為 45 億年）。

【歷史註記】（消長方程式的應用）

美國化學家 W. F. Libby (1908～1980) 在 1940 年代將碳 C^{14} 的衰變原理應用到考古學，相當成功地測定了古物標本的年代，因而榮獲 1960 年的諾貝爾化學獎。它所根據的道理很簡單：大氣層不斷受宇宙射線的撞擊，產生中子。這些中子跟氮氣作用而產生 C^{14}，而 C^{14} 會氧化為二氧化碳，也會分解成氮。不過長久以來，在大氣中的 C^{14}

含量達於平衡不變的比率。混合於大氣中的 C^{14} 被植物吸收，動物因吃植物又吸收 C^{14}，布於體內的組織之中。當生物活著的時候，C^{14} 的收支正好平衡。但是當生物死亡時，C^{14} 的攝取停止，而體內所積存的 C^{14} 由於蛻變而逐漸減少。例如，一塊古木頭若 C^{14} 的含量只有活樹含量的一半，則可斷定它約生存於 5600 年前；若 C^{14} 的含量只有活樹的四分之一，則它約生存於 11200 年前。

14.5　存在與唯一定理

代數學、差和分學與微積分學的主題是，建構與求解方程式：分別是代數方程、差分方程以及微分方程。未知的東西分別是：數、數列與函數。我們列成下面的對照表：

代數方程	差分方程	常微分方程
未知數 x	未知數列 (x_n)	未知函數 $x = x(t)$

解任何方程式，都是要回答下面四類基本問題：

1. **存在性問題：** 解答存在嗎？
2. **唯一性問題：** 解答唯一嗎？解答有幾個？
3. **建構問題：** 如何實際建構出解答？
4. **解答的探討：** 解答找到後，要知道其性質與行為，以便跟實際現象連結。

前兩個問題是理論的。如果知道解答不存在，那麼就不用再考慮其它三個問題。如果知道解答是唯一的，並且已經有人找到一個解答，那就不用再找了。第三個問題是核心，通常要找出解答需要高超的技巧，找出後，其它問題往往就迎刃而解。

其實，中學的一元二次方程式 $ax^2 + bx + c = 0$，$a \neq 0$ 就已經牽涉到這四類問題。利用配方法建構出解答（或根）

$$x = \frac{-b \pm \sqrt{b^2 - 4ac}}{2a}$$

因此解答存在，唯二（重根計較重複度）。再利用判別式 $\delta = b^2 - 4ac$ 就可以判別根的性質：

當 $\delta > 0$ 時，方程式有相異兩實根。

當 $\delta = 0$ 時，方程式有相等兩實根。

當 $\delta < 0$ 時，方程式有兩共軛複數根。

在 1820～1830 年期間，Cauchy 出版一系列的分析學教程，他強調：在研究微分方程解答的性質之前，必須先證明解答的存在性與唯一性。他也給出複雜而含糊的證明。後來在 1876 年，Rudolf Lipschitz (1832～1903) 加以簡化與澄清。接著才有 Peano (1858～1932) 與 Picard (1856～1941) 的最終結果。這給牛頓定命性原理提供了堅實的數學基礎。

首先我們給出存在性定理：

定理 4　常微分方程的存在定理，Peano 定理，1886 年————

設 $D = \{(t, x) : |t - t_0| < \alpha, \ |x - x_0| < \beta\}$ 為兩維平面上的長方形開領域 (open region)，$f: D \to \mathbb{R}$ 為一個連續函數，則一階微分方程：

$$\begin{cases} dx(t) = f(t, \ x(t))dt \\ x(t_0) = x_0 \end{cases} \tag{21}$$

的解答存在。

📝 因為求解微分方程基本上是作積分，所以連續性的條件是自然的
要求。不過連續性的條件只保證解答的存在性，而沒有保證解答
的唯一性。

例題 4 解答不唯一的例子

設 $f(t,\ x) = 3x^{\frac{2}{3}}$ 為定義在原點 $(0,\ 0)$ 附近的開領域，考慮一階微
分方程：

$$\begin{cases} dx(t) = 3[x(t)]^{\frac{2}{3}} dt \\ x(0) = 0 \end{cases} \tag{22}$$

則其解答存在但不唯一。例如：$x(t) \equiv 0$ 與 $x(t) = t^3$ 都是(22)式的解答。

在 Peano 定理中，對 f 再多要求一點，就可以保證解答的唯一
性：

定理 5　常微分方程的存在性與唯一性定理，Picard 定理，
　　　　1893 年

設 $D = \{(t,\ x) : |t - t_0| < \alpha,\ |x - x_0| < \beta\}$ 為兩維平面上的長方形開領
域 (open region)，$f : D \to \mathbb{R}$ 為一個連續函數，並且對 x 滿足 Lipschitz
條件：存在常數 $K > 0$，使得

$$|f(t,\ x_1) - f(t,\ x_2)| \leq K|x_1 - x_2|,\ \forall(t,\ x_1),\ (t,\ x_2) \in D$$

則一階微分方程：

$$\begin{cases} dx(t) = f(t,\ x(t))dt \\ x(t_0) = x_0 \end{cases} \tag{23}$$

的解答存在且唯一。

習題 3

試證例題 4 的 f 對 x 不滿足 Lipschitz 條件。

我們注意到，(23)式等價於積分方程：

$$x(t) = x(t_0) + \int_{t_0}^{t} f(s, \; x(s))ds \tag{24}$$

要從此式解出 $x = x(t)$，可以採用 Picard 逐步逼近法 (Picard's method of successive approximation)。由初始條件的常函數出發：

$$x_0(t) = x_0$$

然後遞迴地定義出

$$x_1(t) = x_0 + \int_{t_0}^{t} f(s, \; x_0(s))ds$$

$$x_2(t) = x_0 + \int_{t_0}^{t} f(s, \; x_1(s))ds$$

一般的第 n 步為

$$x_n(t) = x_0 + \int_{t_0}^{t} f(s, \; x_{n-1}(s))ds$$

Picard 證明極限函數 $\lim_{n \to \infty} x_n(t) = x(t)$ 存在且滿足(24)式，從而 $x(t)$ 就是(23)式的解答。

我們舉一個例子來闡明 Picard 逐步逼近法：

例題 5

求解微分方程式：$dx(t) = x(t)dt$，$x(0) = 1$。

解 這是消長現象，用積分法輕易就可求得解答為 $x(t) = e^t$。

我們再用 Picard 逐步逼近法來做：(21)式等價於積分方程

$$x(t) = 1 + \int_0^t x(s)ds$$

由 $x_n(t) = 1 + \int_0^t x_{n-1}(s)ds$ 逐步代入，得到

$$x_1(t) = 1 + \int_0^t ds = 1 + t$$

$$x_2(t) = 1 + \int_0^t (1+s)ds = 1 + t + \frac{t^2}{2!}$$

$$x_3(t) = 1 + \int_0^t (1 + s + \frac{s^2}{2!})ds = 1 + t + \frac{t^2}{2!} + \frac{t^3}{3!}$$

我們有一般項

$$x_n(t) = 1 + t + \frac{t^2}{2!} + \frac{t^3}{3!} + \cdots + \frac{t^n}{n!}$$

顯然 $\lim_{n \to \infty} x_n(t) = e^t$，並且 $x(t) = e^t$ 就是解答。

14.6　定命性原理

在微分方程的理論中，最重要的結果就是「存在與唯一定理」，改用另一種方式來說就是牛頓定命性原理。

❖ 甲、一階的運動世界

【牛頓定命性原理】

給初始條件（即出發點）$x(t_0) = x_0$ 以及往後每一瞬的無窮小步幅 $dx(t)$，那麼質點的運動軌道 $x = x(t)$ 就存在且唯一確定。

註 老子說：「千里之行，始於足下。」有個「**出發點**」加上「**一步一腳印**」，凡走過必留下痕跡。如此這般，就走出唯一的一條路徑。

換言之，「出發點」就決定了質點一生的命運，亦即決定整個運動過程。這類似於通俗的命定觀：一個人出生的狀態就決定了一生的命運。

牛頓定命性原理我們不妨也稱之為「**連續型的數學歸納法**」。

❖ 乙、二階的運動世界

根據牛頓力學的第二運動定律 $F = m\dfrac{d^2x}{dt^2}$，質點的運動方程寫出來是**二階微分方程**，必須再加上**初始位置**與**初始速度**，運動路徑就存在且唯一確定下來。

【牛頓定命性原理】 (Newton's principle of determinacy)

對於牛頓力學系統，如果知道初始位置與初始速度，那麼質點的運動路徑 $x = x(t)$ 就存在且唯一確定。

例題 6

假設自由落體的落距函數為 $S = S(t)$，那麼運動方程為 $\dfrac{d^2S}{dt^2} = g$，還要再加上初始位置 $S(0) = 0$ 與初始速度 $S'(0) = 0$。對運動方程作兩次的積分就得到自由落體定律

$$S = S(t) = \frac{1}{2}gt^2$$

牛頓定命性原理是說：「一個力學系統的初始狀態（初始位置與初始速度）就唯一決定了整個運動過程。」我們很難懷疑這個事實，因為人類很早就學到了它。我們可以想像一個世界，要決定力學系統的未來運動，還必須再知道初始加速度，但是經驗告訴我們，我們的世界並不是這樣。

　　曾得過兩次諾貝爾獎的居禮夫人，描述她從波蘭到巴黎留學，上微分方程的課時，老師說：

> 我手拿著一個星球，用力一丟，星球就會按照力學的機制
> 運動出一條路徑。

這個「用力一丟」就是給**初始位置**與**初始速度**，接著就由微分方程一瞬一瞬的微步鋪成整個運動路徑。這樣的美麗經驗，讓她感動。

　　總之，牛頓力學系統的精義在於掌握：初始狀態，以及演化機制。牛頓研究大自然的運動現象，最早認識到這件事情。演化機制就是牛頓的第二運動定律，或更精確地說，就是運動的二階微分方程。

　　自從牛頓完成石破天驚的偉業，往後所有其它各門學問，都在模仿牛頓的做法，企圖找尋與掌握各該領域的演化機制（或變化機制、運動機制）。例如達爾文 (Darwin，1731～1802) 在生物世界要找尋生物演化的機制，得到：自然的選擇 (natural selection)，物競天擇，適者生存。馬克思 (Marx，1818～1883) 要找尋人類社會與歷史的演化機制，要「究天人之際，窮古今之變」。心理分析學家佛洛伊德 (Freud，1856～1939) 要找尋人類心靈運作的機制。現代科學哲學家 Karl Popper (1902～1994) 要找尋科學知識的演化機制：科學知識如何創造？科學革命如何發生？科學知識如何更新？

　　物理學家 Stephen Hawking 說：

> 上帝創造物理定律，然後質點用力一丟，接著就讓物理定律來接手，掌控往後宇宙的運轉與變化，上帝不再插手干預。

拉普拉斯之證言:

假設有一位智者能夠知道宇宙中在某個瞬間的所有作用力,以及所有物體的位置與速度。如果他又有足夠的能力來分析這些資料,有辦法掌握宇宙中從最大的物體到最小的原子所遵循的相同運動方程,那麼就沒有什麼事物是不確定的,未來將如同過去一般,呈現在吾人的眼前。

❖ 丙、給我……我就可以……

我們來欣賞從古到今一些數學家、物理學家與哲學家對宇宙大自然的看法。

哲學家與物理學家 Democritus(約西元前 460～370 年):

Give me atoms and void, and I will construct the universe.

(給我原子與虛空,我就可以建構出宇宙。)

數學家阿基米德:

Give me a fulcrum, and I will move the earth.

(給我一個支點,我就可以移動地球。)

🈺 在某種意味下,阿基米德利用思想移動地球! 後來哥白尼提倡地動說,也是利用思想移動地球。接著牛頓發現萬有引力定律,更進一步可以秤量地球與星球!

物理學家伽利略：

Give me space, time and logarithm, and I will construct the universe.

（給我空間、時間與對數，我就可以建構出宇宙。）

數學家與哲學家笛卡兒：

Give me matter and motion, and I will construct the universe.

（給我物質與運動，我就可以建構出宇宙。）

哲學家 Kant (1724～1804)：

Give me matter and I will build a world from it.

（給我物質，我就可以建構出一個世界。）

數學家與物理學家牛頓：

1. Give me gravitational constant G and the law of gravitation, and I will measure the stars.

   （給我萬有引力常數 G 與萬有引力定律，我就可以秤量星球。）

2. Give me initial conditions and the mechanism of motions, and I will construct a world of motions.

   （給我初始條件與運動機制，我就可以建構出一個運動的宇宙。）

Tea Time

　　從亞里斯多德的「有機目的觀」之世界，轉變成牛頓的「機械定命世界觀」之世界，這是牛頓力學與微積分促成的典範轉換 (paradigm shift)。一直要到量子力學出現，才再轉變成「機率統計觀」。

　　牛頓說：

1. 我可以算出星球運行的軌道，但是我算不出人心在股票市場的瘋狂。

2. 我可以用微分來計算積分！

　　《物種始源》(The Origin of Species，在 1859 年出版) 是達爾文的經典名著，僅次於《聖經》與《幾何原本》之流行。在這本書最後的一段話，他這樣說：

沉思默想下面的景象是極有趣的事情：在雜亂的河堤上，有許多不同種類的植物，有在矮樹上歌唱的小鳥，有到處飛翔的昆蟲以及在地上爬行的蚯蚓，想到牠們的精微構造彼此是多麼地不同，而且又以極複雜的方式彼此互相依賴，這一切都是由環繞在我們周遭的法則所產生出來的。從最廣義的觀點來看，這些法則就是「生殖的增長」(Growth with Reproduction)；生殖幾乎就是意味著遺傳；而「可變異性」(Variability) 則是來自生活條件的直接與間接作用，以及器官的使用與不使用：高度的增殖率引起「生存競爭」(Struggle for Life)，從而導致「自然選擇」(Natural Selection) 與「性徵多元化」(Divergence of Character)，

並且迫使較少改進的物種「滅絕」(Extinction)。因此，從大自然的戰爭裡，從飢餓與死亡裡，直接就促成了高等物種的誕生。這樣的生命觀具有莊嚴性，它在「造物主」(Creator) 最初注入少數或一個物種的生命之後，就開始發揮力量。正如萬有引力定律運轉著星球，生物也是從極簡單的形式開始，按照上述的規律演化出無數最美麗與最驚奇的物種，而且現在仍然持續進行著，永不止息。

　　詩人 Alexander Pope 給牛頓寫的基誌銘，是對牛頓最恰當的讚美：

Nature and Nature's law lay hid in night:

God said, "Let Newton be! ", and all was light.

自然以及自然定律隱藏在黑夜之中

上帝說：讓牛頓出現! 於是一切皆大放光明。

我們可以模仿 Pope 說：

求積與求切的秘密

隱藏在黑夜之中

牛頓與萊布尼茲說：

讓微分法 $D = \dfrac{d}{dx}$ 出現

於是一切大放光明。

第15章

抓住飛逝的瞬間

平凡若我者，本應如蜉蝣一般朝生暮死。但是，每當我看到滿天的繁星，在不朽的天空，按照自己的軌道井然有序地運行時，我就情不自禁地有置身在天上人間的感動，好像是天帝宙斯 (Zeus) 親自饗我以神饌。

—天文學家托勒密（Claudius Ptolemy，約 83～161）—

　　我們已經追隨先賢，以及牛頓與萊布尼茲兩位大師登上微積分聖山，欣賞過美景。本章我們來作個回顧與前瞻。

　　微積分一言以蔽之，微分是「**抓住飛逝的瞬間**」(grasping the fleeting instant) 之無窮小變化；積分是「**將瞬間的無窮小變化作累積**」，得到的結果可能是面積、曲線的長度或路徑等等。

　　根據牛頓第二運動定律，牛頓的力學系統是二階微分方程的世界，所以初期狀態（某瞬間的初期位置與初期速度）就唯一決定了整個的運動路徑，包括過去與未來。這是一個明晰的古典世界圖像。科學的奧妙在於**重建過去**與**預測未來**。微積分相當成功地實現了這件事，結晶在**微分方程**之中。

大千起於微塵，微塵映照大千

運動起於微步，微步積出路徑

　　整個大自然的生長變化都是潛移默化的，「春雨潤物細無聲」。時間的永恆流動，帶動出宇宙萬有的流變 (flux，becoming)。這個過程是透過積分後產生的生長或消亡，形成了千姿萬態的世界，豐富又美麗。

15.1　微積分的標語

　　微積分的內容、意義與方法可以用一句標語來概括：

一法二念二義一理二巧三析一用

用數字表現為「1221231」。詳言之，這就是：

　　一個方法：無窮步驟的分析與綜合法。

　　二個概念：無窮小與極限的概念。

二個定義: 微分與積分的定義。

一個定理: 微積分學根本定理，這是微積分的核心定理。

二個技巧: 計算積分的變數代換公式與分部積分公式。

三種分析: Taylor 分析，傅立葉分析，向量分析。

一個應用: 用微分方程抓住飛逝的瞬間變化，再用積分算出運動的路徑。

本書基本上除了「**三析**」沒有談到之外，其餘大致皆已觸及，更詳細的內容只好留給微積分的正式課程去講述。目前市面上通行的英文微積分教科書，動輒超過一千頁，對於學習與教學都不切實際，有太多的冗餘。例如: James Stewart 的 Calculus 教本總共有 1280 頁; Larson，Hostetler，Edwards 的 Calculus 教本總共有 1299 頁; Thomas 的 Calculus 教本總共有 1327 頁。

我們用簡易流程圖把微積分的內涵表達如下:

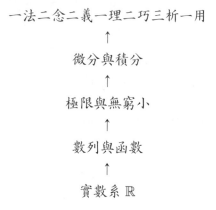

一法二念二義一理二巧三析一用

↑

微分與積分

↑

極限與無窮小

↑

數列與函數

↑

實數系 $\mathbb{R}$

15.2 開拓新的疆土

牛頓與萊布尼茲在 1670 年代掌握微分法,創立微積分,後繼者努力開疆拓土,試驗微積分的威力。這包括有兩方面:微積分內在本身的繼續發展,以及應用微積分來叩問大自然與解讀大自然的秘密。

愛因斯坦對牛頓的讚譽是直指本心的精彩:

The clear conception of the differential law is one of Newton's greatest intellectual achievements.

(擁有清晰的微分法概念,是牛頓最偉大的智性成就之一。)

In order to put his system into mathematical form at all, Newton had to devise the concept of differential quotients and propound the laws of motion in the form of total differential equations—perhaps the greatest advance in thought that a single individual was ever privileged to make.

(為了將他的系統表現為數學的形式,牛頓必須創造微分商的概念,並且提出運動定律將其表成全微分方程的形式——這也許是單獨個人在思想上所能完成的最大進展。)

微積分不只是研究牛頓動力學之所需,而且它也打開了數學的新領域,發展成更廣泛的分析學,成果豐碩,至今仍然活躍地發展。這些對大部分的物理研究仍然是必需的工具。

❧ 甲、在應用這一面

首先是音樂上的弦振動問題,以及熱傳導問題的研究,導致

傅立葉分析的誕生，促成對**函數、收斂**與**積分**概念的澄清。傅立葉分析被稱譽為「**科學的一首詩**」(a scientific poem) 或「**大自然的一面照妖鏡**」。其次，牛頓利用微積分、牛頓力學與萬有引力定律建立天文學，後人繼續開拓，發展出天體力學、著名的三體問題。另外，古典力學與電磁學簡直就是伴隨著變分學與向量分析而成長。還有現代宇宙學的黑洞理論 (Black Hole Theory) 與最尖端的超弦理論 (Super String Theory)，幾乎動用到所有的數學，甚至產生新的數學。法國數學家傅立葉說：

> The profound study of Nature is the most fruitful sources of mathematical discoveries.
>
> （對於大自然的深刻研究是數學發現最豐富的泉源。）

當微積分的觸角越伸越寬廣時，不免會碰到一些矛盾，這又成為追究微積分基礎的動力，讓微積分筋強體健。

❖ 乙、在內在發展這一面

這包括有：多變數函數的微積分、無窮級數、冪級數、常微分方程、偏微分方程、變分學、向量分析、複變函數論、拓樸學、泛函分析、微分幾何學、……等，這些合成了一門深廣的**分析學** (Analysis)。它跟**代數學**與**幾何學**構成數學的三足鼎立。它們之間當然不是涇渭分明，而是瓜藤互相蔓延，互相交錯與滲透。追求推廣與統合性 (generality and unity) 恆是數學的主調與中心思想。進入數學的內在生命中，隨其 logos 舞動和開展，這是至高且至美的境界。數學是一種哲學，一種科學，也是一種精緻的藝術。

15.3　微積分的算術化

1826 年 Abel (1802～1829) 發出警告 (Abel 給 Galois 寫信) 說：

分析學的面目已經凌亂不堪，到處可以看到模糊不清的論證，到處都是不經細心檢驗便把特例引申為一般結果的說法。無窮小分析學建立在沙灘上，現在是奠定基礎的時機。

在 19 世紀初，微積分的缺失大致有下面幾項：無窮小具有的矛盾性，極限與收斂概念模糊不清，連續函數的性質未有嚴格的證明，積分未有精確的定義，實數系 ℝ 的完備性不明。

「微積分的算術化工作」就是：建構出實數系，證明其完備性；給出極限的 $\varepsilon-\delta$ 定式，證明連續函數的基本定理。用極限來嚴格地建構微積分，從此微積分的地基鞏固了。站穩腳步是為了走更長遠的路途。

甲、對微積分的批判

在微積分的歷史文獻上，最早批判微積分的人是法國數學家 Michel Rolle (1652～1719)，他在 1691 年說：

a collection of ingenious fallacious.

（微積分是「巧辯的錯誤集合」。）

Rolle 在微積分中留下一個重要定理，今日叫做 Rolle 定理，這是建立微積分理論不可或缺的一塊基石。到了晚年 Rolle 變得溫和，認為微積分還是很有用。

　　另一位更嚴厲批判微積分的人是，愛爾蘭的主教兼哲學家 George Berkeley (1685～1753)，他在 1734 年出版一本書，叫做《分析學家，或寫給不信神的數學家》。他批判無窮小量為「**已逝量的幽靈**」(the ghosts of departed quantities)，因為它們有時為 0，有時又不為 0，這簡直是胡說八道，並不比神學高明。數學家不信神，但是為什麼可以相信微積分呢？

　　然而，利用無窮小量算出的微積分結果都對，實踐檢驗真理，連 Berkeley 都不得不承認：

　　　流數論（即微分法）是一把萬能的鑰匙，數學家利用它揭
　　　開了幾何學與大自然的祕密。

❖ 乙、以極限當微積分的基礎：**Cauchy** 的工作

　　法國百科全書派為了啟蒙社會大眾，編輯了一套百科全書 (1751～1780)，其中 D'Alembert (1717～1783) 是一員大將，他也參與寫作，第 4 冊的「微分」就是他寫的 (1754)。他建議用極限概念來建立微積分，並且說「極限的理論是微積分學的真正形上學。」(The theory of limits is the true metaphysics of calculus.)

　　直觀地看，極限就是要從「有限」飛躍到「無限」，以探求結果的操作過程。這是何等的神奇！它跟無窮小量一樣的深奧詭譎，但必須精確說清楚。

　　柯西在 1820 年代，一面教學，一面出版討論微積分的書籍，例如《分析學教程》(Cours d'analyse)。他採用「變數的極限」概念當出發點，由此定義出無窮小、連續、導數與積分，從而建立微積分。

> **定義 1**
>
> 當一個變數可無止境地靠近一個固定數，它們之間的差額要多小就有多小，則稱此固定數為變數的極限值。

　　先前的無窮小量是靜態的量，柯西把它看作是動態的、活生生的：

> **定義 2**
>
> 以 0 為極限的變數就叫做無窮小量。

❖ 丙、兩個步驟征服無窮步驟：Weierstrass 的工作

　　要談極限，從「**變數**」上升為「**函數**」概念才是正著。極限像古羅馬的門神 Janus 一樣，具有兩個面：直觀易懂的一面以及嚴格而艱深的另一面。我們學習微積分不能只停留在直觀易懂的一面，而是必須兩面都俱到。（註：一月 January 就是「如 Janus 的月份」，表示善變。）

　　在微積分裡，常見的極限不外是下面四種情形，我們用例子來說明。

例題 1

令 $f(x) = x^2$，則 $\lim\limits_{x \to 2} f(x) = \lim\limits_{x \to 2} x^2 = 4 = f(2)$。這表示 f 在 $x = 2$ 點有定義且極限值 $\lim\limits_{x \to 2} f(x)$ 就是 $f(2)$。

例題 2

令 $f(x) = \begin{cases} \dfrac{x^2 - 2^2}{x - 2}, & \text{當 } x \neq 2 \text{ 時} \\ 4, & \text{當 } x = 2 \text{ 時} \end{cases}$ ，那麼我們有

$$\lim_{x \to 2} f(x) = \lim_{x \to 2} \frac{x^2 - 2^2}{x - 2} = \lim_{x \to 2} (x + 2) = 4 = f(2)$$

此例是 f 在 $x = 2$ 點有定義，並且極限值 $\lim_{x \to 2} f(x) = f(2)$。

對於上述兩例，我們稱函數 f 在 $x = 2$ 點是**連續的**。

例題 3

令 $f(x) = \begin{cases} \dfrac{x^2 - 2^2}{x - 2}, & \text{當 } x \neq 2 \text{ 時} \\ 5, & \text{當 } x = 2 \text{ 時} \end{cases}$ ，那麼我們有

$$\lim_{x \to 2} f(x) = \lim_{x \to 2} \frac{x^2 - 2^2}{x - 2} = \lim_{x \to 2} (x + 2) = 4$$

此例是 f 在 $x = 2$ 點有定義，但極限值 $4 \neq f(2)$。

例題 4

令 $f(x) = \dfrac{x^2 - 2^2}{x - 2}$，$x \neq 2$，並且在 $x = 2$ 點沒有定義，則

$$\lim_{x \to 2} f(x) = \lim_{x \to 2} \frac{x^2 - 2^2}{x - 2} = \lim_{x \to 2} (x + 2) = 4$$

因為 $f(2)$ 沒有定義，所以根本談不上 $f(2)$ 是否等於 4。

由上述四個例子我們看出，要談論「一個函數 f 在 $x = 2$ 點的極限值 $\lim_{x \to 2} f(x)$」，跟函數在 $x = 2$ 點是否有定義無關（例題 1、例題 2

與例題 3 都有定義,而例題 4 無定義)。即使有定義,極限值可能等於 $f(2)$(如例題 1 與例題 2),也可能不等於 $f(2)$(如例題 3)。例題 4 是 $f(2)$ 沒有定義。

如果 f 在 $x = 2$ 點有定義並且在 $x = 2$ 點的極限值就是 $f(2)$,那麼我們就說:函數 f 在 $x = 2$ 點是**連續的**,如例題 1 與例題 2。

我們也注意到,當我們討論 $f(x) = x^2$ 在 $x = 2$ 點的導數時,自然就會出現例題 3 的極限式。

總之,我們要抓住極限的概念,必須考慮所有的狀況,然後提出一個含納且適用於所有情況的嚴格定義。

我們進一步來分析導數的概念。

例題 5

設 $f(x) = x^2$,求在 $x = 2$ 這一點的切線斜率 $f'(2)$。

$$\lim_{x \to 2} \frac{x^2 - 2^2}{x - 2} = \lim_{x \to 2} \frac{(x-2)(x+2)}{x-2} = \lim_{x \to 2} (x + 2) = 4$$

在上式的計算中,$x \to 2$ 用到了:x 可任意靠近 2,但不能碰觸 2,即 $x \neq 2$。

問題 1

一般而言,什麼是極限 $\lim_{x \to a} f(x) = L$?

直觀地說,$\lim_{x \to a} f(x) = L$ 就是:

當 x 趨近於 a 時,$f(x)$ 趨近於 L,並且要多靠近就有多靠近。

問題 2

什麼是「趨近」? 什麼是「要多靠近就有多靠近」?

上述的說法只是「定性的」(qualitative)，這不夠! 我們要的是精準的「定量的」(quantitative) 描述，可以用運算來操作!

這裡的兩種「趨近」，有主客之不同: 表面上看起來，「x 趨近於 a」是主動的挑戰，而「$f(x)$ 趨近於 L」是被動地回應。事實上，真正的極限概念正好是這個主客要易位:

> 我們可以讓 $f(x)$ 靠近於 L 並且要多靠近就有多靠近，只要讓 x 夠靠近 a，但是不等於 a。

$f(x)$ 與 L「要多靠近就有多靠近」，這是極限概念的本義;「x 夠靠近 a，但是不等於 a」，這是「不能碰觸」的意思，它源自切線斜率的概念。x 雖然不能碰觸 a，但是 $f(x)$ 要能跟 L 任意靠近!

更進一步，我們必須給「靠近」作明確的定量描述，因為每個人的「靠近」可能都不一樣。於是我們用兩個尺度 ε 與 δ 來衡量這兩種靠近的程度:

$$0 < |x - a| < \delta \text{ 與 } |f(x) - L| < \varepsilon$$

後者才是核心，才是主體，因此

(i) 你先「**挑戰**」任意正數 $\varepsilon > 0$，用來衡量 $f(x)$ 與 L 任意靠近的程度:

$$|f(x) - L| < \varepsilon$$

(ii) 如果我都能夠「**回應**」一個正數 $\delta > 0$，用來衡量 x 靠近 a，但是不等於 a 的程度:

$$0 < |x - a| < \delta$$

並且使得:

當 $0 < |x - a| < \delta$ 時，恆有 $|f(x) - L| < \varepsilon$。

　　此地的 δ，跟 ε 有關，故可以記成 $\delta = \delta(\varepsilon)$。你「挑戰」得越嚴苛 (即 ε 越小)，你就越要戰戰兢兢地「回應」(即 δ 也相應要越小)。極限概念的根本要點是，你的「任何挑戰」，我都可以成功地「回應」。這才是極限 $\lim\limits_{x \to a} f(x) = L$ 的最後本質 (ultimate reality)。極限概念相當難纏! 本質上是無窮概念的難纏。

定義 3　函數的極限，ε–δ 定式，Weierstrass，1861 年

極限式 $\lim\limits_{x \to a} f(x) = L$ 的意思是: 對於任何 $\varepsilon > 0$，存在一個 $\delta > 0$（跟 ε 有關），使得當 $0 < |x - a| < \delta$ 時，恆有 $|f(x) - L| < \varepsilon$。

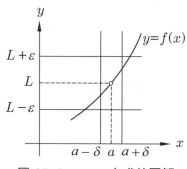

圖 15–1　ε–δ 定式的圖解

　　這個定義的特色是:

1. 將動態的極限變成靜態的。

2. 把實在的無窮 (actual infinity) 變成潛在的無窮 (potential infinity)。

3. 用「有限」來掌握「無窮」。

4. 具有冷酷的美 (beauty cold)。

5. 完全算術化。

　　這個定義是極限概念最終的定式，它用兩個步驟就征服無窮步驟，比美於數學歸納法，也是兩個步驟征服無窮的妙方。因此值得我們為其立碑，建立標誌：

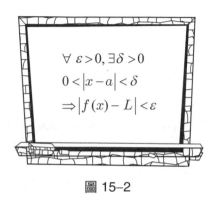

$$\forall\ \varepsilon>0,\exists \delta>0$$
$$0<|x-a|<\delta$$
$$\Rightarrow |f(x)-L|<\varepsilon$$

圖 15–2

習題

利用 ε–δ 定式驗證例題 1 到例題 4 的極限式成立。

定義 4　數列的極限，ε–N 定式	

　　極限式 $\lim\limits_{n\to\infty} a_n = A$ 的意思是：對於任何 $\varepsilon>0$，存在一個自然數 $N>0$（跟 ε 有關），使得當 $n \geq N$ 時，恆有 $|a_n - A|<\varepsilon$。

【歷史註記】（數學家 Halmos 的悟道經驗）

在大學讀微積分時，他並不懂極限的 ε–δ，但是他會計算，並且三年就大學畢業。一直等到讀研究所，有一天他跟朋友在研究室裡討論才悟道，他說：

　　我突然懂了 ε 與極限，完全清澈澄明，充滿著美麗，滿懷喜悅。我拿出微積分課本，一個定理接著一個定理，我全都會證明了。從此，我變成一位數學家。

　　用極限就可以嚴格來定義微分、積分、收斂等概念，並且證明微積分的諸定理，而不必用到無窮小量。進一步，宣布無窮小量為非法，把它們驅逐出微積分！但是好的東西不會永遠被埋沒，可愛的無窮小量，如「浴火鳳凰」，一百年後在 1960 年代又再度復活！這次已經有了嚴格的邏輯基礎，發展出所謂的 **「非標準分析學」** (Non-Standard Analysis)。

✦ 丁、實數系的建構

　　在 1880 年左右，Weierstrass (1815～1897)、Dedekind (1831～1916) 與 Cantor (1845～1918) 等人不約而同地從有理數系 $\mathbb{Q}$ 出發，建構出實數系 $\mathbb{R}$，並且證明了實數系的完備性。方法儘管不同，但是殊途同歸，全都等價。

　　在 1889 年義大利邏輯家 Giuseppe Peano (1858～1932) 提出自然數系 $\mathbb{N}$ 的五條公理後，很快地數學家就從自然數系 $\mathbb{N}$ 建構出整數系 $\mathbb{Z}$，再從整數系 $\mathbb{Z}$ 建構出有理數系 $\mathbb{Q}$。這樣整個數系的建構就完成了。

　　在初等微積分的課程中，通常不談實數系 $\mathbb{R}$ 的建構，而以公設的形式直接就接受實數系 $\mathbb{R}$ 為：

完備的有序體且具有阿基米德性質。

(The complete ordered field with Archimedean property.)

在同構 (isomorphism) 之下，這是唯一的，亦即任何兩個完備的有序體皆同構。

　　完備性有許多種等價說法，我們列出初等微積分常用的兩種：

【實數系的完備性】

遞增且有上界的數列必存在有極限。

【實數系的完備性】（區間套的說法）

若 $[a_n,\ b_n]$，$n \in \mathbb{N}$，為一列區間滿足下列兩個條件：

(i) $[a_1,\ b_1] \supset [a_2,\ b_2] \supset [a_3,\ b_3] \supset \cdots$

(ii) $\lim\limits_{n \to \infty} (b_n - a_n) = 0$

則存在唯一的實數 x_0，使得 $x_0 \in [a_n,\ b_n]$，$\forall n \in \mathbb{N}$，並且

$$\lim_{n \to \infty} a_n = x_0 = \lim_{n \to \infty} b_n$$

❖ 戊、連續函數的基本性質

　　連續函數是微積分最重要的一類函數，是微積分的主角。基本上，積分的對象是連續函數，而微分的對象是更侷限的可微分函數，因為可微分必為連續，反之則不然。直觀地說，所謂一個連續函數是指，函數圖形是連綿不斷的、沒有缺口的、沒有斷裂的。

定義 5

設 f 為一個函數，如果下列三個條件成立，則稱 f 在 x_0 點連續 (continuous at x_0)，否則稱 f 在 x_0 點不連續 (discontinuous at x_0)：

(i) f 在 x_0 點有定義，

(ii) 極限 $\lim\limits_{x \to x_0} f(x)$ 存在，

(iii) $\lim\limits_{x \to x_0} f(x) = f(x_0)$。

> **定義 6**
>
> 如果 f 在定義域中的每一點都連續，則稱 f 為一個**連續函數**。如果
> 定義域有端點，那麼在端點概指左連續或右連續。

在微積分中，關於連續函數常用到的是下面四個定理：

定理 1　勘根定理

假設函數 f 在閉區間 $[a, b]$ 上連續。如果 $f(a)$ 與 $f(b)$ 異號，亦即
如果

$$f(a) < 0 < f(b) \text{ 或者 } f(a) > 0 > f(b)$$

那麼就存在 $c \in (a, b)$，使得 $f(c) = 0$。

定理 2　中間值定理，Intermediate Value Theorem

假設函數 f 在閉區間 $[a, b]$ 上連續。如果 y_0 介於 $f(a)$ 與 $f(b)$ 之間，
亦即如果

$$f(a) < y_0 < f(b) \text{ 或者 } f(a) > y_0 > f(b)$$

那麼就存在 $x_0 \in (a, b)$，使得 $f(x_0) = y_0$。

定理 3　極值定理，Extreme Value Theorem

如果函數 f 在閉區間 $[a, b]$ 上連續，則它在閉區間 $[a, b]$ 上取到最
大值與最 0 小值；亦即，存在 $x_1, x_2 \in [a, b]$，使得

$$f(x_1) \leq f(x) \leq f(x_2), \ \forall x \in [a, b]$$

定理 4　　有界定理，Boundedness Theorem

如果函數 f 在閉區間 $[a, b]$ 上連續，則它為有界；亦即，存在常數 K，使得

$$|f(x)| \leq K, \quad \forall x \in [a, b]$$

🍀 乙、黎曼積分 (Riemann Integral)

德國數學家黎曼 (Riemann，1826～1866) 為了研究傅立葉級數的收斂問題，在 1854 年按下列四個步驟給出定積分 $\int_a^b f(x)dx$ 的定義。這是修飾柯西積分的定義，讓樣本點的取法更自由。

(i)**分割** P：$a = x_1 < x_2 < x_3 < \cdots < x_{n+1} = b$

(ii)**取樣**：$\xi_k \in [x_k, x_{k+1}]$

(iii)**求近似和**：$\sum\limits_{k=1}^{n} f(\xi_k)\Delta x_k$，叫做黎曼和

(iv)**取極限**：$\lim\limits_{\|P\| \to 0} \sum\limits_{k=1}^{n} f(\xi_k)\Delta x_k$

其中 $\|P\| = \max\limits_{1 \leq k \leq n}\{\Delta x_k\}$ 叫做分割 P 的**範數** (norm)。

註 柯西積分 $\lim\limits_{\|P\| \to 0} \sum\limits_{k=1}^{n} f(x_k)\Delta x_k$ 是取左端點當樣本點，並且限定 f 為連續函數。另外，值得注意的是，微分的定義也是四個步驟：分割，求差，做出牛頓商，取極限。

定義 7　黎曼積分的定義

在上述四個步驟之下，如果極限 $\lim\limits_{\|P\|\to 0}\sum\limits_{k=1}^{n}f(\xi_k)\Delta x_k$ 存在，並且跟分割

與樣本點的取法無關，那麼就稱 f 在閉區間 $[a, b]$ 上為**可積分**

(integrable)，記此極限值為 $\displaystyle\int_{a}^{b}f(x)dx$。

定理 5

設函數 f 在閉區間 $[a, b]$ 上連續，則定積分 $\displaystyle\int_{a}^{b}f(x)dx$ 存在，亦即

f 在 $[a, b]$ 上為**可積分**。

定理 6　Lebesgue，1904 年

設 f 在閉區間 $[a, b]$ 上為有界函數，則 f 為可積分 $\Leftrightarrow$ f 為殆遍連

續，亦即不連續的點所成的集合，其測度為 0。

15.4　現代的抽象數學

在 19 世紀末的 1880 年代，數學世界發生了兩件重大的事情：
除了「**微積分的算術化**」之外，還有「**集合論的創立**」。

傅立葉分析引出微積分嚴格化的追求，以及集合論的誕生。
Cantor 研究傅立葉級數展開的唯一性問題，導致必須追究底層定義
域的結構，進一步遇到「無窮」，為了探尋無窮而發展出集合論。集
合論被稱譽為「數學的法國大革命」，為 20 世紀的現代抽象數學之

發展奠下基礎。集合論成為現代數學的語言、空氣，無所不在，不可或缺。德國偉大數學家 Hilbert 說：

No one shall expel us from the paradise which Cantor created for us.

（沒有人能把我們趕出 Cantor 為我們創造的數學樂園。）

微積分經過兩千多年的發展，1880 年代完成基礎，累積了深厚的能量與技術，來到了 1900 年，Hilbert 首先拉出序幕，他在巴黎舉行的第二屆國際數學會議上提出 23 個問題，作為 20 世紀數學界努力的方向。數學該是爆發更巨大創造力的時候，果然現代的抽象數學如雨後春筍般誕生。1900 年標誌著古典數學與現代數學、也是具體數學與抽象數學的分水嶺。要言之，現代數學就是「集合」加上「結構」，然後推導出可能的邏輯結論。這就是法國 Bourbaki 學派所倡導的「**數學的結構主義**」：

$$集合 + 結構 \Rightarrow 邏輯結論$$

現代數學有各種的結構，我們僅介紹幾種分析學的結構。

❖ 甲、測度積分論

20 世紀的現代數學，首先在 1902 年由法國的 Lebesgue 啟動（包括 Borel），他將牛頓與萊布尼茲的微積分脫胎換骨為測度積分論（又叫做 Lebesgue 式的微積分或實變分析）。測度積分論的模型是測度空間 (measure space)，這是一個相當完備的體系，奠下整個現代分析學、機率論與物理學的應用的堅實基礎。

❖ 乙、拓樸學

接著是「拓樸學」(Topology) 的出現 (1914)，這是要將微積分的極限、收斂與連續的概念搬到抽象的集合上去討論，結果就產生了「拓樸結構」以及「拓樸空間」(topological space) 的重要概念。這是一門美麗的數學，現在已經變成是代數學、分析學與幾何學的共同地基。

❖ 丙、機率論

Hilbert 在 1900 年提出著名的 23 個問題，其中第 6 個問題是有關於物理學與機率論的公理化，結果幾乎在同時完成：

John von Neumann (1903～1957) 在 1932 年提出量子力學的公理化。

A. N. Kolmogorov 在 1933 年提出機率論的公理化。

機率論的模型是**機率空間** (probability space)，這雖然是測度空間的特例，但卻是精確捕捉「虛玄」**機運** (chance) 的不二法門。

15.5　物理與數學的互動

自古以來物理（大自然）是數學問題的泉源。運動學 (Kinematics) 啟發牛頓發明微積分，而微積分進一步揭開大自然的秘密。大自然不但提供數學的素材與問題，而且又啟示數學的概念與方法。物理與數學是相輔相成地發展，值得我們來列表作個對照。

物理學	數學	世界觀
亞里斯多德的物理學	算術與幾何學	有機目的觀
牛頓力學	解析幾何學與微積分	機械力學觀 牛頓定命觀
古典力學	變分學	
聲學，熱學	Fourier 分析	
電磁學	向量分析	
狹義與廣義相對論	線性代數 微分幾何 Riemann 幾何	大自然的數學描述觀
量子力學	泛函分析 Hilbert 空間論 群論	機率統計觀
超弦理論	用到所有的數學	

　　古希臘哲學家心目中的宇宙 (cosmos) 是具有道理 (logos) 的宇宙。畢氏學派甚至主張這個道理就是「數」，因此要研究大自然，數學是不可或缺的工具。

　　提倡「我思故我在」的笛卡兒說：

Mathematics makes men the masters and possessors of nature.

　　（數學讓人類成為大自然的精通者與擁有者。）

Tea Time

　　萊布尼茲的夢想之一就是要發展一套「普遍數學」(Universal Mathematics)，使得一切皆可化成計算與推理，他說：

The universal mathematics is, so to speak, the logic of imagination.

　　（所謂的「普遍數學」就是想像力的邏輯理路。）

他又說：

宇宙是由單子 (monads) 組成的。

超弦理論家說：

宇宙是由很小很小的弦圈組成的，像橡皮圈那樣，弦
永遠在振盪。弦振動產生振動數不同的波 (發出音樂)，
具有不同振動數的弦就對應不同的基本粒子。宇宙是
10 維的空間，其中 6 維被壓縮掉，剩下我們現在所見
的 4 維的時空，包括 3 維的空間與 1 維的時間。

超弦是原子的十兆分之一再一兆分之一，簡直就是無窮小的化
身，我們永遠不可能看到。從超弦理論的眼光來看，宇宙就像
是在演奏一首最偉大的交響曲，上帝擔任指揮。這個宇宙觀的
圖像真美，像一首最美麗的詩! 畢達哥拉斯說：

我聽得見星球的音樂 (the music of the spheres)。

模仿畢達哥拉斯，我們也可以說：

我聽得見超弦振動的宇宙音樂!

拓樸學家 J. L. Kelley 說得好：

In mathematics it is not enough to read the words—you've got to
hear the music.

(在數學中，光是讀字面是不夠的——你必須聽出其中的音樂。)

To see mathematics in music and to hear music in mathematics.

(從音樂中看出數學並且從數學中聽出音樂。)

第16章

跟無窮的相遇與相知

我的「語言極限」就是我的「世界極限」。

—L. Wittgenstein (1889～1951)—

In the ever-present interaction of finite and infinity lies the fascination of all things.
（在有窮與無窮的永恆相互作用裡，蘊藏著所有事物的美妙。）

—Rota, Gian-Carlo (1932～1999)—

　　現在來到本書的最後一章，我們作個總結與鳥瞰，採用「**無窮**」與「**點的大小**」這兩個觀點。有觀點才能夠看見世界，觀察到事物。

　　小時候筆者在鄉間夏天的夜晚，仰望星空，數星星：1，2，3，4，5，…，數來數去數不清！這大概是筆者首次遇到的「無窮」，感受到無窮星空的神秘。同樣地，在西元前 600 年左右，在人類文明的童年時代，古希臘人首次發現「無窮」，既恐懼驚奇，又困惑。從此，嘗試要馴服無窮就成了數學家的夢想和工作。

　　「無窮」跟數學結下不解之緣，變成數學的靈魂。人類跟「無窮」搏鬥，已有 2500 年的歷史，一波接著一波，產生了豐碩的成果。至今仍然餘波盪漾，「無窮」具有無窮的深度與廣度，含有無窮多層的內涵，是追尋不完的。但是追尋一層就有一層的收穫。

　　數學家追尋無窮，得到四項成就：**微積分、集合論、Gödel 的不完備定理**以及**非標準分析學**，其中以微積分所花的時間最久長，充滿著驚心動魄與困惑。微積分所涉及的無窮，包括**無窮大、無窮小、無限地接近但不能碰觸、極限、連續性**以及**連續統**。

16.1　數學是無窮之學

　　首先讓我們戴上「無窮」的眼鏡來放眼周遭世界，發現「有限中含納無限，無限中又含納有限；連續中有離散，離散中有連續」。數學處處都是有限與無窮的交錯，甚至是「有限與無窮之間的戰爭」！

　　數學是研究數與圖形的學問。幾何**圖形**是無窮多點的聚合，而**數**更是無窮的結晶，例如我們觀察 3 這個數，它是一個普通的數，但是它的背後是：三個人，三顆石頭，三隻兔子，……「無窮多樣」抽取出來的「共相」。

羅素對於數的定義如下：

The number of a set is the class of all sets which have the same number as this set.

（一個集合的元素個數是指所有跟此集合具有相同元素個數的族類。）

變數是數學的重要概念，讓數學向無窮起飛。從「三顆石頭 + 兩顆石頭 = 兩顆石頭 + 三顆石頭，三隻兔子 + 兩隻兔子 = 兩隻兔子 + 三隻兔子」，……等，上升為 $2+3=3+2$，再上升為加法交換律 $x+y=y+x$。這就是數學的抽象與普遍化過程，向「無窮」的爬升過程。數學家相信這個抽象化的爬升過程，終究可以回歸現實世界，光照大自然。

數學的**公式**與**定理**必涉及無窮，例如畢氏定理是對於平面上所有的直角三角形，包括微分三角形都成立，這些直角三角形是無窮多樣的。又如微積分學根本定理對所有連續函數都成立，而連續函數類是無窮的，比太平洋的水分子還要多。

數學**理論**必然含納無窮，這更不用說。例如微積分，除了公式與定理的涉及無窮之外，求取切線或面積時，都需要經過無窮的步驟，落實於取極限的操作或無窮小的演算。

德國浪漫主義詩人，短命天才 Novalis (1772～1801) 說：

Theories are nets: only he who casts will catch.

（理論如網子：只有拋撒網子的人才能捕捉到東西。）

　　數學的**創造**或**發現**通常是「聞一知無窮」，從一些特例出發，觀察探索，猜測出普遍規律（公式或定理），然後再給予證明。因為規律涉及無窮，所以**證明**就是征服無窮。

　　德國一代偉大數學家 Hilbert 說：

The art of doing mathematics consists in finding that special cases which contain all the germs of generality.

（做數學的藝術在於找到那個特例，它具有可以推展成為一般理論的所有胚芽。）

　　英國哲學家與邏輯家羅素 (Bertrand Russell) 說：

What delighted me most about mathematics was that things could be proved.

（數學最讓我快樂的是，事情可以被證明。）

　　英國哲學家與邏輯家 A. N. Whitehead（羅素的老師）說：

To see what is general in what is particular and what is permanent in what is transitory is the aim of scientific thought.

（從特殊中看出普遍，從短暫看出恆久，這是科學思想的目標。）

16.2　點有多大？

　　分析幾何圖形的結構，就會得點、線、面、體四大要素。幾何

學就是要研究幾何圖形的性質與規律，並且組織成邏輯演繹系統，使得沒有一片知識是孤立的。

　　在古希臘時代，幾何學的四要素：點、線、面、體；大自然的四元素：水、火、土、氣，以及四個物性：冷、熱、乾、濕；學問的四藝：算術、音樂、幾何、天文。點是 1、線是 2、面是 3、體是 4，而 $1 + 2 + 3 + 4 = 10$。這些就是畢達哥拉斯所稱的「完美的 10 之四元說」(the tetractys of the decad)。

　　根據現代宇宙論，宇宙在「大爆炸」(the big bang) 之前的瞬間就是一個點，由這個神奇的點爆炸開來，一直演化到今天。

【大哉問】點有多大？
—有窮可分割或無窮可分割—

「點」是幾何的「原子」
動點成線，線段由點組成
動線成面，面由平行線段組成
動面成體，體由平行面域組成
點線面體緊密相依相戀

(i)離散派或有窮可分割派
令點的長度為 ℓ
畢氏幾何學（西元前 600 年）
假設 $\ell > 0$
於是任何兩線段皆可共度
成功發展出畢氏幾何學

後來發現

正方形的對角線與一邊不可共度

震垮了畢氏幾何學

終究以垮臺收場

季諾的挑戰（Zeno，約西元前 460 年）

季諾更推波助瀾

提出一些詭論，論證道：

不論是離散觀或連續觀

不論是「有窮可分割」

或「無窮可分割」

都會導致似是而非的矛盾

真是進退維谷啊!

(ii)連續派或無窮可分割派

歐氏幾何學（西元前 300 年）

假設 $\ell = 0$

但無法解決：

如何由沒有長度的點

累積成有長度的線段

牛頓與萊布尼茲的微積分（1670 年代）

假設 $\ell = 0$，但是解釋為無窮小 $\ell = dx$

於是 $\int_a^b dx = x\Big|_a^b = b - a$，Eureka! 超完美!

但卻留下一個無解的困境：

dx 有時等於 0，有時又不等於 0

Cantor 的集合論（1870 年代）

假設 $\ell = 0$

Cantor 直接追究無窮本身

嘗試要精確地描述

無窮心靈所蘊藏的思想

創立集合論，建構出實數系

Gödel 的不完備定理（1931 年）

Hilbert 原以為一個融貫的公設系統

可以證明系統中的所有真理

並且信心滿滿地說：

Wir müssen wissen. Wir werden wissen.

(We must know. We shall know.)

這個美夢被 Gödel 的不完備定理粉碎

顯示數學真理是無窮的，超越證明！

非標準分析學（1960 年）

活生生的無窮小精靈

具有超能力，可以幫忙建構出微積分

但是它卻具有矛盾的性格

讓人困惑到頭腦打結

牛頓說不清，萊布尼茲也講不明

直到 Abraham Robinson 出現

他才用邏輯馴服了無窮小精靈

圖 16–1　　David Hilbert

The understanding of nature and life is our noblest task.

（了解大自然與生命是我們的最高貴工作。）

16.3　四波的馴服無窮

❖ 甲、第一波是微積分

　　微積分是數學家首次馴服無窮，從古希臘畢氏學派（西元前 600 年）發現無窮，到 17 世紀創立微積分，初步馴服無窮，人類總共費了漫長的 2300 年，由此可以想見其艱苦。

　　想像一條切線沿著曲線 $y = F(x)$，以凌波微步 dx，dy（無窮小的舞步），舞出切線斜率 $Dy \equiv \dfrac{dy}{dx}$，創造出微積分的一片天，每個記號都在對我們說話！

　　這是奠定微積分的一條線，像歐氏幾何平行公理中，過直線外一點作平行線，一線定乾坤；也像阿基米德的槓桿，給個支點就可以移動地球。給切線就可移動微積分大山，揭開一切求積與變化之謎。參見圖 16–2。

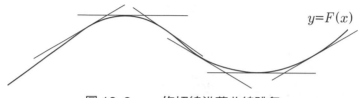

$$y=F(x)$$

圖 16–2　一條切線沿著曲線跳舞

　　D 是鋒利無比的寶劍 (dagger)，是一把兩面刃。有了微分：

$$dx,\ \ dF(x),\ \ DF(x)=f(x),\ \ dF(x)=f(x)dx$$

就有了一切。例如，有無窮小 dx，就有：

$$\int dx = x + C \ \ 與 \ \ \int_a^b dx = x\bigg|_a^b = b - a$$

平行類推，有無窮小 $dF(x)$，就有：

$$\int dF(x) = F(x) + C \ \ 與 \ \ \int_a^b dF(x) = F(x)\bigg|_a^b = F(b) - F(a)$$

最後，若有無窮小 $dF(x) = f(x)dx$，就有三合一公式：

$$DF(x) = f(x) \quad （微分公式）$$

$$\int f(x)dx = F(x) + C \quad （不定積分公式）$$

$$\int_a^b f(x)dx = F(b) - F(a) \quad （定積分的 N–L 公式）$$

並且有微分與積分的互逆性：

$$\frac{d}{dx}\int f(x)dx = f(x)$$

$$\frac{d}{dx}\int_a^x f(t)dt = f(x)$$

$$\int \frac{d}{dx}F(x)dx = \int dF(x) = F(x) + C$$

$$\int_a^b \frac{d}{dx}F(x)dx = \int_a^b f(x)dx = F(x)\Big|_a^b \equiv F(b) - F(a)$$

❖ 乙、第二波是集合論

Cantor 為了追究「無窮」(infinity)，而創立集合論，研究整體與部分之間的關係。他認識到，在智性上探索「絕對無窮」(Absolute Infinity)，乃是靈魂追求上帝 (God) 的一種形式。

集合可分成有窮集與無窮集。他利用「一對一」(one to one correspondence) 的方法，給無窮的集合再分類為可數與不可數 (countable and uncountable)。如果一個集合可以跟自然數系 $\mathbb{N}$ 一對一對應起來，就叫做可數集 (countable set)，否則叫做不可數集 (uncountable set)。有窮集也歸為可數集。他證明了：

1. 有理數集雖稠密但卻是可數的 (countable)，並且實數是不可數的；從而無理數也是不可數的。Lebesgue 更進一步證明：有理數集的測度為 0。

2. 代數數 (algebraic numbers) 的集合也是可數的。

Cantor 比喻說：

The rationals are spotted in the line like stars in a black sky while the dense blackness is the firmament of the irrationals.

把有理數比喻為繁星，而無理數是黑暗的背景夜空，這樣的想像力真美。注意到，有理數系 $\mathbb{Q}$ 雖然可數，但是比 0 大的最小有理數卻「說不出來」(unutterable)。

當他證明了單位區間與單位正方形的點一樣多時，他說：

I see it, but I don't believe it!（1877 年 6 月 29 日寫）

(Je le vois, mais je ne le crois pas.)

Cantor 是柏林大學畢業，他的博士論文研究的是傅立葉級數的收斂問題。按德國的學術傳統，博士論文除了要接受老師（口試委員）的口試之外，還要接受學弟妹們的發問與質疑。Cantor 為學弟妹們準備了**三個論題**，其中的兩個是：

1. The art of asking right questions in mathematics is more important than the art of solving them.

   （在數學中，提出正確問題的藝術比解決問題的藝術更重要。）

2. The essence of mathematics lies in its freedom.

   （數學的本質在於它的自由。）

這兩句話已經變成數學的格言，至今依然擲地有聲。Cantor 還有許多膾炙人口的名言，例如：

我的整個身體與靈魂都因數學的呼喚而活。

（畫家梵谷則說：我把我的心與靈魂全都放進我的作品，這令我瘋狂。）

圖 16–3　Cantor

　　Kronecker 是當時柏林學派的掌門人，他有一句名言：「自然數是神造的，其它的都是人造的。」他是 Cantor 的老師，但反對 Cantor 的集合論，讓 Cantor 的論文無法發表，也不能到柏林大學任教，這是促使 Cantor 精神崩潰的理由之一。對於反對的聲浪，Cantor 辯護如下：

My theory stands as firm as a rock; every arrow directed against it will return quickly to its archer. How do I know this? Because I have studied it from all sides for many years; because I have examined all objections which have ever been made against the infinite numbers; and above all because I have followed its roots, so to speak, to the first infallible cause of all created things.

（我的理論堅若磐石，每一支射向它的箭都會反射回射箭者。我怎麼知道會這樣呢？因為我研究它許多年，考察過反對無窮數的所有看法，更重要的是我尋根究柢，直抵所有創造事物絕對可靠的第一因。）

他堅信他的關於無窮的理論，靈感來自上帝，因此必然正確。當然，也有數學家支持他，例如 Hilbert 就稱讚他的理論說：

沒有人能把我們趕出 Cantor 為我們創造的數學樂園！

❧ 丙、第三波是 **Gödel** 的不完備定理

演繹系統是古希臘文明的天才發明，用來推演出數學真理。兩千多年來成為數學理論的典範，完成後的數學必以公理演繹的形式來呈現。

Hilbert 在 1920～1930 年代提出形式主義的數學觀，他相信在一個融貫（consistent，即不自我矛盾）的演繹系統內，所有的真理都可以得到證明，結果 Gödel 在 1931 年發現，存在有無法證明的真理，粉碎了 Hilbert 的美夢。

Gödel 告訴邏輯家王浩 (Hao Wang)，他的不完備定理最初的靈感是來自他體認到：「真理」無法做有限的描述 (no finite description)。因此，給一個有限描述的數學理論 M，總是會有捕捉不到的真理。

圖 16–4　　Gödel (1906～1978)

Gödel 的不完備定理（1931 年）

任何數學理論 M（一組數學公理），若具有下列兩個性質：

　　1. 可以有限地描述 (finitely describable)

　　2. 融貫的（consistent，即不自我矛盾）

那麼 M 必然是不完備的 (incomplete)，亦即存在一個真敘述 G，在系統 M 中既不能證明也不能否證。

　　若令 $M_1 = M \cup \{G\}$，則 M_1 仍然不完備，即存在真敘述 G_1，在系統 M_1 中既不能證明也不能否證。

　　再令 $M_2 = M_1 \cup \{G_1\}$，則 M_2 也仍然不完備，即存在真敘述 G_2，在系統 M_2 中既不能證明也不能否證。如此這般……，永不止息的追尋。在這裡又結結實實遇到了**無窮**！

　　數學家追究無窮，卻踢到無窮的鐵板。這一方面表示演繹系統「天地不全的奧秘」，一方面又表示數學真理是無窮的！有些數學家認為，這樣也不錯，讓數學變得更有趣。

　　上述的論述，有如歐幾里得之證明質數是無窮：任意給有限個質數，必可再找到一個新的質數。

　　H. Weyl 的名言：

　　因為數學是融貫的，所以上帝存在。又因為我們無法證明
　　其融貫性，所以魔鬼也存在。

　　對於像 Gödel 的不完備定理這麼深刻的結果，可以有各種解讀，例如：

【Chaitin 定理】（1965 年）

10 磅的公理無法承載 20 磅的定理。

(You can't prove a twenty-pound theorem with a ten-pound theory.)

數學家、邏輯家、電腦之父 Alan Turing (1912～1954)：

No one can predict whether or not a given computer program will work.

數學家、邏輯家 Alonzo Church (1903～1995)：

There is no effect way to decide which sentences follow from a given theory.

數學家、邏輯家 Stephen Kleene (1909～1994)：

The impossibility of finding names for every level of infinity.

數學家、邏輯家 Emil Post (1897～1954)：

Mathematics must be essentially creative and non-mechanical.

另外，值得我們再觀察下面五件事情：

1. Gödel 的不完備定理跟量子力學 (Quantum Mechanics) 的 Heisenberg 測不準原理（uncertainty principle，1927 年）差不多是同時出現。

2. Bolyai (1802～1860) 與 Lobachevsky (1793～1856)：因為否定平行公設，而創立非歐幾何。

3. 哲學家 Hume (1711～1776)：否定科學理論是有證明的知識。

4. 愛因斯坦：大自然對於人類創造的科學理論終究會說 No!

5. 科學哲學家 Popper (1902～1994) 提倡否證論 (Falsification Theory)：科學理論雖然無法證明，但可透過否證來推動其進展。

❖ 丁、第四波是非標準分析學

Weierstrass 透過實數系 $\mathbb{R}$ 的建構，以及極限的 $\varepsilon-\delta$ 定式，建立微積分的「標準模型」(standard model)。經過一百年，Abraham Robinson 在 1960 年用數理邏輯的模型論 (model theory) 來研究微積分，建立「非標準模型」(nonstandard model)，主要是完成下面兩件事情：

1. 由 $\mathbb{R}$ 建構出超實數系 (hyperreal number system) $\mathbb{R}^*$ 使得 $\mathbb{R}^* \supset \mathbb{R}$ 並且 $\mathbb{R}^*$ 包含無窮小與無窮大。$\mathbb{R}^*$ 中的元素叫做超實數 (hyperreal numbers)。

2. 轉換原理 (the transfer principle) 或萊布尼茲原理：在 $\mathbb{R}$ 上每一個可形式化的真敘述，轉換為 $\mathbb{R}^*$ 上的敘述也是真的。反之亦然。轉換原理扮演著標準模型與非標準模型之間的橋樑。

這樣 Robinson 就解決了萊布尼茲以降 300 年來的難題：即無窮小論述的矛盾。當 Weierstrass 建立極限的 $\varepsilon-\delta$ 定式，宣布無窮小為非法後，數學家經常是在私底下使用無窮小來思考，最後再用極限寫出來。現在我們可以放心的使用無窮小論述了。

Weierstrass 標準分析學	轉換原理或萊布尼茲原理	Robinson 非標準分析學
由有理數系 $\mathbb{Q}$ 建構出實數系 $\mathbb{R}$ 使得 $\mathbb{Q} \subset \mathbb{R}$		由實數系 $\mathbb{R}$ 建構出超實數系 $\mathbb{R}^*$ 使得 $\mathbb{R} \subset \mathbb{R}^*$
給出極限的 $\varepsilon-\delta$ 定式並且把微積分建立在 $\mathbb{R}$ 與極限論述法上面		$\mathbb{R}^*$ 包含無窮小與無窮大把微積分建立在 $\mathbb{R}^*$ 與無窮小論述法上面

🈟 轉換原理 (the transfer principle) 就是萊布尼茲經常強調的「連續性原理」(principle of continuity)。ℝ 是「阿基米德體」(Archimedean ordered field)，而 ℝ* 是「非阿基米德體」(non-Archimedean ordered field)。

Robinson 對於數學史與數學哲學都懷著濃厚的興趣，他甚至想要進入萊布尼茲的頭腦裡，一探思想的究竟。在人類文明史上，他攀登上思想的峰頂，終於又一次馴服無窮與無窮小！

古希臘哲學家與數學評論家 Proclus (410～485) 說：

Where there is number there is beauty.

（有數的地方就有美。）

This, therefore, is mathematics: she reminds you of the invisible form of the soul; she gives life to her own discoveries; she awakens the mind and purifies the intellect; she brings light to our intrinsic ideas; she abolishes oblivion and ignorance which are ours by birth.

（因此，這就是數學：她使你憶起靈魂中不可見的理型；她給發現賦予生命；她喚醒心靈並且淨化頭腦；她給內在觀念帶來亮光；她消除我們與生俱來的健忘和無知。）

Tea Time

Hilbert：

The infinite! No other question has ever moved so profoundly the spirit of man.

（無窮！除此之外，沒有其它的問題曾經這麼深刻地撼動人類的心靈。）

Shakespeare, William (1564～1616)：

I could be bounded in a nutshell and count myself a king of infinite space.

（我可能被侷限在一個核桃殼之內，但卻自認為是擁有無窮疆土的國王。）

Andree R. V.：

In mathematics, we start with some obvious facts and deduce from these some less obvious facts and from these we deduce still less obvious facts and so on add infinitum.

（在數學中，我們由淺顯的事實出發，推導出稍微不顯然的事實，然後再推導出更不顯然的事實……等等，無止境地做下去。）

亞歷山大大帝 (Alexander the Great) 的故事：

他聽說世界有無窮多個，就哭了。因為這個世界已經征服不了，那麼無窮多個世界要怎麼辦？

Cayley, Arthur：

Eucild avoids it (the treatment of the infinite); in modern mathematics it is systematically introduced, for only then is generally obtained.

（歐幾里得避開「無窮」，但是在現代數學中，卻有系統地引入它，只有這樣我們才能得到它。）

英國詩人 William Blake (1757～1827) 所寫的詩，相當富有微積分的味道，又具有方法論的深刻意涵：

To see a World in a Grain of Sand,

And a Heaven in a Wild Flower.

Hold Infinity in the Palm of your hand,

And Eternity in an hour.

一粒沙一世界，

一朵花一天堂。

握無窮於掌心，

窺永恆於一瞬。

研究的論題

1. 探索阿基米德的發現方法論（他的 "The method" 在 1906 年才被發現）。

2. 關於微積分基礎的研究，早期有拉格朗日 (1736～1813) 的構想，試探索之。

3. 探索函數概念的演進。

4. Taylor 如何發現 Taylor 級數？

5. 探索連續但到處不可微分的函數。

6. 以 FTC 為核心，列出微積分裡重要定理的邏輯網路 (logical net)。

7. 追究最速下降線、懸鏈線、等角螺線（飛蛾撲火的路徑）的歷史發展。

8. 研究微積分與西方文明的關係。

9. 歐拉的第一個數學成就：$1 + \dfrac{1}{2^2} + \dfrac{1}{3^2} + \dfrac{1}{4^2} + \cdots + \dfrac{1}{n^2} + \cdots = \dfrac{\pi^2}{6}$。

   探索他的發現理路。

10. 質數有無窮多個，設 (p_n) 為質數列，證明 $\sum\limits_{n} \dfrac{1}{p_n}$ 發散。

11. 探索牛頓如何由克卜勒定律發現萬有引力定律。

12. 探索集合論是如何誕生的。

13. 探索實數系的建構。

14. 探索向量分析的發展過程。

15. 探索 Lebesgue 積分、測度論是如何誕生的。

16. 探索機率論是如何誕生的。

17. 如何在抽象集合上談論連續性？亦即探索拓樸結構 (topological structure) 是如何誕生的。

參考文獻

1. Anglin, W. S., Mathematics: A Concise History and Philosophy, Springer-Verlag, 1994.

2. Anglin, W. S. and Lambek, J.: The Heritage of Thales, Springer, 1995.

3. Baron, Margaret E.: The Origins of the Infinitesimal Calculus, Dover, 1969.

4. Barnes, Jonathan: The Pre-Socrates Philosophers, Routledge & Kegan Paul, 1979.

5. Bell, E. T., The Development of Mathematics, McGraw-Hill, 1945.

6. Bell, E. T., The Magic of Numbers, Dover, 1974.

7. Bochner, S.: The Role of Mathematics in the Rise of Science, Princeton University Press (1966), Fourth Printing, 1981.

8. Bolzano, Bernard: Paradoxes of the Infinite, Yale University Press, 1950.

9. Bottazzini, Umberto: The Higher Calculus, A History of Real and Complex Analysis from Euler to Weierstrass, Springer-Verlag, 1986.

10. Boyer, C. B.: The History of the Calculus and Its Conceptual Development, Dover, 1959. (First Published in 1949)

11. Dauben, Joseph Warren: Georg Cantor, His Mathematics and Philosophy of the Infinite, Princeton University Press, 1979.

12. Dijksterhuis, E. J.: The Mechanization of the World Picture, Princeton University Press, 1986.

13. Dijksterhuis, E. J.: Archimedes. Translated by C. Dikshoorn, Princeton University Press, 1987.

14. Dunham, William: The Calculus Gallery, Princeton University Press, 2005.

15. Edwards, C. H., Jr.: The Historical Development of the Calculus, Springer-Verlag, 1979. (凡異出版社有林聰源的漢譯本)

16. Fauvel, John (editor, etc.): Let Newton be! Oxford University Press, 1989.

17. Eves, Howard: An Introduction to the History of Mathematics, Saunders College Publishing, 1990.

18. Gaukroger, Stephen: Descartes, An Intellectual Biography, Oxford University Press, 1995.

19. Grattan-Guinness I. (editor): From the Calculus to Set Theory, 1630～1910, An Introductory History, Duckworth, 1980.

20. Hairer, E. and Wanner, G.: Analysis by Its History, Springer-Verlag, 1996.

21. Jahnke, Hans Niels (editor): A History of Analysis, The American Mathematical Society, 2003.

22. Happold F. C.: Mysticism, A Study and an Anthology, Penguin, 1984.

23. Hawkins, T.: Lebesgue's Theory of Integration: Its Origin and Development, New York: Chelsea, 1975.

24. Keisler, H. Jerome: Foundations of Infinitesimal Calculus, Prindle, Weber and Schmidt, Boston, 1976.

25. Kline, Morris: Mathematical Thought from Ancient to Modern Time, 1972.

26. Koetsier, T.: Lakatos' Philosophy of Mathematics, A Historical Approach, North-Holland, 1991.

27. Kretzmann, N.: Infinity and Continuity in Ancient and Medieval Thought, Cornell University Press, 1982.

28. Kuhn, T. S.: The Structure of Scientific Revolutions, Chicago University Press, 1970.

29. Lakatos, I., Mathematics, Science and Epistemology, Cambridge University Press, 1980.

30. Lakatos, I., Proofs and Refutations, The Logic of Mathematical Discovery, Cambridge University Press, 1983.

31. Leibniz: Philosophical Papers and Letters. Ed. by L. E. Loernker, Synthese Historical Library, 1976.

32. Newton Tercentenary Celebrations, Cambridge University Press, 1947.

33. Popper, K., Conjectures and Refutations, Routledge & Kegan Paul, London, 1963.

34. Popper, K., The Logic of Scientific Discovery, Hutchinson, London, 1959.

35. Priestley, W. M., Calculus, An Historical Approach, Springer-Verlag, 1979.

36. Rucker, Rudy: Infinity and the Mind, Birkhäuser. 1982.

37. Robinson, A.: Non-Standard Analysis, North-Holland, 1966.

38. Stahl, Saul: Real Analysis: A Historical Approach, John Wiley & Sons, Inc.

39. Simmons, G. F.: Calculus Gems, McGraw-Hill, Inc., 1992.

40. Simmons, G. F.: Calculus with Analytic Geometry, McGraw-Hill, Inc., 1995.

41. Struik, D.: A Source Book in Mathematics, 1200~1800, Harvard University Press, 1969.

42. Toeplitz, Otto: The Calculus, A Genetic Approach, The University of Chicago Press, 1963.

43. Tolstoy, War and Peace, translated by Louise and Aylemer Maude, Oxford University Press, Book XI, Chapter I, 1970.

44. Weil, A.: "Review of Hofmann", Bull. Am. Math. Soc. 81, 676~688, 1975.

45. Westfall, Richard S.: Never at Rest, Cambridge University Press, 1987.

46. Young, R. M., Excursion in Calculus, An Interplay of the Continuous and the Discrete, The Mathematical Association of America, 1992.

47. Yourgrau, W. and Mandelstam, S.: Variational Principles in Dynamics and Quantum Theory, Dover, 1979.

48. 李國偉，證明的流變，一個數學哲學與數學史的綜合觀察，臺灣哲學研究，No. 3, 1–22, 2000。

49. 曹亮吉，微積分史話，科學出版事業基金會出版部，1980。

50. 安倍齊，微積分の步んだ道，森北出版株式會社，1989。

51. 楊維哲，數系的意義和構造，鹽巴出版社，1980。

索 引

圖片出處

鸚鵡螺數學叢書介紹

數學拾貝　　　蔡聰明／著

數學的求知活動有兩個階段：發現與證明。並且是先有發現，然後才有證明。在本書中，作者強調發現的思考過程，這是作者心目中的「建構式的數學」，會涉及數學史、科學哲學、文化思想等背景，而這些題材使數學更有趣！

數學悠哉遊　　　許介彥／著

你知道離散數學學些什麼嗎？你有聽過鴿籠（鴿子與籠子）原理嗎？你曾經玩過河內塔遊戲嗎？本書透過生活上輕鬆簡單的主題帶領你認識離散數學的世界，讓你學會以基本的概念輕鬆地解決生活上的問題！

數學的發現趣談　　　蔡聰明／著

一個定理的誕生，基本上跟一粒種子在適當的土壤、陽光、氣候……之下，發芽長成一棵樹，再開花結果的情形沒有兩樣──而本書嘗試盡可能呈現這整個的生長過程。讀完後，請不要忘記欣賞和品味花果的美麗！

從算術到代數之路　─讓 X 噴出，大放光明─　　蔡聰明／著

最適合國中小學生提升數學能力的課外讀物！本書利用簡單有趣的題目講解代數學，打破學生對代數學的刻板印象，帶領國中小學生輕鬆征服國中代數學。

數學拾穗

蔡聰明／著

本書收集蔡聰明教授近幾年來在《數學傳播》與《科學月刊》上所寫的文章，再加上一些沒有發表的，經過整理就成了本書。全書分成三部分：算術與代數、數學家的事蹟、歐氏幾何學。最長的是第 11 章〈從畢氏學派的夢想到歐氏幾何的誕生〉，嘗試要一窺幾何學如何在古希臘理性文明的土壤中醞釀到誕生。最不一樣的是第 9 章〈音樂與數學〉，也是從古希臘的畢氏音律談起，把音樂與數學結合在一起，所涉及的數學從簡單的算術到高深一點的微積分。其它的篇章都圍繞著中學的數學核心主題，特別著重在數學的精神與思考方法的呈現。